“十三五”国家重点图书出版规划项目

U0285158

哈佛大学植物标本馆馆藏中国维管束植物模式标本集

第 11 卷
双子叶植物纲（10）

Chinese Type Specimens of Vascular Plants Deposited in Harvard University Herbaria

Volume 11
DICOTYLEDONEAE (10)

国家植物标本资源库　中国科学院植物研究所系统与进化植物学国家重点实验室　编

林　祁　包伯坚　刘慧圆　编著

National Plant Specimen Resource Center & State Key Laboratory of Systematic and Evolutionary Botany, Institute of Botany, the Chinese Academy of Sciences Edit

Editors　LIN Qi, BAO Bojian & LIU Huiyuan

河南科学技术出版社

· 郑州 ·

图书在版编目（ＣＩＰ）数据

哈佛大学植物标本馆馆藏中国维管束植物模式标本集. 第 11 卷, 双子叶植物纲. 10 / 国家植物标本资源库, 中国科学院植物研究所系统与进化植物学国家重点实验室编；林祁, 包伯坚, 刘慧圆编著. —郑州：河南科学技术出版社, 2022.9

ISBN 978-7-5725-0955-1

Ⅰ. ①哈… Ⅱ. ①国… ②中… ③林… ④包… ⑤刘… Ⅲ. ①双子叶植物 – 标本 – 中国 – 图集 Ⅳ. ① Q949.408-34

中国版本图书馆 CIP 数据核字 (2022) 第 132314 号

出版发行：河南科学技术出版社
　　　　　地址：郑州市郑东新区祥盛街 27 号　　邮编：450016
　　　　　电话：（0371）65737028　65788613
　　　　　网址：www.hnstp.cn
总 策 划：周本庆
策划编辑：杨秀芳　陈淑芹
责任编辑：申卫娟
责任校对：耿宝文　陈花庆
整体设计：张　伟　张德琛
责任印制：张艳芳
印　　刷：北京盛通印刷股份有限公司
经　　销：全国新华书店
开　　本：720 mm×1 000 mm　1/8　印张：66.5　字数：615 千字
版　　次：2022 年 9 月第 1 版　2022 年 9 月第 1 次印刷
定　　价：1600.00 元

前　言

　　哈佛大学植物标本馆成立于 1864 年，是世界十大植物标本馆之一，目前由 6 个标本室（A、AMES、ECON、FH、GH、NEBC）组成，馆藏植物标本 500 余万份，其中有模式标本 10 万余份，特别是有中国维管束植物模式标本 1 万余份（含主模式、等模式、后选模式、等后选模式、新模式、等新模式、附加模式、等附加模式、合模式、等合模式、副模式、等副模式）。

　　书中所收录的模式标本是在同一学名下（种、亚种、变种、变型）遴选出 1 份或 2 份（雌株和雄株标本或花期和果期标本）最重要的馆藏模式标本，经整理并扫描后编撰而成《哈佛大学植物标本馆馆藏中国维管束植物模式标本集》（共 11 卷）。

　　全套书共收有模式标本 5 459 份，含 1 405 份主模式、2 842 份等模式、12 份后选模式、48 份等后选模式、2 份新模式、1 份等新模式、1 份附加模式、270 份合模式、829 份等合模式、22 份副模式、27 份等副模式，隶属于 176 科、1 013 属、4 410 种、20 亚种、860 变种和 85 变型。全书各科依据《中国植物志》系统排列，属、种、亚种、变种、变型的名称按字母顺序排列。每张扫描模式标本相片的图注解释均标注中名、学名、原始文献、模式类型（主模式、等模式、后选模式、等后选模式、新模式、等新模式、附加模式、等附加模式、合模式、等合模式、副模式、等副模式）、采集地点（国名、省名、县名、山名）、海拔、采集时间（年－月－日）、采集人和采集号。本书中的采集人根据《中国植物标本馆索引》（傅立国，1993）书写，采集地根据《中国地名录——中华人民共和国地图集地名索引》（国家测绘局地名研究所，1995）书写。

　　本套书是一部研究与鉴定中国植物的重要著作，可供国内外植物分类学者及有关植物学科研、教学和生产部门人员参考。

　　第 11 卷包括被子植物门双子叶植物纲茜草科至菊科的模式标本，共 510 份，含 102 份主模式、280 份等模式、3 份等后选模式、1 份新模式、31 份合模式、89 份等合模式、1 份副模式、3 份等副模式，隶属于 7 科、98 属、422 种、2 亚种、69 变种和 11 变型。

　　感谢国家标本资源共享平台负责人马克平研究员、植物标本子平台负责人覃海宁研究员，以及哈佛大学植物标本馆馆长 Charles Davis 教授和 David E. Boufford 教授在本书编撰过程中给予的支持和帮助。

林祁

2021 年 1 月

Introduction

Harvard University Herbaria were founded in 1864 and it is one of the top ten largest herbaria in the world. The Harvard University Herbaria include six integrated herbaria and they are Herbarium of the Arnold Arboretum (A), Oakes Ames Orchid Herbarium (AMES), Economic Herbarium of Oakes Ames (ECON), Farlow Herbarium (FH), Gray Herbarium (GH) and New England Botanical Club Herbarium (NEBC). The current collections contain more than five million specimens and over 100 thousand type specimens of vascular plants and mosses. Especially included are more than 10,000 type specimens (holotype, isotype, lectotype, isolectotype, neotype, isoneotype, epitype, isoepitype, syntype, isosyntype, paratype, isoparatype) of Chinese plants.

Type specimens in this book were produced by selecting the most important type specimen/s deposited at Harvard University Herbaria under the same scientific name (species, subspecies, variety and form), and then they were also reviewed and scanned. After compilation,*Chinese Type Specimens of Vascular Plants Deposited in Harvard University Herbaria* which consists of 11 volumes is completed.

Chinese Type Specimens of Vascular Plants Deposited in Harvard University Herbaria includes 5 459 type specimens, comprising 1 405 holotypes, 2 842 isotypes, 12 lectotypes, 48 isolectotypes, 2 neotypes, 1 isoneotype, 1 epitype, 270 syntypes, 829 isosyntypes, 22 paratypes, 27 isoparatypes, and belonging to 176 families, 1 013 genera, 4 410 species, 20 subspecies, 860 varieties and 85 forms. The taxa are arranged by family according to the system of *Flora Reipublicae Popularis Sinicae*. Infra-family taxa are alphabetized by genera, species, subspecies, varieties and forms. The explanation of each taxon is listed in the figure caption with Chinese name, scientific name, original publication, nature of specimen (holotype/ isotype/ lectotype/ isolectotype/ neotype/ isoneotype/ epitype/ isoepitype/ syntype/ isosyntype/ paratype/ isoparatype), type locality (country/ province/ county/ mountain if present), altitude, collection date, collector and collection number. The collector and type locality in this book follow *Index Herbariorum Sinicorum* (L. K. Fu, 1993) and *Gazetteer of China—An Index to the Atlas of the People's Republic of China* (Chinese Academy of Surveying & Mapping, 1995) respectively.

This book is a very important works for researching and identifying Chinese plants. It could also be used as a reference by plant taxonomists and people from botanic research institutions, educational institutions and production departments at home and abroad.

Volume 11 of *Chinese Type Specimens of Vascular Plants Deposited in Harvard University Herbaria* includes 510 type specimens from Rubiaceae to Asteraceae, comprising 102 holotypes, 280 isotypes, 3 isolectotypes, 1 neotype, 31 syntypes, 89 isosyntypes, 1 paratype, 3 isoparatypes, and belonging to 7 families, 98 genera, 422 species, 2 subspecies, 69 varieties and 11 forms.

Greatest thanks to the director MA Keping of National Specimen Information Infrastructure (NSII) and Prof. QIN Haining, and the curator Charles Davis of Harvard University Herbaria and Prof. David E. Boufford, for their support and help throughout the publication of the book.

Lin Qi

January 2021

目录／Contents

双子叶植物纲（10）
Dicotyledoneae（10）

茜草科
Rubiaceae

康定拉拉藤 *Galium prattii* Cufodontis in Oesterr. Bot. Z. 89: 244. 1940. **Isotype:** China. Sichuan: Tachienlu (=Kangding), alt. 2 745~4 118 m, 1890-12-??, A. E. Pratt 117 (GH).

Material from Packet

海南栀子 *Gardenia hainanensis* Merr. in Lingnan Sci. J. 9: 43. 1930. **Isotype:** China. Hainan: Chengmai, alt. 700 m, 1928-06-14, W. T. Tsang 700 (= Lingnan University 17449) (A).

小爱地草 *Geophila exigua* H. L. Li in J. Arnold Arbor. 25: 429. 1944. **Holotype:** China. Guangdong: Renhua, 1936-04-(01-10), W. T. Tsang 26112 (A).

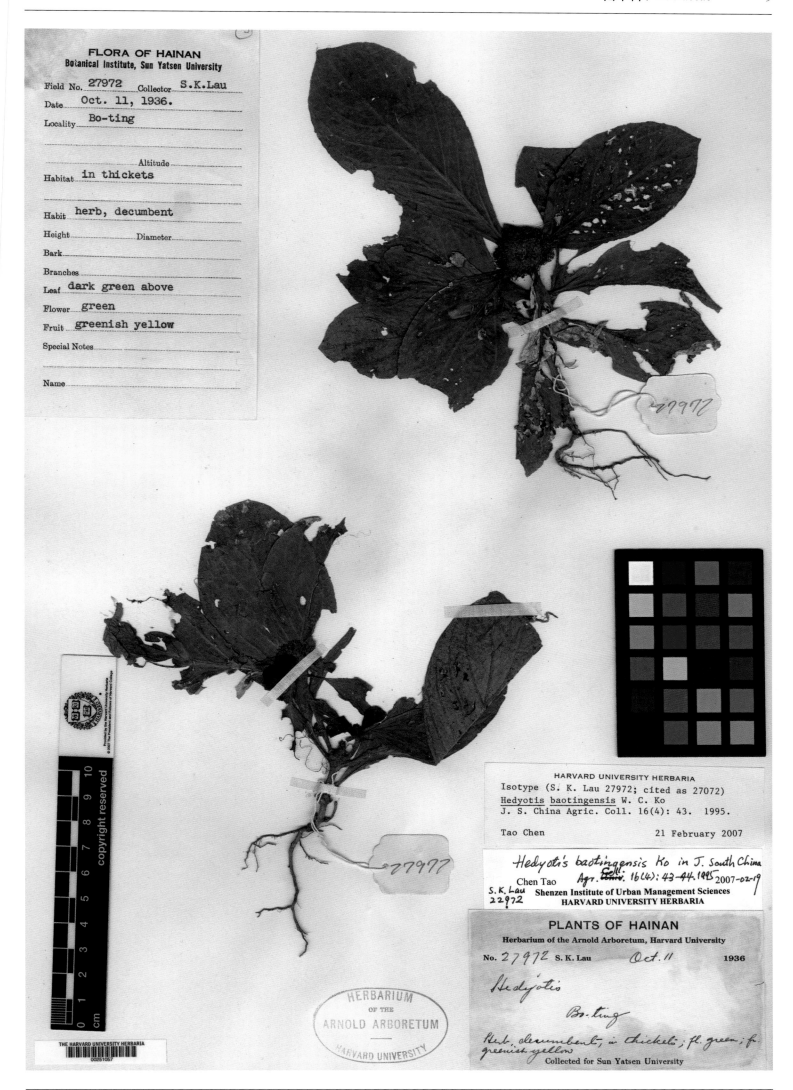

保亭耳草 *Hedyotis baotingensis* W. C. Ko in J. S. China Agric. Univ. 16(4): 43. 1995. **Isotype:** China. Hainan: Bo-ting (=Baoting), 1936-10-11, S. K. Lau 27972 (A).

卷毛新耳草 *Hedyotis boerhaavioides* Hance in J. Bot. 8: 73. 1870. **Isotype:** China. Guangdong: Guangzhou, Baiyun Shan, 1868-09-??, T. Sampson s. n. (= Herb. H. F. Hance 15133) (GH).

FLORA OF KWANGTUNG
Sun Yatsen University, Canton, China.

Field No. 6385   Herbarium No.
Date May 5,1928 Collector W. Y.Chun
Locality Ting Wu Shan

Altitude
Habitat in dense woods
Habit suffruticose
Height   Diameter
Bark
Flower
Fruit
Special Notes

Name

Hedyotis caudatifolia Merr. + Metc. sp. nov.
Oldenlandia lancea (Thunb.) O. Ktz.

type!

HERBARIUM
OF THE
ARNOLD ARBORETUM
HARVARD UNIVERSITY

FLORA OF KWANGTUNG
SUN YATSEN UNIVERSITY, CANTON, CHINA
No. 6385
Hedyotis lancea Thunb.
Coll. W. Y. Chun   May 5   1928

剑叶耳草 *Hedyotis caudatifolia* Merr. & Metcalf in J. Arnold Arbor. 23: 228. 1942. **Holotype:** China. Guangdong: Zhaoqing, Dinghu Shan, 1928-05-05, W. Y. Chun 6385 (A).

拟金草 **Hedyotis consanguinea** Hance in Ann. Sci. Nat. Bot. Sér. 4. 18: 221. 1862. **Isotype:** China. Guangdong: Guangzhou, Whampoa (= Huangpu), 1866-04-??, Harland s. n. (= Herb. H. F. Hance 978) (GH).

粤港耳草 *Hedyotis loganioides* Benth. Fl. Hongk. 149. 1861. **Isosyntype:** China. Hong Kong, (1853-1856)-??-??, C. Wright 227, 247 (GH).

上思耳草 *Hedyotis longiexserta* Merr. & Metcalf in J. Arnold Arbor. 13: 229. 1942. **Holotype:** China. Guangxi: Shangsi, Shiwan Dashan, 1933-06-27, W. T. Tsang 22574 (A).

长瓣耳草 *Hedyotis longipetala* Merr. in J. Arnold Arbor. 8(1): 18. 1927. **Isotype:** China. Guangdong: Qujiang, Longtou Shan, 1924-07-21, To & Tsang s. n. (=Lingnan University 13010) (A).

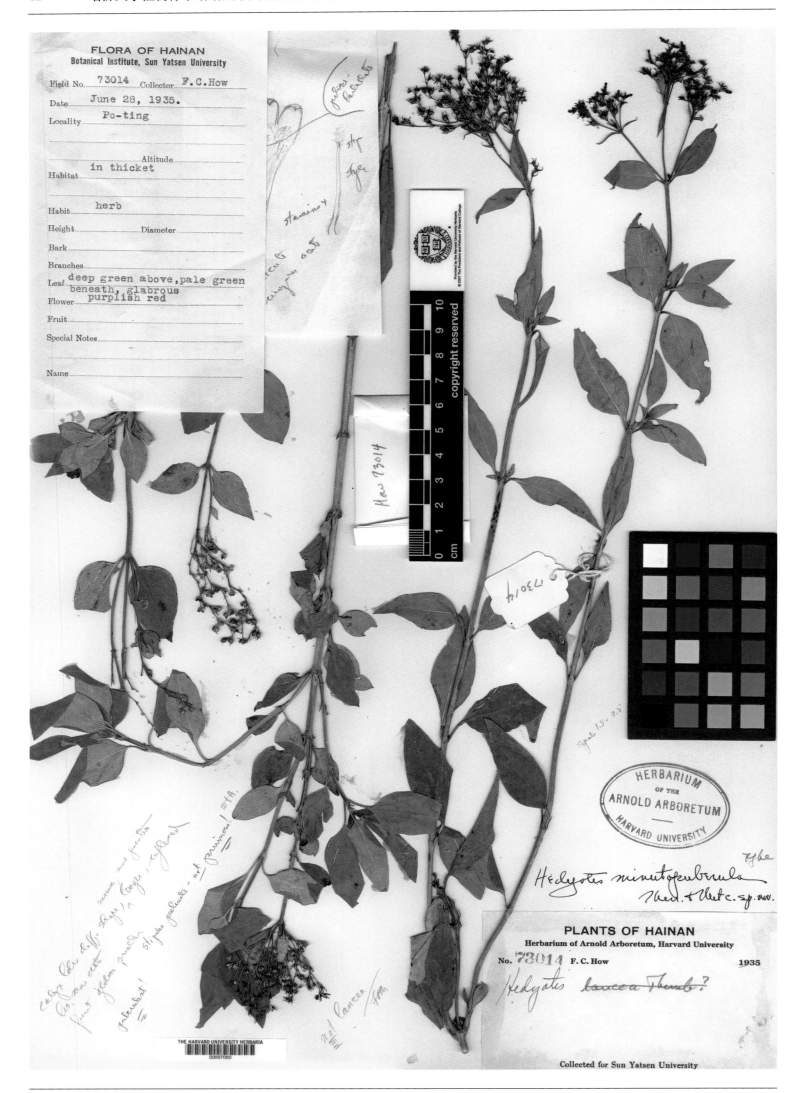

粉毛耳草 *Hedyotis minutopuberula* Merr. & Metcalf in J. Arnold Arbor. 23: 229. 1942. **Holotype:** China. Hainan: Po-ting (=Baoting), 1935-06-28, F. C. How 73014 (A).

偏脉耳草 *Hedyotis obliquinervis* Merr. in Lingnan Sci. J. 14(1): 56. 1935. **Holotype:** China. Hainan: Ngai (=Sanya), 1932-08-28, S. K. Lau 452 (A).

少花耳草 *Hedyotis oligantha* Merr. in Philipp. J. Sci. 23: 266. 1923. **Isotype:** China. Hainan: Wuzhishan, Wuzhi Shan, 1922-05-01, F. A. McClure s. n. (= Canton Christian College 9401) (A).

深圳耳草 *Hedyotis shenzhenensis* Tao Chen in Edinb. J. Bot. 64(3): 331, f. 1. 2007. **Isotype:** China. Guangdong: Shenzhen, Longgang, alt. 550~600 m, 2007-05-16, Tao Chen 8043 (A).

NO. 2007004　　　　ISOTYPE!

Hedyotis shiuyingiae T. Chen sp. nov.

Tao Chen 25 Sep. 2007
HARVARD UNIVERSITY HERBARIA

ISOTYPE
Hedyotis shiuyingiae **T. Chen**

China. Hong Kong. Tai Po, Grass Mt., north
slope, forest understorey along roadside or
ditch side, alt. 450 m.

Collector: T. Chen, Y. W. Lam, and K. Y. Lam;
2007004　　　　　　　　12 July 2007

Institute of Urban Management Sciences

秀英耳草 *Hedyotis shiuyingiae* Tao Chen in Harvard Pap. Bot. 13: 283, f. 1, 2A–C, E. 2008. **Isotype:** China. Hong Kong, Tai
Po, alt. 450 m, 2007-07-12, T. Chen, Y. W. Lam & K. Y. Lam 2007004 (A).

顶花耳草 *Hedyotis terminaliflora* Merr. & Chun in Sunyatsenia 2: 326, f. 47. 1935. **Holotype:** China. Hainan: Dung Ka (= Ding'an), alt. 610 m, (1932-1933)-??-??, N. K. Chun & C. L. Tso 43338 (A).

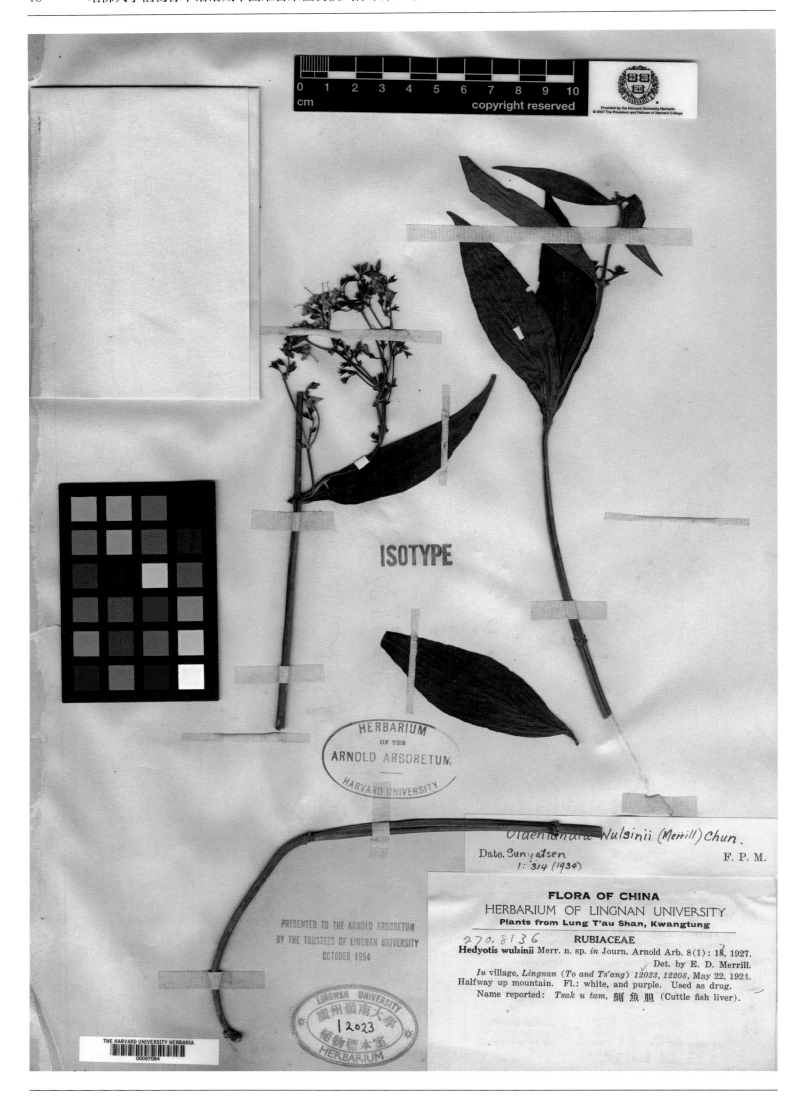

龙头山耳草 *Hedyotis wulsinii* Merr. in J. Arnold Arbor. 8(1): 17. 1927. **Isotype:** China. Guangdong: Qujiang, Longtou Shan, 1921-05-22, To & Tsang s. n. (= Lingnan University 12023) (A).

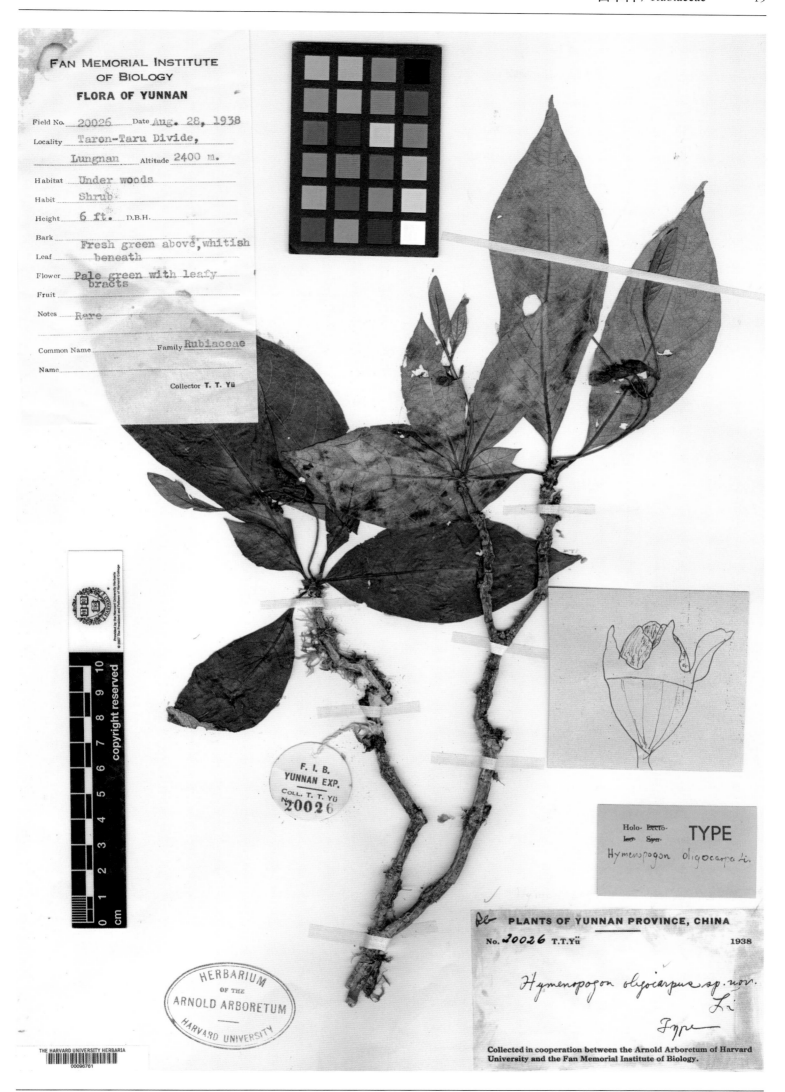

疏果石丁香 *Hymenopogon oligocarpus* H. L. Li in J. Arnold Arbor. 25: 316. 1944. **Holotype:** China. Yunnan: Gongshan, alt. 2 400 m, 1938-08-28, T. T. Yu 20026 (A).

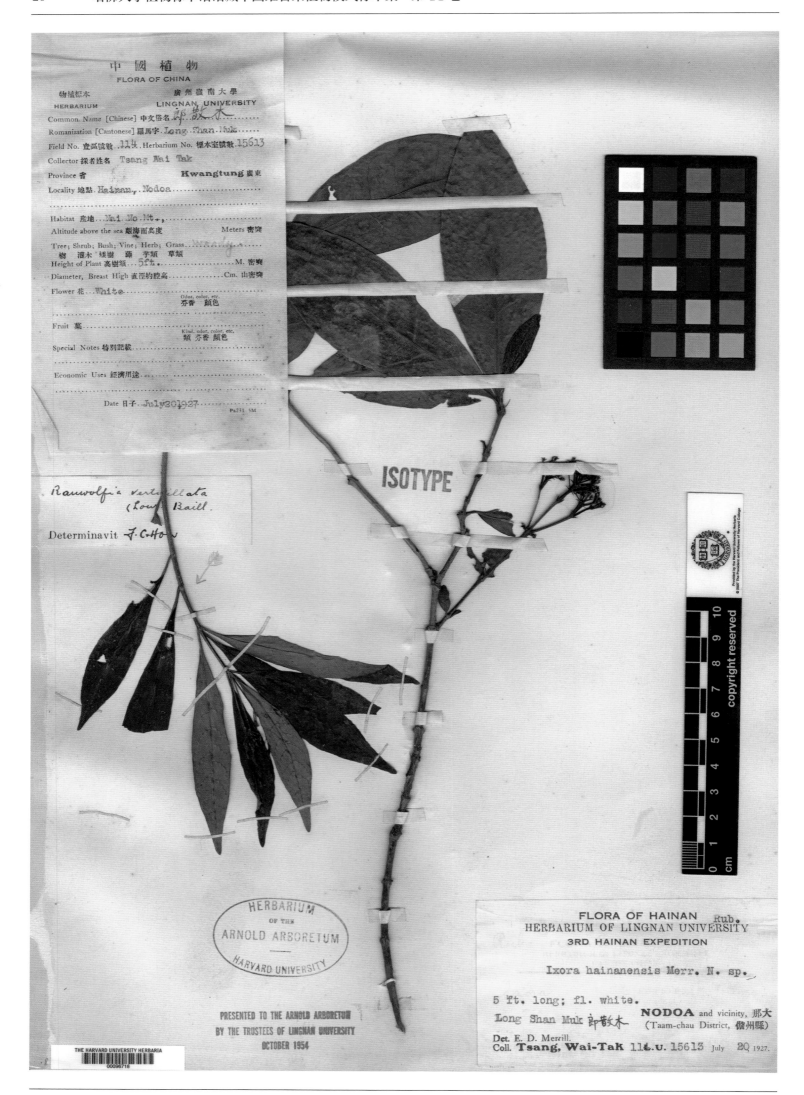

海南龙船花 *Ixora hainanensis* Merr. in Lingnan Sci. J. 6: 287. 1928. **Isotype:** China. Hainan: Danzhou, 1927-07-20, W. T. Tsang 114 (=Lingnan University 15613) (A).

白花龙船花 *Ixora henryi* Lévl. in Fedde, Repert. Sp. Nov. 13: 178. 1914. **Isosyntype:** China. Yunnan: Simao, alt. 1 525 m, A. Henry 11637 A (A).

泡叶龙船花 *Ixora nienkui* Merr. & Chun in Sunyatsenia 2: 324, pl. 71. 1935. **Isotype:** China. Hainan: Fan Yah (=Sanya), alt. 1 068 m, 1932-10-29, N. K. Chun & C. L. Tso 44190 (A).

矮小龙船花 *Ixora pygmaea* Merr. & Metc. in Lingnan Sci. J. 16: 404, f. 5. 1937. **Holotype:** China. Hainan: Changjiang, 1933-06-09, S. K. Lau 1902 (A).

上思龙船花 *Ixora tsangii* Merr. ex H. L. Li in J. Arnold Arbor. 24: 456. 1943. **Holotype:** China. Guangxi: Shangsi, Shiwan Dashan, 1934-09-08, W. T. Tsang 24240 (A).

多网孔粗叶木 *Lasianthus areolatus* Dunn in J. Bot. 47: 376. 1909. **Isotype:** China. Fujian: Nanping, Yanping, alt. 915 m, 1905-(04-06)-??, Dunn 754 (= Hong Kong Herb. 2806) (A).

尾叶粗叶木 *Lasianthus caudatifolius* Merr. in J. Arnold Arbor. 8(1): 18. 1927. **Isotype:** China. Guangdong: Qujiang, Longtou Shan, 1924-07-07, To & Tsang s. n. (= Canton Chrisitian College 12692) (A).

西南粗叶木 *Lasianthus henryi* Hutchins. in Sargent, Pl. Wilson. 3: 401. 1916. **Holotype:** China. Yunnan: Mengzi, alt. 1 525 m, A. Henry 11253 (A).

硬毛粗叶木 *Lasianthus inconspicuus* Hook. f. var. ***hirtus*** Hutchins. in Sargent, Pl. Wilson. 3: 402. 1916. **Holotype:** China. Yunnan: Mengzi, alt. 1 830 m, A. Henry 9775 (A).

黄毛粗叶木 *Lasianthus koi* Merr. & Chun in Sunyatsenia 2: 47. 1934. **Isotype:** China. Hainan: Ding'an, 1932-04-29, S. P. Ko 52243 (A).

广西粗叶木 *Lasianthus kwangsiensis* Merr. in J. Arnold Arbor. 24: 458. 1943. **Holotype:** China. Guangxi: Shangsi, Shiwan Dashan, 1934-11-18, W. T. Tsang 24679 (A).

榄绿粗叶木 *Lasianthus lancilimbus* Merr. in Lingnan Sci. J. 13: 50, pl. 8. 1934. **Isotype:** China. Guangdong: Zengcheng, Nankun Shan, 1932-05-21, W. T. Tsang 20293 (A).

琼崖粗叶木 *Lasianthus lei* Merr. & Metc. ex H. S. Lo in Bot. J. South China 2: 12. 1993. **Isotype:** China. Hainan: Chengmai, 1933-09-21, C. I. Lei 1025 (A).

上思粗叶木 *Lasianthus tsangii* Merr. ex H. L. Li in J. Arnold Arbor. 24: 457. 1943. **Holotype:** China. Guangxi: Shangsi, Shiwan Dashan, 1934-07-(11-30), W. T. Tsang 23940 (A).

城口野丁香 *Leptodermis chaneti* Lévl. in Bull. Géogr. Bot. 25: 47. 1915. **Isosyntype:** China. Chongqing: Chengkou, 1910-08-??, L. Chanet 538 (A).

草叶野丁香 *Leptodermis coriaceifolia* Tao Chen, Fl. China 19: 200. 2011. **Holotype:** China. Yunnan: Xichou, alt. 1 500 m, 1947-09-26, K. M. Feng 12065 (A).

暗褐色野丁香 *Leptodermis fusca* H. Winkler in Fedde, Repert. Sp. Nov. 18: 158. 1922. **Syntype:** China. Yunnan: Precise locality not known, 1916-09-28, O. Schoch 253 (A).

A. HENRY
CHINA, No. 9949
YUNNAN *Mile* district
mt. forest - fls. dark red

THE HARVARD UNIVERSITY HERBARIA
00098647

Leptodermis glomerata
Hutchinson
n.sp.
Determinavit *J.H. 15.4.16.*

FLORA OF CHINA.
Leptodermis glomerata
Hutch.
COLL. A. HENRY.

HERBARIUM
OF THE
ARNOLD ARBORETUM
HARVARD UNIVERSITY

聚花野丁香 *Leptodermis glomerata* Hutchins. in Sargent, Pl. Wilson. 3: 406. 1916. **Holotype:** China. Yunnan: Mile, A. Henry 9949 (A).

绵毛野丁香 *Leptodermis lanata* H. S. Lo in J. Trop. Subtrop. Bot. 7(1): 19. 1999. **Isotype:** China. Yunnan: Ninglang, alt. 2 500 m, 1939-05-17, T. T. Yu 5395 (A).

龙潭野丁香 *Leptodermis mairei* Lévl. in Fedde, Repert. Sp. Nov. 13: 179. 1914. **Isotype:** China. Yunnan: Long-Tang （=Long tan）, alt. 2 500 m, 1912-08-??, E. E. Maire s. n. (A).

Leptodermis potanini Batalin var. glauca (Diels) H. Winkler

L. Potanini Batal.
var. glauca (Diels) H. Winkl.

Leptodermis motsouensis H. Lévl.
Lectotype!
CHEN Tao (SZG)　　　18 Oct 2007
HARVARD UNIVERSITY HERBARIA

Leptodermis potanini Batalin var. glauca (Diels) H. Winkler
CHEN Tao (SZG)　　　8 Oct 2007
HARVARD UNIVERSITY HERBARIA

HERBARIUM OF THE ARNOLD ARBORETUM
DUPLICATES FROM HERB. LÉVEILLÉ
RECEIVED FROM BOTANIC GARDEN, EDINBURG, 1928

Leptodermis motsouensis Lévl.
Yunnan! collines arides de Mo-
tsou; alt. 800 m.
Sous-arbrisseau en touffes; fl.
blanches
S. E. Maire　　　*51911-13,*

摩挲野丁香 *Leptodermis motsouensis* Lévl. in Bull. Géogr. Bot. 25: 47. 1915. **Isotype:** China. Yunnan: Eryuan, Motsou, alt. 800 m, 1912-05-??, E. E. Maire s. n. (A).

POSSIBLE TYPE
Leptodermis oblonga var. *leptophylla* H.J.P. Winkl.
Repert. Spec. Nov. Regni Veg. 18: 161. 1922
Chanet, 55. 1919
Verified by Melinda D. Peters (GH)   July 2009
HARVARD UNIVERSITY HERBARIA

HERBARIUM OF THE ARNOLD ARBORETUM
HARVARD UNIVERSITY.

no. 55

Chihli

Père Chanet

1919.

det. **Hubert Winkler.**

狭长叶薄皮木 *Leptodermis oblonga* Bunge var. *leptophylla* H. Winkler in Fedde, Repert. Sp. Nov. 18: 161. 1922. **Syntype:** China. Beijing: Precise locality not known, 1919-??-??, P. Chanet 55 (A).

卵叶野丁香 *Leptodermis ovata* H. Winkler in Fedde, Repert. Sp. Nov. 18: 162. 1922. **Syntype:** China. Guangdong: Lian Xian, 1918-10-18, C. O. Levine s. n. (= Canton Christian College 3335) (A).

瓦山野丁香 *Leptodermis parvifolia* Hutchins. in Sargent, Pl. Wilson. 3: 404. 1916. **Holotype:** China. Sichuan: Ebian, Wa Shan, alt. 610~1 068 m, 1908-06-??, E. H. Wilson 3518 (A).

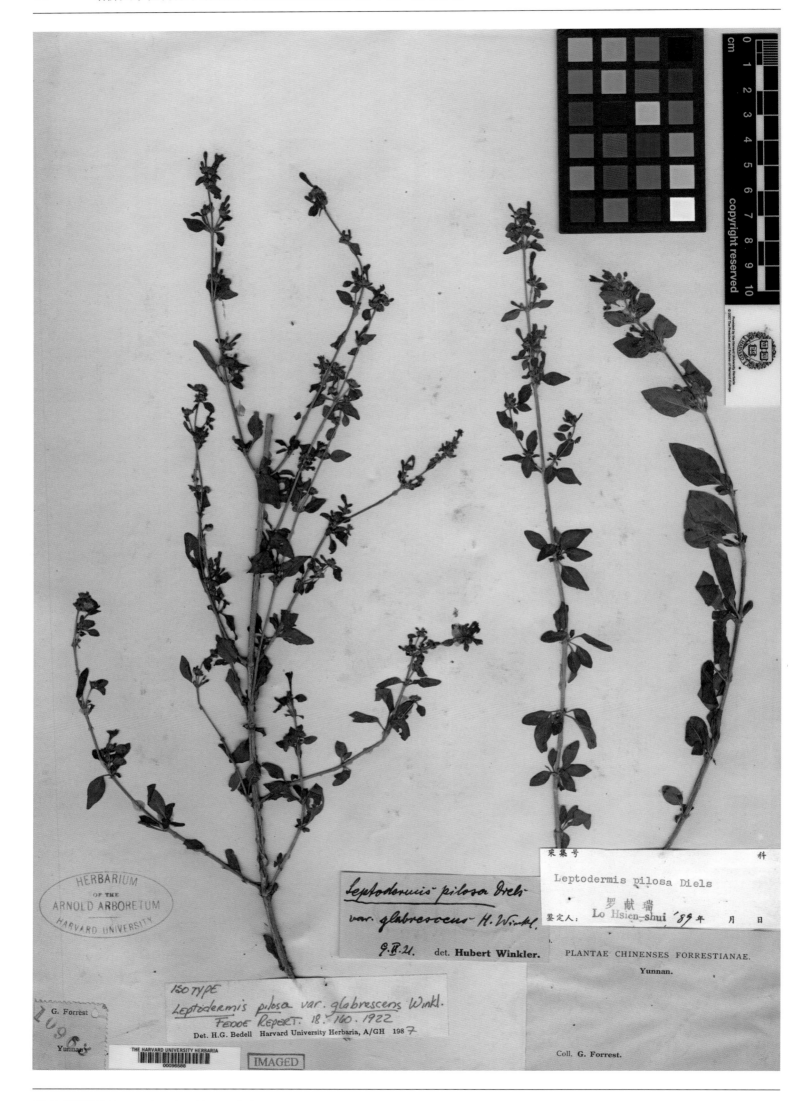

光叶野丁香 *Leptodermis pilosa* Diels var. *glabrescens* H. Winkler in Fedde, Repert. Sp. Nov. 18: 160. 1922. **Syntype:** China. Yunnan: Precise locality not known, G. Forrest 10963 (A).

SYNTYPE
Leptodermis potanini var. *tomentosa* H. Winkl.
Repert. Spec. Nov. Regni Veg. 18: 153. 1922
Schoch, 55a
Verified by Melinda D. Peters (GH)   July 2009
HARVARD UNIVERSITY HERBARIA

PLANTAE YUNNANENSES
ANNO 1916 IN DISTRICTU YUNNAN FU
ab O. Schoch collectae
No. *55 a*
Leptodermis
Statio *ut No: 55*
Mense   Alt. circ.

Leptodermis Potanini Batal.
var. tomentosa H. Winkl.
8.IX.21.   det. **Hubert Winkler.**

绒毛野丁香 *Leptodermis potanini* Batalin var. *tomentosa* H. Winkler in Fedde, Repert. Sp. Nov. 18: 153. 1922. **Syntype:**
China. Yunnan: Kunming, 1916-??-??, O. Schoch 55 a (A).

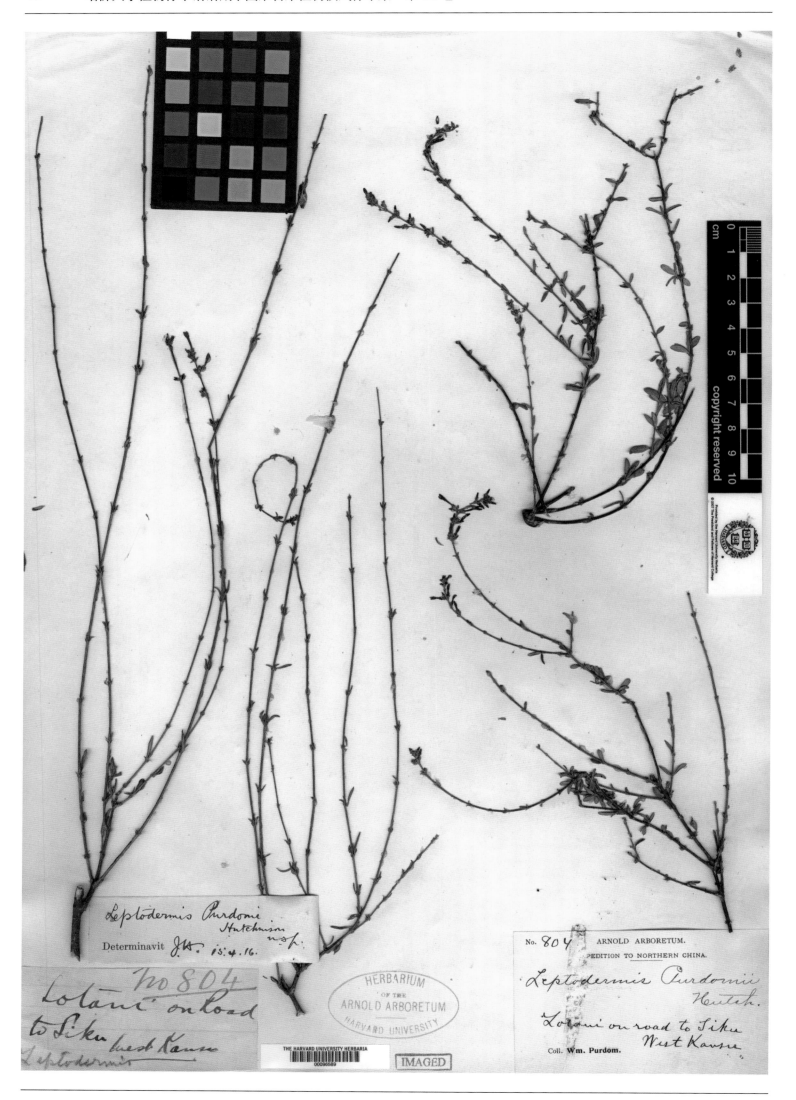

甘肃野丁香 *Leptodermis purdomii* Hutchins. in Sargent, Pl. Wilson. 3: 405. 1916. **Holotype:** China. Gansu: Wudu, W. Purdom 804 (A).

纤枝野丁香 *Leptodermis schneideri* H. Winkler in Fedde, Repert. Sp. Nov. 18: 156. 1922. **Isosyntype:** China. Yunnan: Chungtien (= Shangri-La), alt. 2 800 m, 1914-08-??, C. Schneider 2210 (A).

华西纤枝野丁香 *Leptodermis schneideri* H. Winkler var. *hutchinsonii* H. Winkler in Fedde, Repert. Sp. Nov. 18: 157. 1922.
Syntype: China. Western China, Precise locality not known, alt. 305~610 m, 1903-06-??, E. H. Wilson 3760 (A).

蒙自野丁香 *Leptodermis tomentella* Franch. ex H. Winkler in Fedde, Repert. Sp. Nov. 18: 159. 1922. **Isosyntype:** China. Yunnan: Mengzi, alt. 1 525 m, 1898-??-??, A. Henry 10974 (A).

东川野丁香 *Leptodermis tongtchouanensis* Lévl. in Bull. Géogr. Bot. 25: 47. 1915. **Isotype:** China. Yunnan: Tong-tchouan (=Dongchuan), alt. 2 550 m, 1912-05-??, E. E. Maire s. n. (A).

中间型滇丁香 *Luculia intermedia* Hutchins. in Sargent, Pl. Wilson. 3: 408. 1916. **Syntype:** China. Yunnan: Mengzi, alt. 1 525 m, A. Henry 9023 B (A).

中间型滇丁香 *Luculia intermedia* Hutchins. in Sargent, Pl. Wilson. 3: 408. 1916. **Syntype:** China. Yunnan: Feng-chen-lin, alt. 2 000 m, A. Henry 9023 C (A).

鸡冠滇丁香 *Luculia yunnanensis* S. Y. Hu in J. Arnold Arbor. 32: 398. 1951. **Holotype:** China. Yunnan: Shang-pa (=Fugong), alt. 2 000 m, 1933-09-24, H. T. Tsai 56598 (A).

琼梅 *Meyna hainanensis* Merr. in Lingnan Sci. J. 14(1): 57. 1935. **Holotype:** China. Hainan: Ngai (=Sanya), 1932-07-11, S. K. Lau 238 (A).

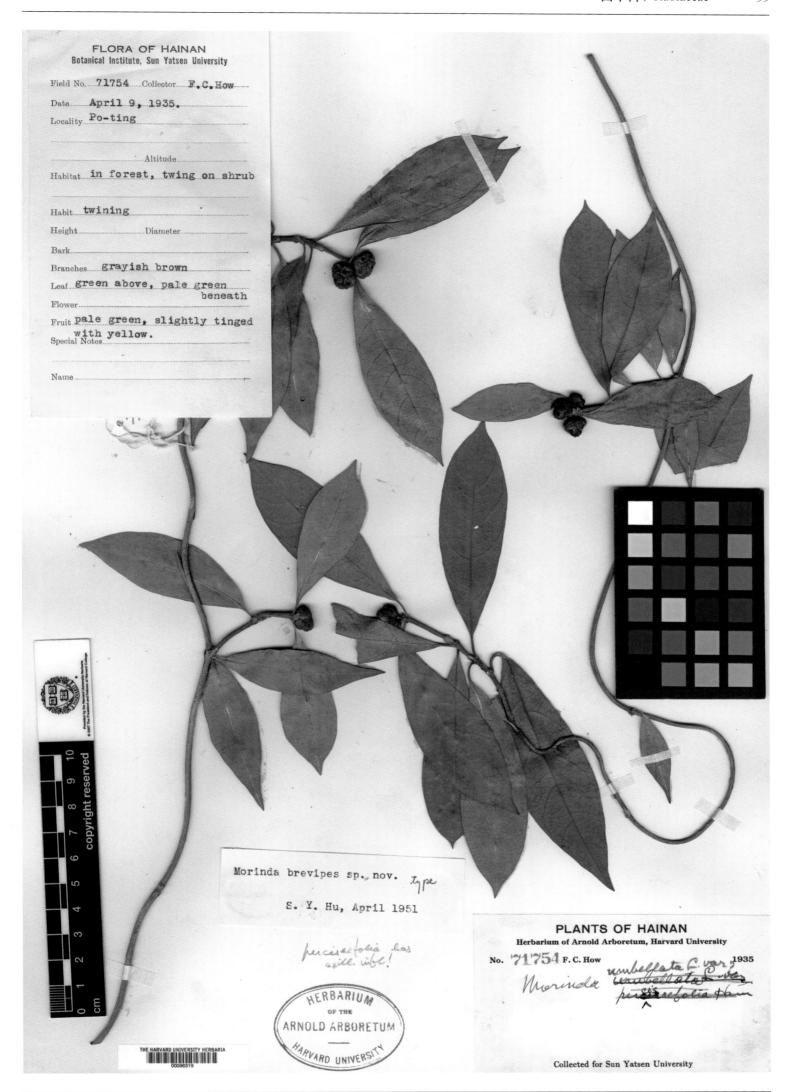

FLORA OF HAINAN
Botanical Institute, Sun Yatsen University

Field No. **71754** Collector **F.C. How**
Date **April 9, 1935.**
Locality **Po-ting**

_____ Altitude _____
Habitat **in forest, twing on shrub**

Habit **twining**
Height _____ Diameter _____
Bark _____
Branches **grayish brown**
Leaf **green above, pale green beneath**
Flower _____
Fruit **pale green, slightly tinged with yellow.**
Special Notes _____

Name _____

Morinda brevipes sp. nov. *type*

S. Y. Hu, April 1951

PLANTS OF HAINAN
Herbarium of Arnold Arboretum, Harvard University
No. **71754** F. C. How 1935

Collected for Sun Yatsen University

短柄巴戟天 *Morinda brevipes* S. Y. Hu in J. Arnold Arbor. 32: 399. 1951. **Holotype:** China. Hainan: Po-ting (=Baoting), 1935-04-09, F. C. How 71754 (A).

贵州巴戟天 *Morinda esquirolii* Lévl. Fl. Kouy-Tchéou 368. 1915. **Isotype:** China. Guizhou: Ta Ram, 1912-08-??, J. Esquirol 3735 (A).

FLORA OF HAINAN
Botanical Institute, Sun Yatsen University

Field No. 72652　Collector F.C.How

Date May 28, 1935.

Locality Po-ting

Altitude 1000 ft.
Habitat in forest

Habit twining

Height　　Diameter
Bark brown

Branches
Leaf green above, paler, tomentose
beneath

Flower
Fruit deep green, tomentose, terminal

Special Notes

Name

PLANTS OF HAINAN
Herbarium of Arnold Arboretum, Harvard University

No. 72652　F. C. How　1935

Morinda hainanensis Mere & Chun

Collected for Sun Yatsen University

HERBARIUM
OF THE
ARNOLD ARBORETUM
HARVARD UNIVERSITY

海南巴戟天 *Morinda hainanensis* Merr. & F. C. How in Sunyatsenia 5: 188, pl. 28. 1940. **Holotype:** China. Hainan: Po-ting (=Baoting), alt. 305 m, 1935-05-28, F. C. How 72652 (A).

糠藤 *Morinda howiana* S. Y. Hu in J. Arnold Arbor. 32: 400. 1951. **Syntype:** China. Hainan: Po-ting (=Baoting), alt. 214 m, 1935-04-14, F. C. How 71911 (A).

湖北巴戟天 *Morinda hupehensis* S. Y. Hu in J. Arnold Arbor. 32: 400. 1951. **Holotype:** China. Hubei: Enshi, 1934-10-29, H. C. Chow 1815 (A).

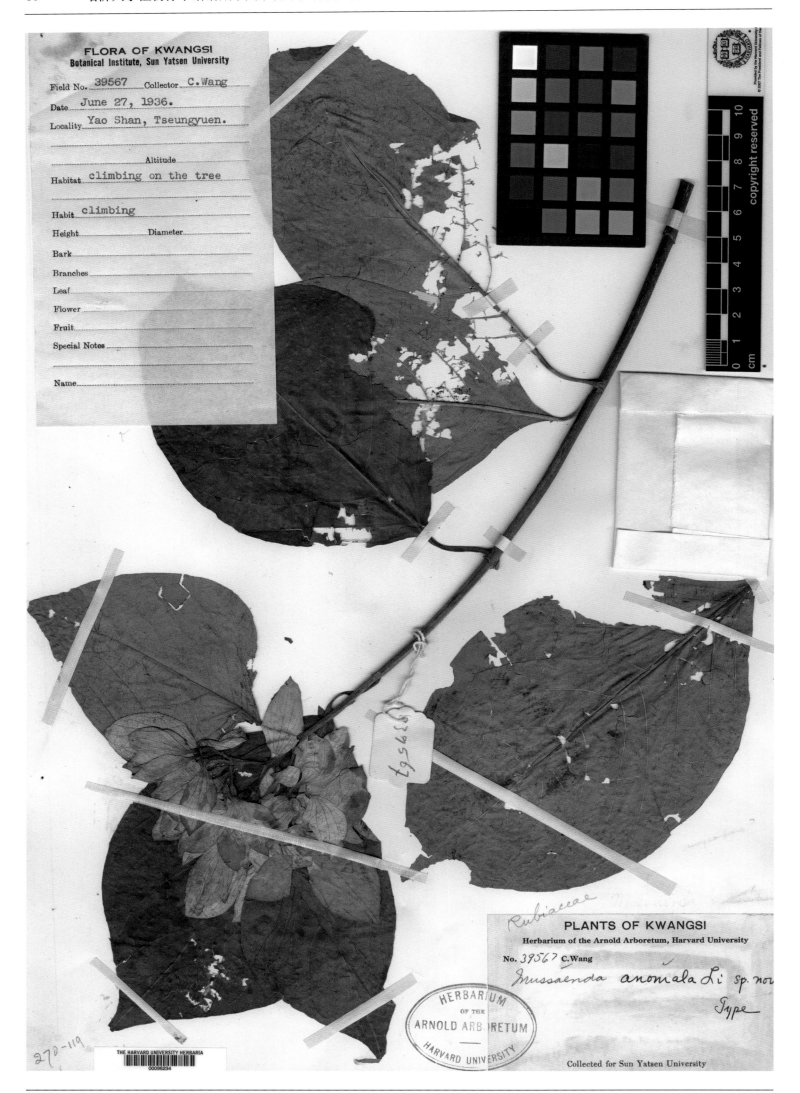

异形玉叶金花 *Mussaenda anomala* H. L. Li in J. Arnold Arbor. 24: 454. 1943. **Holotype:** China. Guangxi: Xiangzhou, Yao Shan, 1936-06-27, C. Wang 39567 (A).

贵州香果树 *Mussaenda cavaleriei* Lévl. in Fedde, Repert. Sp. Nov. 13: 178. 1914. **Isotype:** China. Guizhou: Pin-Ue, Touan-Po, 1905-08-10, J. Cavalerie 2481 (A).

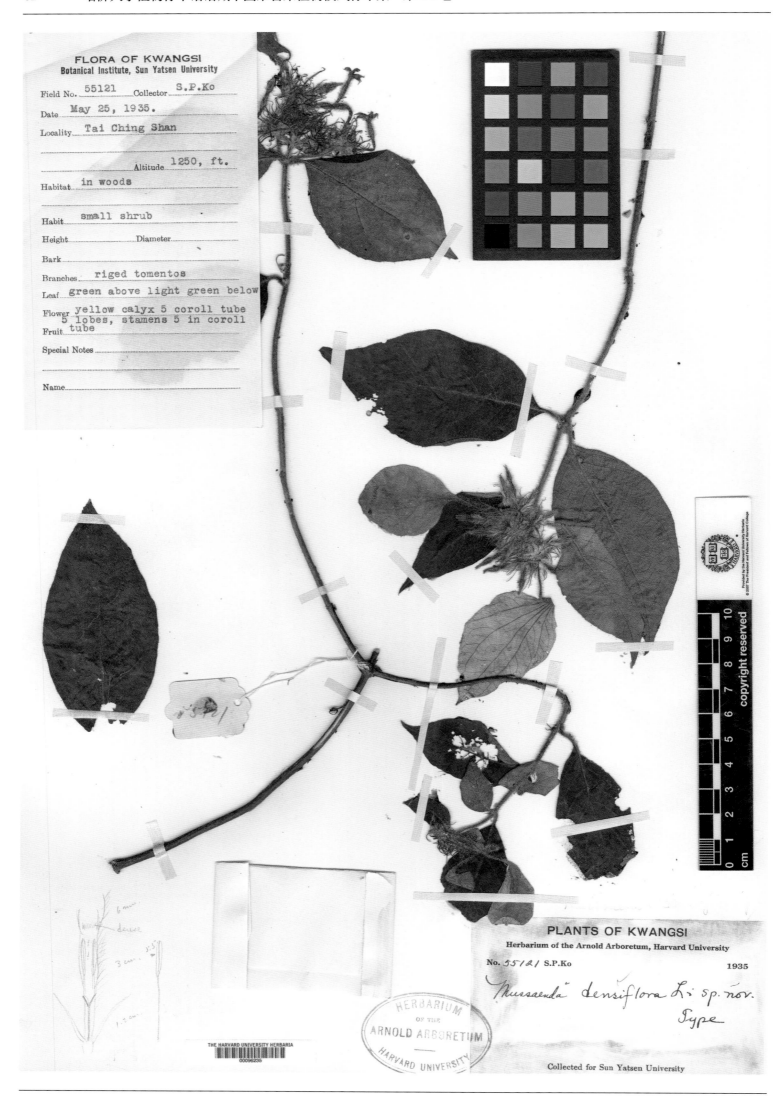

密花玉叶金花 *Mussaenda densiflora* H. L. Li in J. Arnold Arbor. 24: 455. 1943. **Holotype:** China. Guangxi: Longzhou, Tai Ching Shan (=Daqing Shan), alt. 381 m, 1935-05-25, S. P. Ko 55121 (A).

展枝玉叶金花 *Mussaenda divaricata* Hutchins. in Sargent, Pl. Wilson. 3: 394, 398. 1916. **Holotype:** China. Hubei: Yichang, 1907-06-??, E. H. Wilson 3266 (A).

椭圆玉叶金花 *Mussaenda elliptica* Hutchins. in Sargent, Pl. Wilson. 3: 395. 1916. Holotype: China. Sichuan: Suiting Fu (= Da Xian), alt. 610~915 m, 1910-07-??, E. H. Wilson 4604 (A).

海南玉叶金花 *Mussaenda hainanensis* Merr. in Lingnan Sci. J. 14: 57. 1935. **Isotype:** China. Hainan: Lingshui, 1932-04-26, H. V. Swa. 2 (A).

南玉叶金花 *Mussaenda henryi* Hutchins. in Sargent, Pl. Wilson. 3: 397. 1916. **Holotype:** China. Yunnan: South of the Red River, A. Henry 13660 (A).

广西玉叶金花 *Mussaenda kwangsiensis* H. L. Li in J. Arnold Arbor. 24: 455. 1943. **Holotype:** China. Guangxi: Xiangzhou, Yao Shan, 1936-11-09, C. Wang 40448 (A).

广东玉叶金花 *Mussaenda kwangtungensis* H. L. Li in J. Arnold Arbor. 25: 427. 1944. **Holotype:** China. Guangdong: Xinfeng, 1938-06-(01-19), Y. W. Taam 891 (A).

云南香果树 *Mussaenda mairei* Lévl. in Bull. Géogr. Bot. 25: 47. 1915. **Isotype:** China. Yunnan: Long-ky, alt. 700 m, 1912-07-??, E. E. Maire s. n. (A).

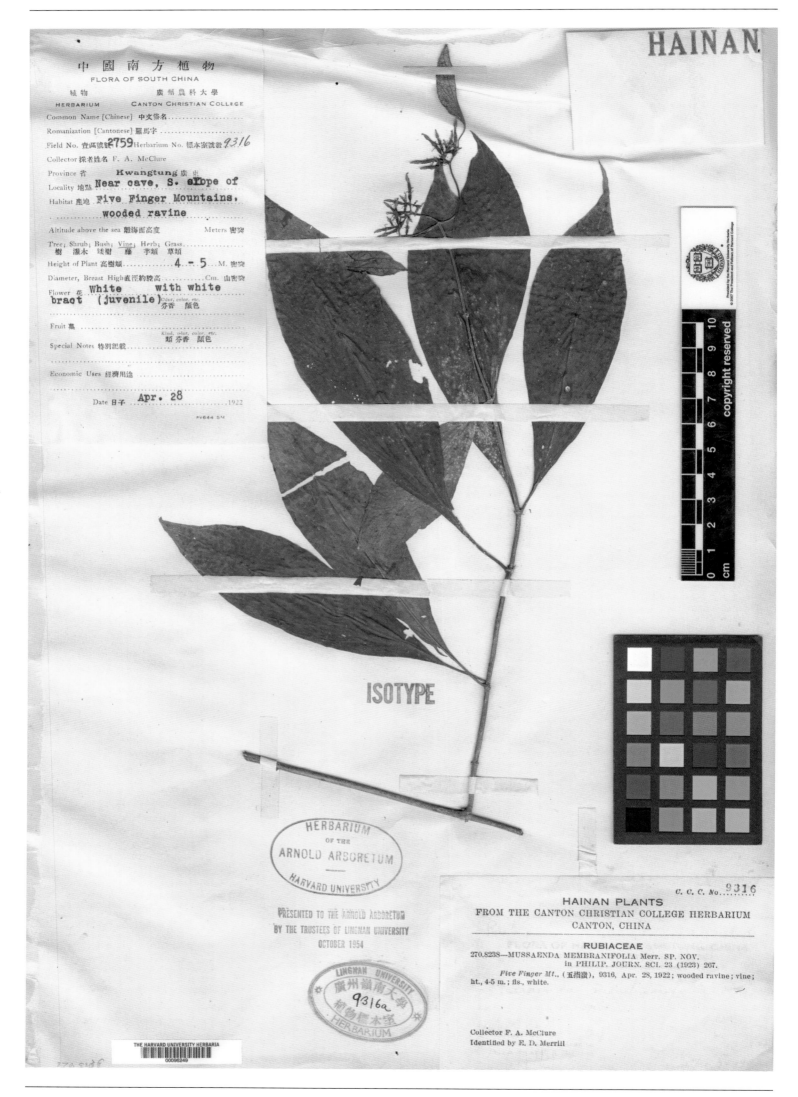

膜叶玉叶金花 *Mussaenda membranifolia* Merr. in Philipp. J. Sci. 23: 267. 1923. **Isotype:** China. Hainan: Qiongzhong, 1922-04-28, F. A. McClure 2759 (= Canton Christian College 9316) (A).

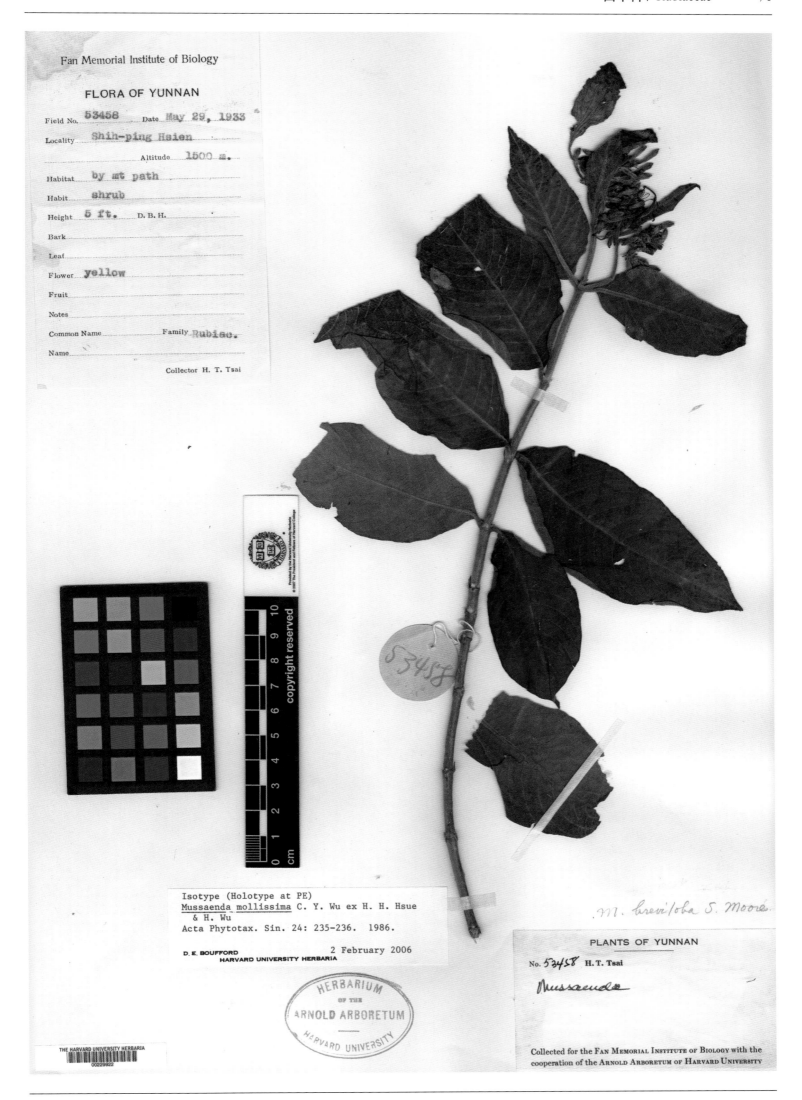

粗毛玉叶金花 *Mussaenda mollissima* C. Y. Wu ex H. H. Hsue & H. Wu in Acta Phytotax. Sin. 24: 235, f. 2: 1–6. 1986.
Isotype: China. Yunnan: Shih-ping (=Shiping), alt. 1 500 m, 1933-05-29, H. T. Tsai 53458 (A).

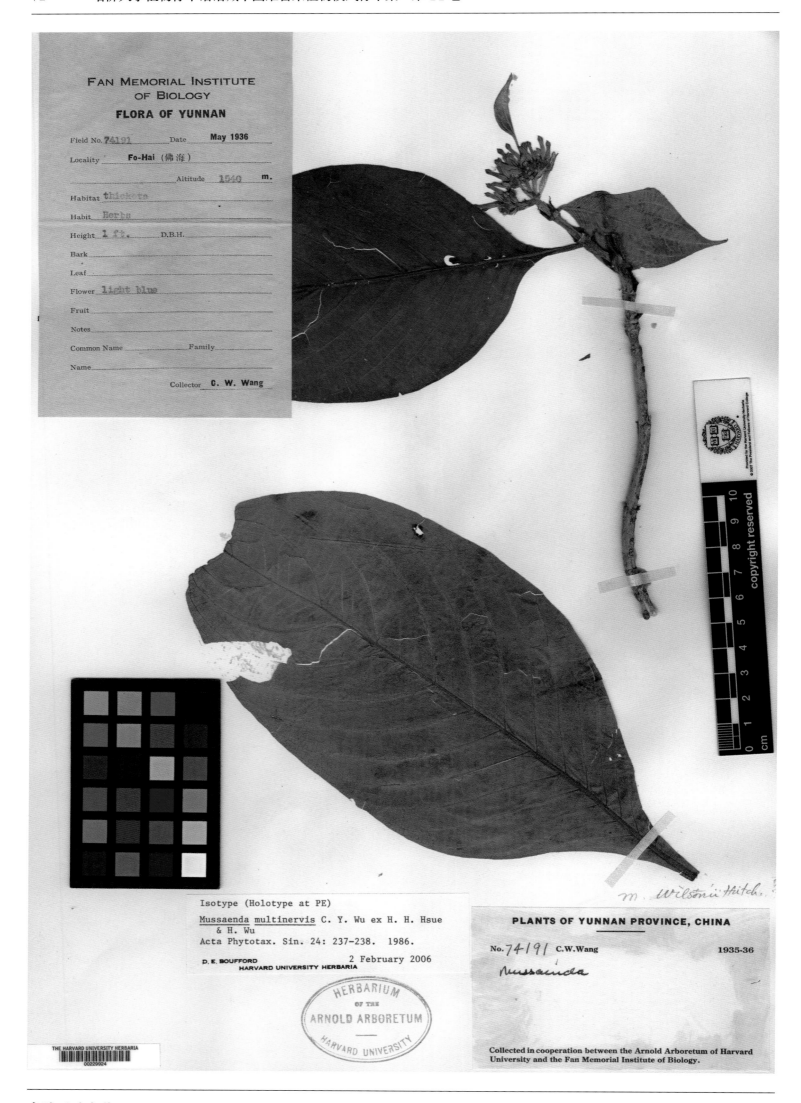

多脉玉叶金花 Mussaenda multinervis C. Y. Wu in Acta Phytotax. Sin. 24: 237, f. 3. 1986. **Isotype:** China. Yunnan: Fo-Hai (=Menghai), alt. 1 540 m, 1936-05-??, C. W. Wang 74191 (A).

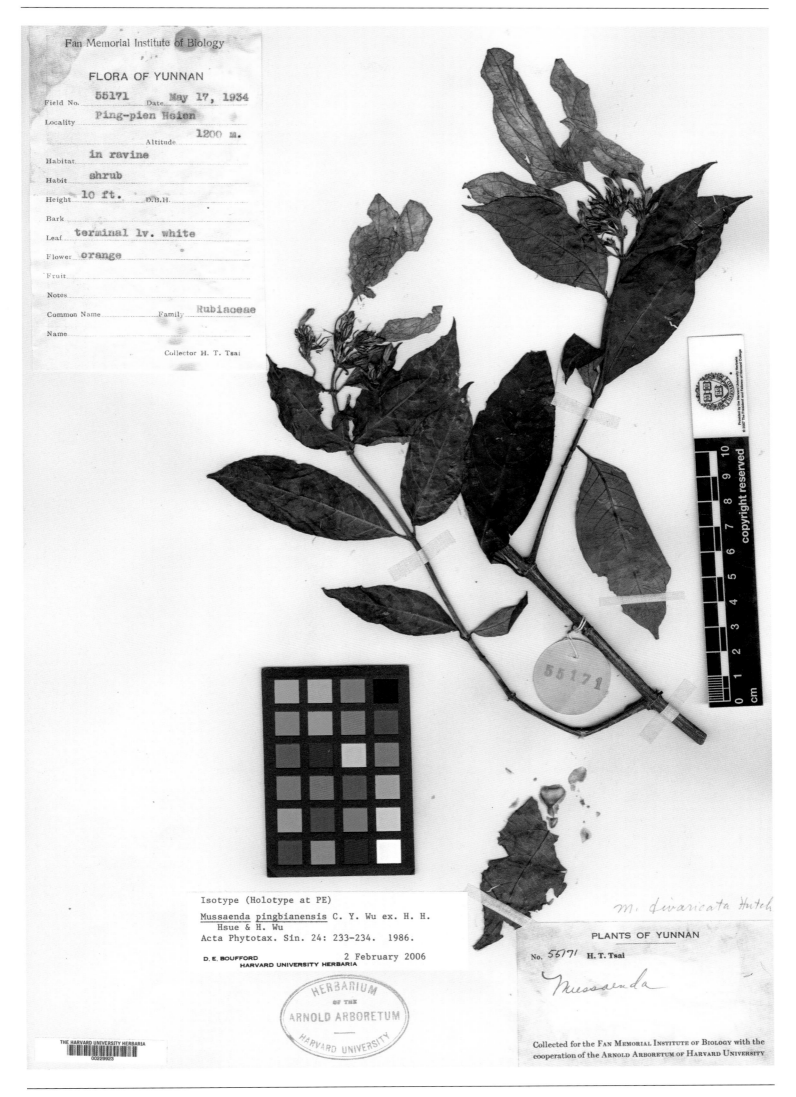

屏边玉叶金花 *Mussaenda pingbianensis* C. Y. Wu ex H. H. Hsue & H. Wu in Acta Phytotax. Sin. 24: 233, f. 1: 1–5. 1986.
Isotype: China. Yunnan: Pingbian, alt. 1 200 m, 1934-05-17, H. T. Tsai 55171 (A).

思茅玉叶金花 *Mussaenda rehderiana* Hutchins. in Sargent, Pl. Wilson. 3: 397. 1916. **Holotype:** China. Yunnan: Simao, alt.
1 525 m, A. Henry 11790 (A).

无柄玉叶金花 *Mussaenda sessilifolia* Hutchins. in Sargent, Pl. Wilson. 3: 397. 1916. **Holotype:** China. Yunnan: Simao, alt. 1 220 m, A. Henry 12774 (A).

HANDEL-MAZZETTI, ITER SINENSE 1914-1918,

sumptibus Academiae scientiarum Vindobonensis susceptum.

Nr. 5276

Mussaenda simpliciloba Hand.-Mazt., sp. nova

Not. ad pl. viv.: *scandens, fl. lutei aurantia* det. H.-M. *sepala aleta alba.*

Prov. **SETSCHWAN** austro-occid.: In regione subtropica convallis fluminis Yalung, *in dumetis umbrosis a vico Podzio ad Tschenbaörl, 27°5-10.*

Substr. *schistaceo* ; alt. s. m. ca. 1200-1375 m.

Leg. 23, 26 IX. 1914 Dr. Heinr. Frh. v. Handel-Mazzetti. (Diar. Nr. 874 ?

单裂玉叶金花 *Mussaenda simpliciloba* Hand.-Mazz. in Anz. Akad. Wiss. Wien. Math.-Nat. Kl. Vienna. 62: 147. 1925.
Isosyntype: China. Sichuan: Yalung, alt. 1 200~1 375 m, 1914-09-26, H. R. E. Handel-Mazzetti 5276 (A).

威尔逊玉叶金花 *Mussaenda wilsonii* Hutchins. in Sargent, Pl. Wilson. 3: 393. 1916. **Holotype:** China. Hubei: Chang lo (=Zigui), alt. 305~610 m, 1907-06-??, E. H. Wilson 3265 (A).

长苞腺萼木 *Mycetia bracteata* Hutchins. in Sargent, Pl. Wilson. 3: 409. 1916. **Holotype:** China. Yunnan: Simao, alt. 1 220 m, A. Henry 11930 A (A).

毛腺萼木 *Mycetia hirta* Hutchins. in Sargent, Pl. Wilson. 3: 410. 1916. **Holotype:** China. Yunnan: Simao, alt. 1 373 m, A. Henry 12299 (A).

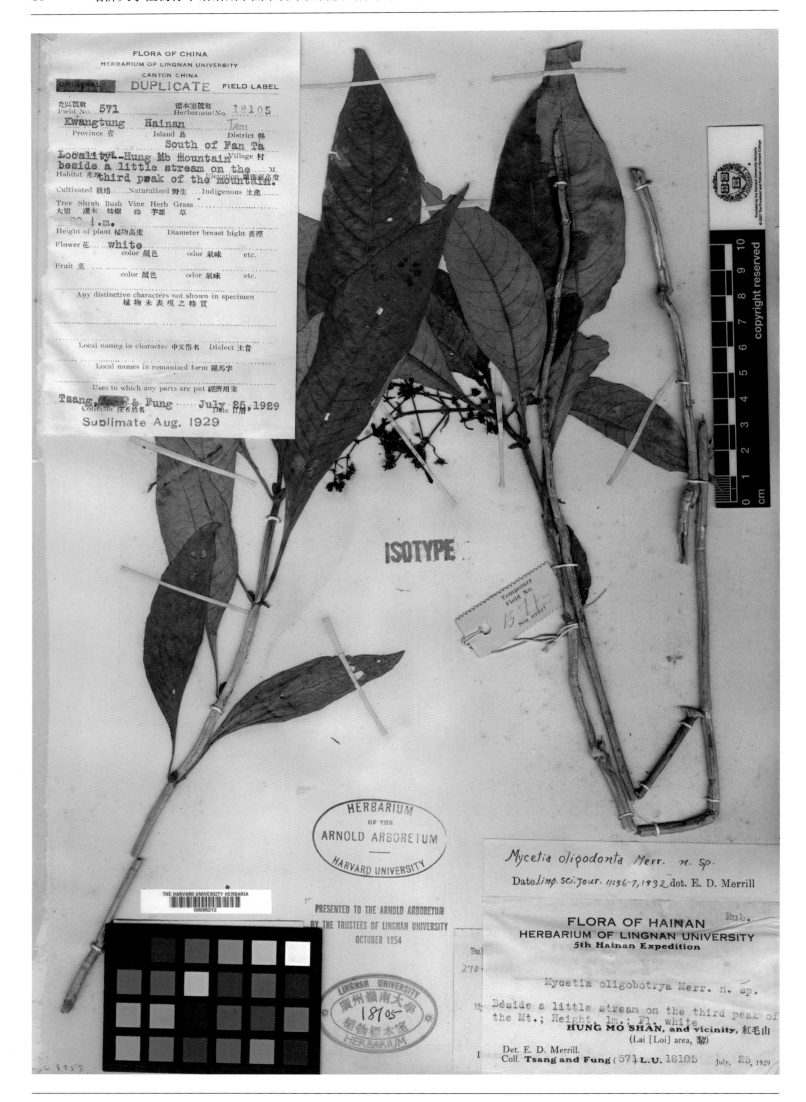

疏齿腺萼木 *Mycetia oligodonta* Merr. in Lingnan Sci. J. 11: 56. 1932. **Isotype:** China. Hainan: Hongmao Shan, 1929-07-25, Tsang & Fung 571 (= Lingnan University 18105) (A).

滇南新乌檀 *Neonauclea tsaiana* S. Q. Zou in J. Arnold Arbor. 69: 73. 1988. **Holotype:** China. Yunnan: Che-li (= Jinghong), alt. 1 100 m, 1936-10-??, C. W. Wang 79373 (A).

FAN MEMORIAL INSTITUTE
OF BIOLOGY

FLORA OF YUNNAN

Field No. 74964 　　　Date　July 1936

Locality　Fo-Hai（佛海）

Altitude　1080　m.

Habitat　Woods, Ravine

Habit　Herbs

Height　　　　D.B.H.

Bark

Leaf

Flower　yellowish red

Fruit

Notes

Common Name　　　　Family

Name

Collector　C. W. Wang

Isotype (holotype at IBSC)

Ophiorrhiza aureolina H. S. Lo
Bull. Bot. Res. (Harbin) 10(2): 34. 1990.

D. E. BOUFFORD　February 1991
HARVARD UNIVERSITY HERBARIA

HERBARIUM
OF THE
ARNOLD ARBORETUM
HARVARD UNIVERSITY

PLANTS OF YUNNAN PROVINCE, CHINA

No. 74964 C.W.Wang　　　　1935-36

Ophiorrhiza

Collected in cooperation between the Arnold Arboretum of Harvard
University and the Fan Memorial Institute of Biology.

金黄蛇根草 *Ophiorrhiza aureolina* H. S. Lo in Bull. Bot. Res., Harbin 10(2): 34, f. 9. 1990. **Isotype:** China. Yunnan: Fo-Hai
(=Menghai), alt. 1 080 m, 1936-07-??, C. W. Wang 74964 (A).

广州蛇根草 ***Ophiorrhiza cantoniensis*** Hance in Ann. Sci. Nat. Bot. Sér. 4. 18: 222. 1862. **Isotype:** China. Guangdong: West River, Tsing-yum, 1867-02-06, T. Sampson s. n. (= Herb. H. F. Hance 9012) (GH).

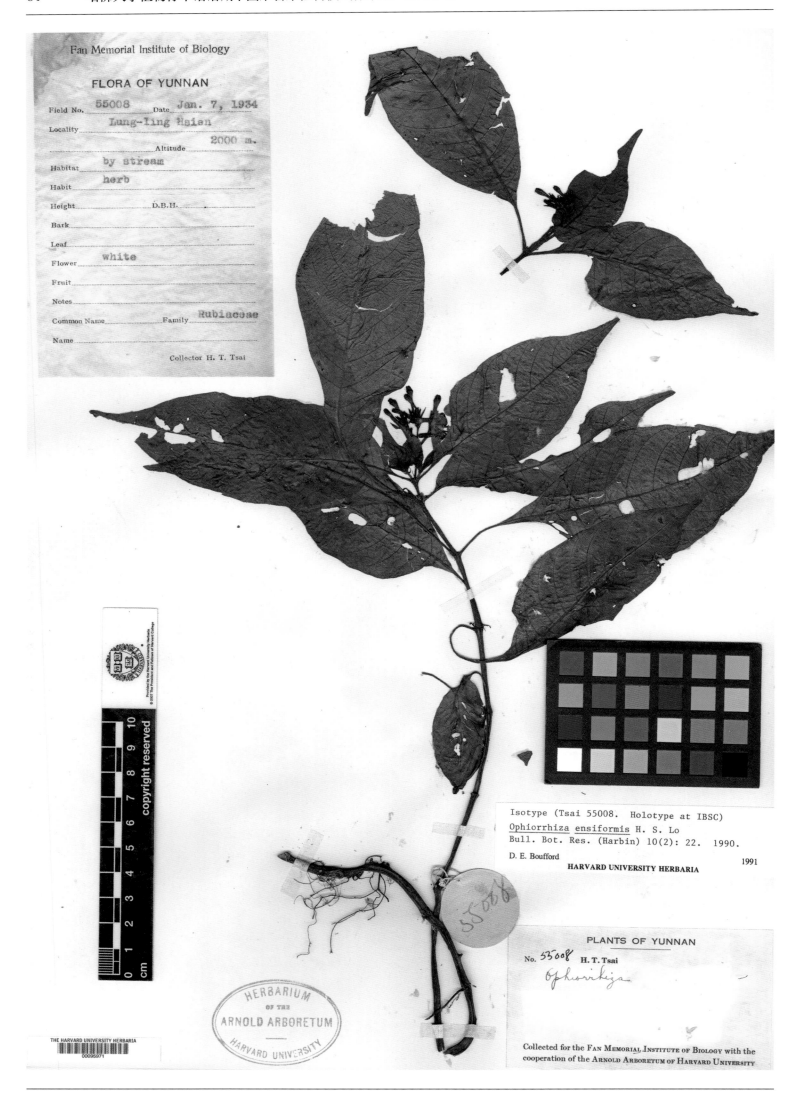

剑齿蛇根草 *Ophiorrhiza ensiformis* H. S. Lo in Bull. Bot. Res., Harbin 10(2): 22, f. 5. 1990. **Isotype:** China. Yunnan: Longling, alt. 2 000 m, 1934-01-07, H. T. Tsai 55008 (A).

大苞蛇根草 *Ophiorrhiza grandibracteolata* How ex H. S. Lo in Bull. Bot. Res., Harbin 10(2): 43, f. 11. 1990. **Isotype:** China. Yunnan: Malipo, alt. 1 200~1 500 m, 1947-11-22, K. M. Feng 13521 (A).

广西蛇根草 *Ophiorrhiza kwangsiensis* Merr. ex H. L. Li in J. Arnold Arbor. 24: 453. 1943. **Holotype:** China. Guangxi: Shangsi, Shiwan Dashan, 1933-06-04, W. T. Tsang 22425 (A).

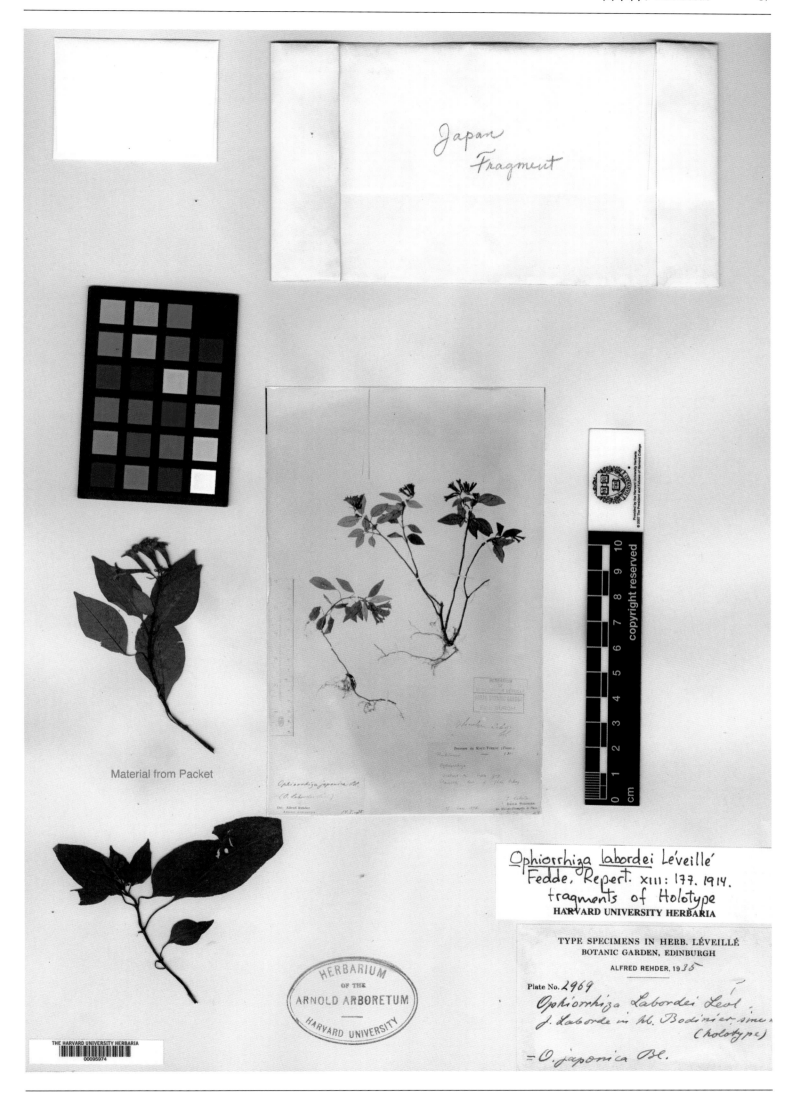

青岩蛇根草 *Ophiorrhiza labordei* Lévl. in Fedde, Repert. Sp. Nov. 13: 177. 1914. **Isotype:** China. Guizhou: Guiyang, Tsin-Gay (= Qingyan), 1898-05-15, J. Laborde & E. Bodinier 2969 (A).

长花蛇根草 *Ophiorrhiza longiflora* F. C. How ex H. S. Lo in Bull. Bot. Res., Harbin 10(2): 70, f. 23, 1–5. 1990. **Isotype:** China. Yunnan: Maguan, alt. 1 100~1 500 m, 1947-12-07, K. M. Feng 13676 (A).

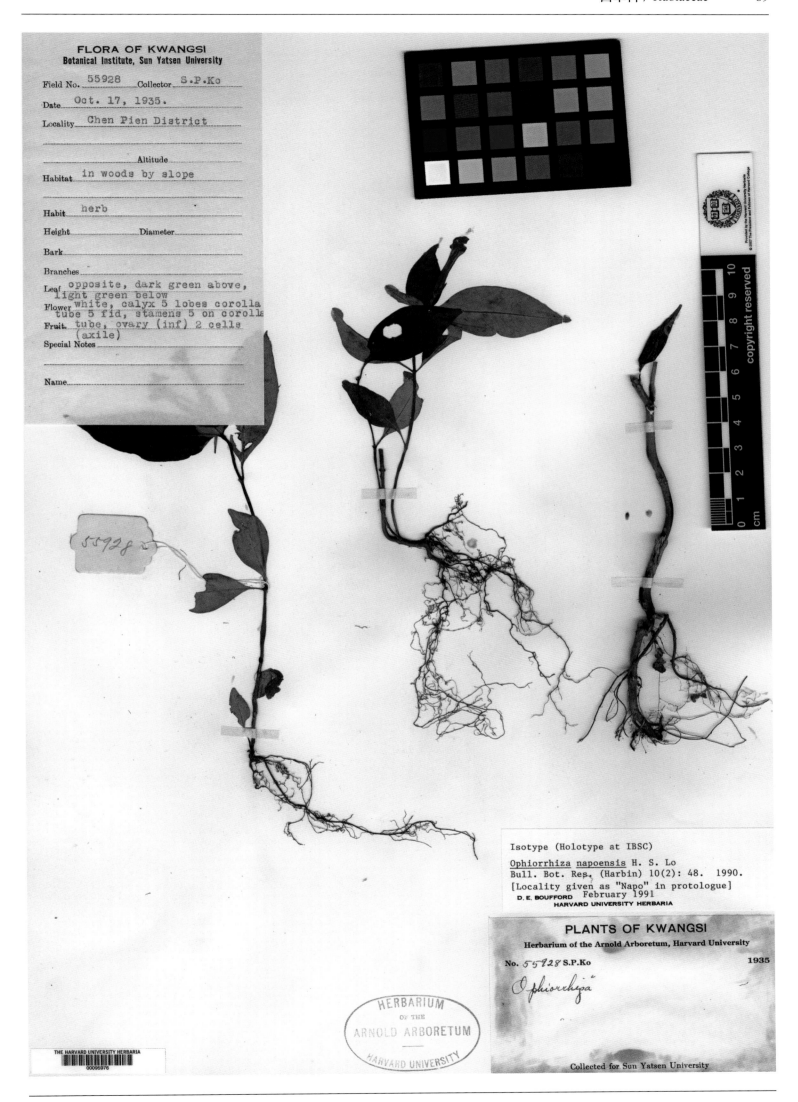

FLORA OF KWANGSI
Botanical Institute, Sun Yatsen University

Field No. 55928　　Collector S.P.Ko
Date　Oct. 17, 1935.
Locality　Chen Pien District

———————Altitude
Habitat　in woods by slope

Habit　herb

Height　　　　　Diameter

Bark

Branches
Leaf　opposite, dark green above,
　　light green below
Flower　white, calyx 5 lobes corolla
　　tube 5 fid, stamens 5 on corolla
Fruit　tube, ovary (inf) 2 cells
　　(axile)
Special Notes

Name

Isotype (Holotype at IBSC)

Ophiorrhiza napoensis H. S. Lo
Bull. Bot. Res. (Harbin) 10(2): 48.　1990.
[Locality given as "Napo" in protologue]
D. E. BOUFFORD　February 1991
HARVARD UNIVERSITY HERBARIA

PLANTS OF KWANGSI
Herbarium of the Arnold Arboretum, Harvard University

No. 55928 S.P.Ko　　　　1935

Ophiorrhiza

Collected for Sun Yatsen University

那坡蛇根草 *Ophiorrhiza napoensis* H. S. Lo in Bull. Bot. Res., Harbin 10(2): 48, f. 13. 1990. **Isotype:** China. Guangxi: Chen Pien (=Napo), 1935-10-17, S. P. Ko 55928 (A).

屏边蛇根草 *Ophiorrhiza pingbienensis* H. S. Lo in Bull. Bot. Res., Harbin 10(2): 20, f. 4. 1990. **Isotype:** China. Yunnan: Pingbian, alt. 1 400 m, 1934-07-09, H. T. Tsai 62444 (A).

柳叶蛇根草 *Ophiorrhiza salicifolia* H. S. Lo in Bull. Bot. Res., Harbin 10(2): 50. 1990. **Isotype:** China. Guangxi: Shangsi, Shiwan Dashan, 1933-05-02, W. T. Tsang 22187 (A).

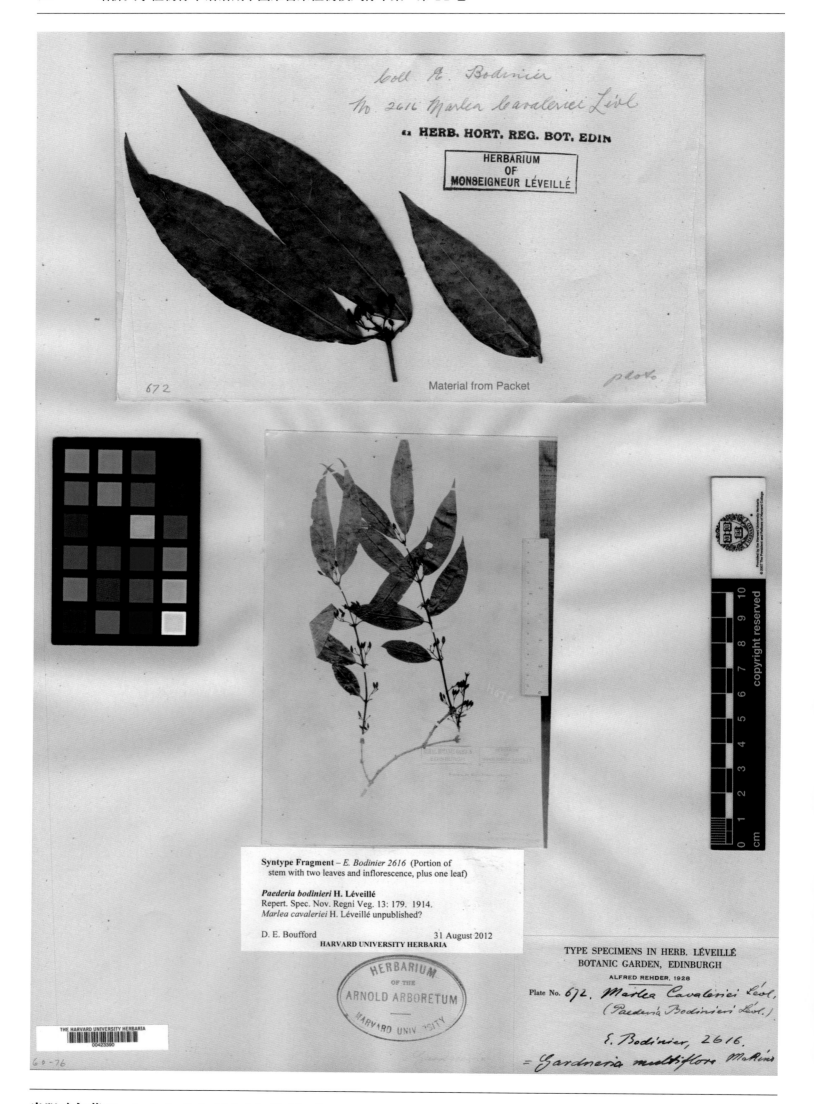

贵阳鸡矢藤 *Paederia bodinieri* Lévl. in Fedde, Repert. Sp. Nov. 13: 179. 1914. **Isosyntype:** China. Guizhou: Kouy Yang (= Guiyang), 1899-06-13, E. Bodinier 2616 (A).

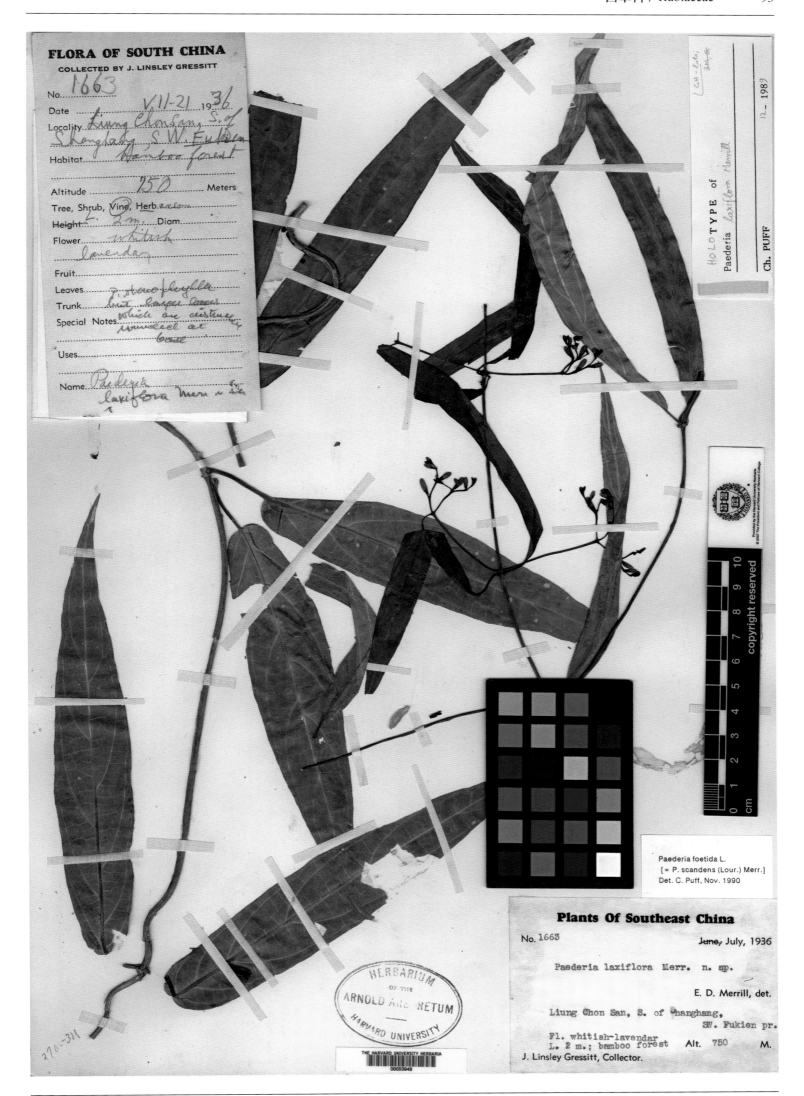

疏花鸡矢藤 *Paederia laxiflora* Merr. ex H. L. Li in J. Arnold Arbor. 25: 429. 1944. **Holotype:** China. Fujian: Shanghang, alt. 750 m, 1936-07-21, J. L. Gressitt 1663 (A).

紫蓝鸡矢藤 *Paederia tomentosa* Bl. var. *purpureo-caerulea* Lévl. & Vaniot in Bull. Soc. Bot. France 55: 59. 1908. **Isotype:** China. Guizhou: Guanling, Hoang-ko-chou (=Huangguoshu), 1898-09-08, J. Seguin 2501 (A).

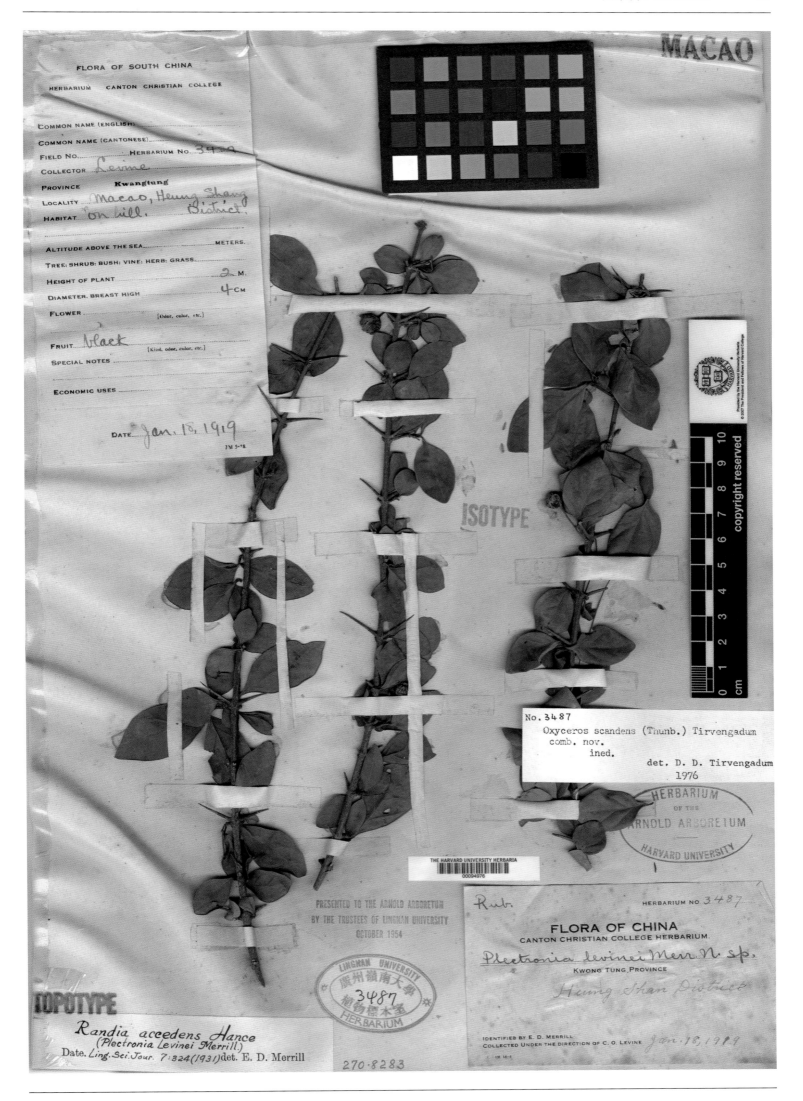

澳门浓子茉莉 *Plectronia levinei* Merr. in Philipp. J. Sci. 15: 257. 1919. **Isotype:** China. Macao, 1919-01-18, C. O. Levine s. n. (= Lingnan University 3487) (A).

短柄南山花 *Prismatomeris brevipes* Hutchins. in Sargent, Pl. Wilson. 3: 413. 1916. **Holotype:** China. Yunnan: Mengzi, alt. 1 525 m, A. Henry 9040 E (A).

浓子茉莉 *Randia accedens* Hance in Ann. Sci. Nat. Bot. Sér. 5. 5: 218. 1866. **Isotype:** China. Macao, 1865-11-??, Herb. H. F. Hance 10137 (GH).

No.
Aidia pycnantha (Drake) Tirvengadum
(Merr.)

det.　D. D. Tirvengadum
1976

HARVARD UNIVERSITY HERBARIA *Isotype*

Randia acuminatissima Merr.
see Philip. J. Sci. 15: 259. 1919
L. Ferne-Dudley 12/198

Rub.

HERBARIUM NO. 3130

FLORA OF CHINA
CANTON CHRISTIAN COLLEGE HERBARIUM.
Randia Acuminatissima Merr
KWONG TUNG PROVINCE

White Cloud mts.

Aug. 29, 1918

IDENTIFIED BY E. D. MERRILL
COLLECTED UNDER THE DIRECTION OF C. O. LEVINE

多毛茜草树 *Randia acuminatissima* Merr. in Philipp. J. Sci. 15: 259. 1919. **Isotype:** China. Guangdong: Guangzhou, Baiyun Shan, 1918-08-29, C. O. Levine s. n. (= Canton Christian College Herb. 3130) (A).

无脉鸡爪簕 *Randia evenosa* Hutchins. in Sargent, Pl. Wilson. 3: 400. 1916. **Holotype:** China. Yunnan: Mengzi, alt. 1 403 m, A. Henry 10363 A (A).

无脉鸡爪簕 *Randia evenosa* Hutchins. in Sargent, Pl. Wilson. 3: 400. 1916. **Paratype:** China. Yunnan: Mengzi, alt. 1 403 m, A. Henry 10363 (A).

No. 19367
Oxyceros forestii (Anth.) Tirvengadum
comb. nov.
ined.
det. D. D. Tirvengadum
1976

R. forrestii Anch. Isotype

PLANTS OF E. TIBET AND S.W. CHINA.
COLLECTED BY GEORGE FORREST.
HERB. HORT. REG. BOT. EDIN.

19367. Randia sp. aff. sinensis, Roem. et Sch. Spinous, semi-
scandent shrub of 9-15 ft. Flowers white, fragrant.
In thickets and scrub in side valleys on the hills east
of Sha-yang. Lat. 25° 20′ N. Long. 99° 40′ E.
Alt. 7-8,000 ft. April 1921. N.W. Yunnan.

滇西茜树 *Randia forrestii* Anth. in Notes Roy. Bot. Gard. Edinb. 18: 204. 1934. **Isotype:** China. Yunnan: Tengchong, Sha-yang, alt. 2 135~2 440 m, 1921-04-??, G. Forrest 19367 (A).

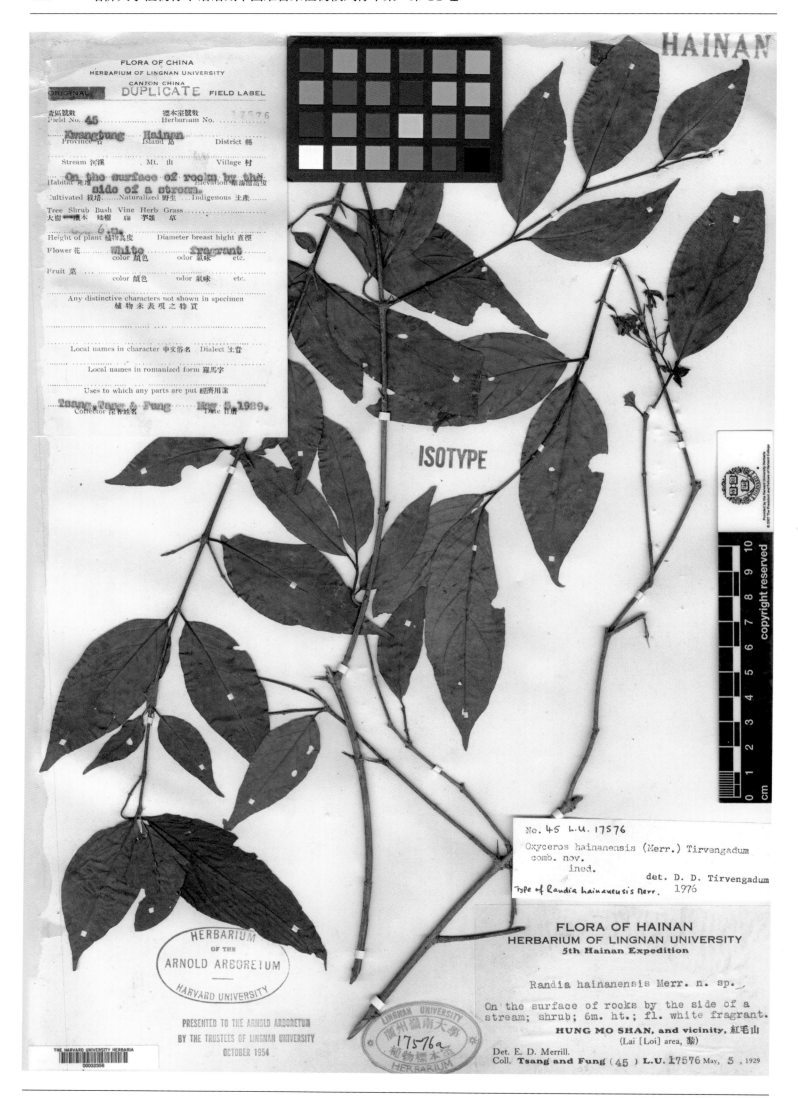

海南山黄皮 *Randia hainanensis* Merr. in Lingnan Sci. J. 11: 58. 1932. **Isotype:** China. Hainan: Hongmao Shan, 1929-05-03, Tsang & Fung 45 (= Lingnan University 17576) (A).

直刺鸡爪簕 *Randia rectispina* Merr. in Lingnan Sci. J. 14: 60. 1935. **Holotype:** China. Hainan: Ngai (= Sanya), 1932-07-19, S. K. Lau 289 (A).

California Academy of Sciences

Fosbergia shweliensis (J. Anthony) D,D. Tirvengadum & C. Sastre
Isotypes of *Randia shweliensis* J. Anthony, Notes Roy. Royt. Bot. Gard. Edinburgh 71: 350. 1999.
det: B. Bartholomew   2 . 2005

PLANTAE FORRESTIANAE.

Explorations of George Forrest, 1917-1919.

No. 18064.

Randia sp. shweliensis Anth.

Yunnan.

瑞丽茜树 *Randia shweliensis* Anth. in Notes Roy. Bot. Gard. Edinb. 18: 205. 1934. **Isotype:** China. Yunnan: Shweli-Salwin divide, alt. 2 135~2 440 m, 1919-06-??, G. Forrest 18064 (A).

滇茜树 *Randia yunnanensis* Hutchins. in Sargent, Pl. Wilson. 3: 400. 1916. **Holotype:** China. Yunnan: Simao, alt. 1 525 m, A. Henry 11750 (A).

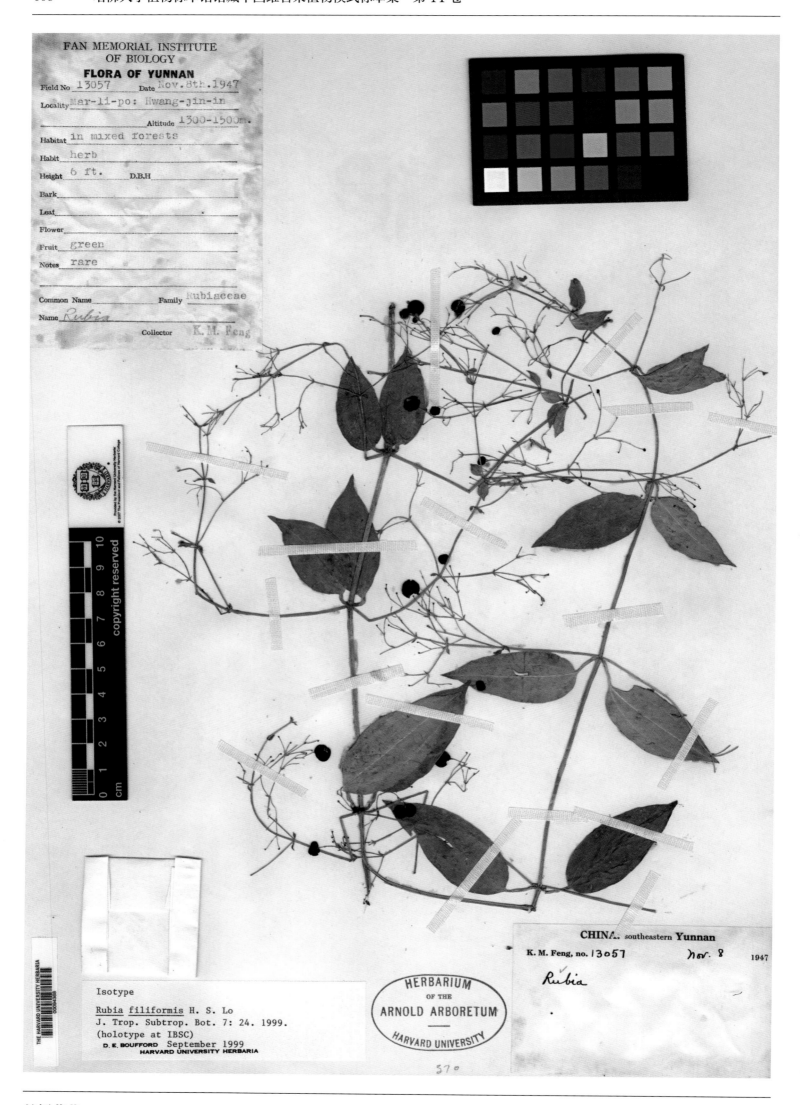

丝梗茜草 *Rubia filiformis* H. S. Lo in J. Trop. Subtrop. Bot. 7(1): 24. 1999. **Isotype:** China. Yunnan: Malipo, alt. 1 300~1 500 m, 1947-11-08, K. M. Feng 13057 (A).

海南染木树 *Saprosma hainanensis* Merr. in Lingnan Sci. J. 9: 44. 1930. **Isotype:** China. Hainan: Danzhou, 1928-05-28, W. T. Tsang 560 (= Lingnan University 17309) (A).

云南染木树*Saprosma henryi* Hutchins. in Sargent, Pl. Wilson. 3: 417. 1916. **Holotype:** China. Yunnan: Simao, alt. 1 220 m, A. Henry 12145 (A).

白皮乌口树 *Tarenna depauperata* Hutchins. in Sargent, Pl. Wilson. 3: 411. 1916. **Holotype:** China. Yunnan: Mengzi, alt. 1 525 m, A. Henry 10816 (A).

灰毛乌口树 *Tarenna incana* Diels in Notizbl. Bot. Gart. Mus. Berlin. 9: 1032. 1926. **Isotype:** China. Zhejiang: Chii Hsian (= Qu Xian), alt. 92 m, 1920-10-16, H. H. Hu 538 (A).

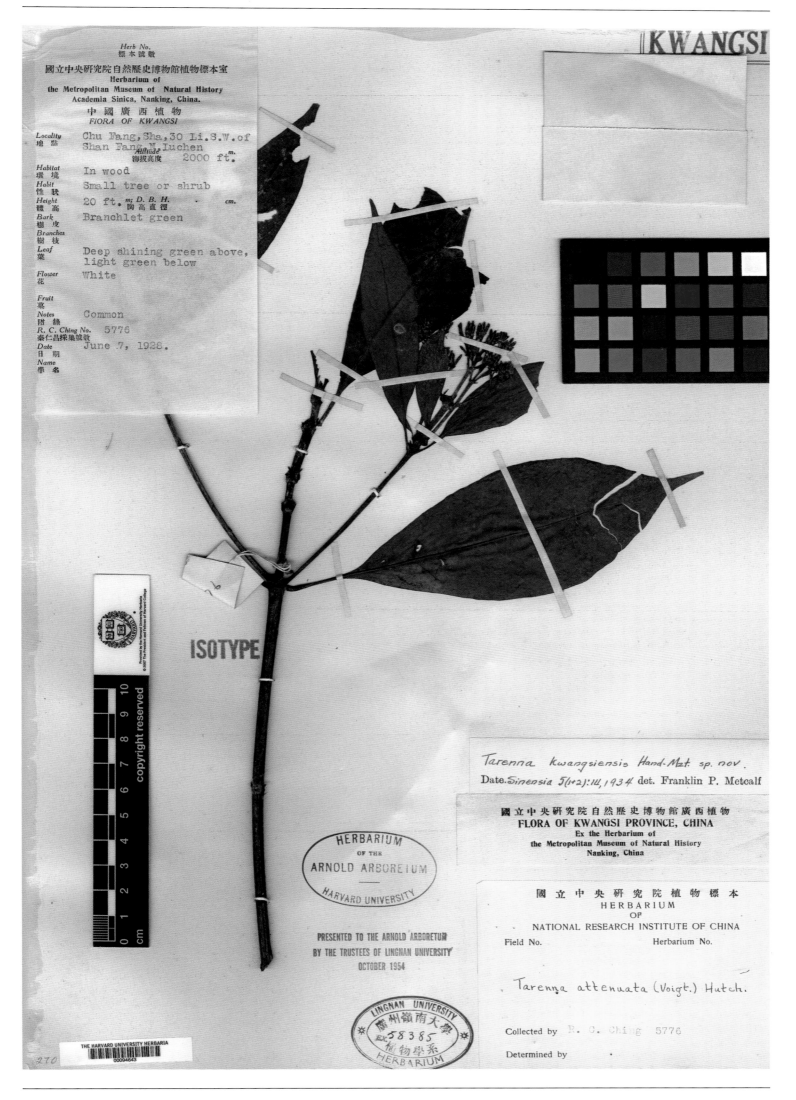

KWANGSI

Herb No.
標本誠敬
國立中央研究院自然歷史博物館植物標本室
Herbarium of
the Metropolitan Museum of Natural History
Academia Sinica, Nanking, China.
中國廣西植物
FIORA OF KWANGSI

Locality
地點　Chu Fang, Sha, 30 Li.S.W.of
　　　Shan Fang, N.Luchen
Altitude
海拔高度　2000 ft.

Habitat
環境　In wood
Habit
性狀　Small tree or shrub
Height
體高　20 ft. m; D. B. H.　　cm.
胸高直徑
Bark
樹皮　Branchlet green
Branches
樹枝
Leaf
葉　Deep shining green above,
　　light green below
Flower
花　White
Fruit
裹
Notes
階綴　Common
R. C. Ching No.　5776
秦仁昌採集號敬
Date
日期　June 7, 1928.
Name
學名

ISOTYPE

Tarenna kwangsiensis Hand.-Mzt. sp. nov.
Date. Sinensia 5(1+2):14,1934 det. Franklin P. Metcalf

國立中央研究院自然歷史博物館廣西植物
FLORA OF KWANGSI PROVINCE, CHINA
Ex the Herbarium of
the Metropolitan Museum of Natural History
Nanking, China

國立中央研究院植物標本
HERBARIUM
OF
NATIONAL RESEARCH INSTITUTE OF CHINA
Field No.　　　　Herbarium No.

Tarenna attenuata (Voigt.) Hutch.

Collected by R. C. Ching 5776
Determined by

广西乌口树 ***Tarenna kwangsiensis*** Hand.-Mazz. in Sinensia 5: 14. 1934. **Isotype:** China. Guangxi: Luchen (= Luocheng), alt. 610 m, 1928-06-07, R. C. Ching 5776 (A).

崖州乌口树 *Tarenna laui* Merr. in Lingnan Sci. J. 14: 59. 1935. **Holotype:** China. Hainan: Ngai (= Sanya), 1932-06-09, S. K. Lau 47 (A).

滇南乌口树 *Tarenna pubinervis* Hutchins. in Sargent, Pl. Wilson. 3: 411. 1916. **Holotype:** China. Yunnan: Luchun, Fengchun Ling, alt. 2 135 m, A. Henry 10678 (A).

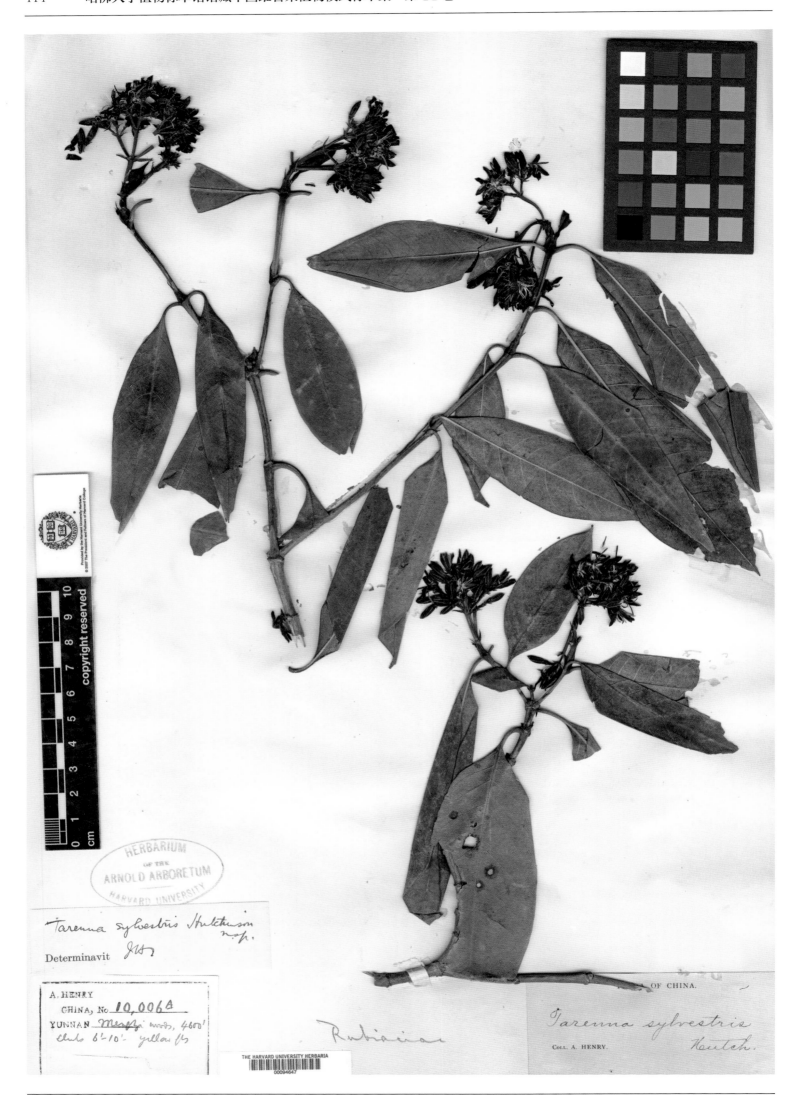

小林乌口树 *Tarenna sylvestris* Hutchins. in Sargent, Pl. Wilson. 3: 411. 1916. **Holotype:** China. Yunnan: Mengzi, alt. 1 403 m, A. Henry 10006 A (A).

海南乌口树 *Tarenna tsangii* Merr. in Lingnan Sci. J. 11: 59. 1932. **Isotype:** China. Hainan: Hongmao Shan, 1929-06-23, Tsang & Fung 357 (= Lingnan University 17891) (A).

倒挂金钩 *Uncaria lancifolia* Hutchins. in Sargent, Pl. Wilson. 3: 407. 1916. **Isotype:** China. Yunnan: Mengzi, alt. 1 525 m, A. Henry 11389 (A).

膜叶钩藤 *Uncaria membranifolia* F. C. How in Sunyatsenia 6: 254, f. 30. 1946. **Isotype:** China. Guangxi: Jingxi, Pin-lam, 1935-08-22, S. P. Ko 55565 (A).

鹰爪风 *Uncaria wangii* F. C. How in Sunyatsenia 6: 261, f. 42. 1946. **Isotype:** China. Yunnan: Fo-Hai (=Menghai), alt. 1 070 m, 1936-06-??, C. W. Wang 74645 (A).

A. HENRY
CHINA, No. 10,956
YUNNAN Mengzi, S.E. mt
fonst, 5000' cent 6'
red fls

Wendlandia bouvardioides
Hutchinson, n.sp.
Determinavit J.H. 27.3.1916.

FLORA OF CHINA.

Wendlandia bouvardioides
Hutch.

COLL. A. HENRY.

薄叶水锦树 *Wendlandia bouvardioides* Hutchins. in Sargent, Pl. Wilson. 3: 393. 1916. **Holotype:** China. Yunnan: Mengzi, alt. 1 525 m, A. Henry 10956 (A).

贵州水锦树 *Wendlandia cavaleriei* Lévl. in Fedde, Repert. Sp. Nov. 10: 434. 1912. **Isotype:** China. Guizhou: Lo-Fou (=Luodian), 1907-04-??, J. Cavalerie 3297 (A).

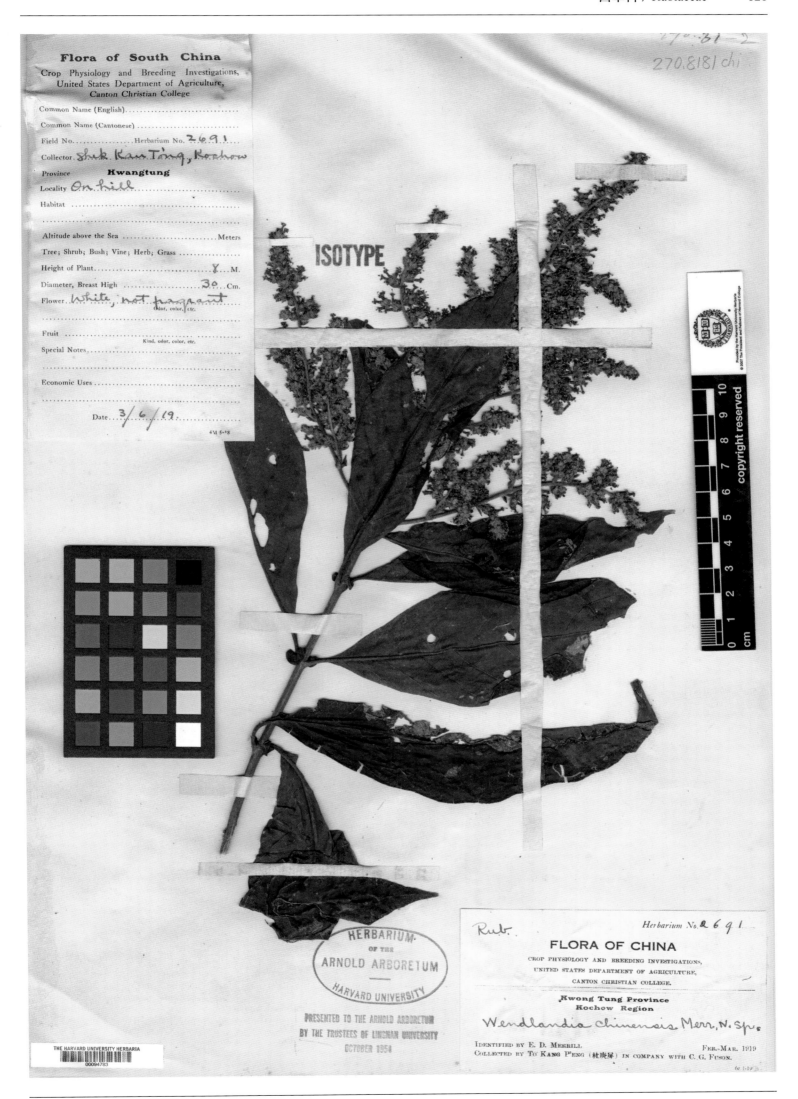

中华水锦树 *Wendlandia chinensis* Merr. in Philipp. J. Sci. 15: 257. 1919. **Isotype:** China. Guangdong: Gaozhou, 1919-03-06, K. P. To & C. G. Fuson s. n. (= Canton Christian College 2691) (A).

罗甸水锦树 *Wendlandia dunniana* Lévl. in Fedde, Repert. Sp. Nov. 10: 434. 1912. **Isotype:** China. Guizhou: Lo-Fou (=Luodian), 1909-03-??, J. Cavalerie 3476 (A).

水金京 *Wendlandia formosana* Cowan in Notes Roy. Bot. Gard. Edinb. 16: 247, pl. 232: 7. 1932. **Isotype:** China. Taiwan: South Cape (= Hengchun), A. Henry 924 (A).

亨利水锦树 *Wendlandia henryi* Oliv. in Hook. Icon. Pl. 18(1): pl. 1712. 1887. **Isosyntype:** China. Hubei: Ichang (=Yichang), A. Henry 1619 (GH).

海南水锦树 *Wendlandia merrillii* Cowan in Notes Roy. Bot. Gard. Edinb. 18: 303, f. s. n. 1935. **Isotype:** China. Hainan: Ding'an, 1932-04-29, S. P. Ko 52261 (A).

美丽水锦树 *Wendlandia speciosa* Cowan in Notes Roy. Bot. Gard. Edinb. 16: 254. 1932. **Isotype:** China. Yunnan: Tengueh (= Tengchong), alt. 2 135~2 440 m, 1912-11-??, G. Forrest 9269 (A).

粗毛水锦树 Wendlandia tinctoria (Roxb.) DC. ssp. **barbata** Cowan in Notes Roy. Bot. Gard. Edinb. 16: 268. 1932. **Isotype:** China. Yunnan: Mengzi, alt. 1 525 m, A. Henry 10176 A (A).

云南水锦树 **Wendlandia uvariifolia** Hance var. **yunnanensis** Cowan in Notes Roy. Bot. Gard. Edinb. 16: 288. 1932. **Isotype:** China. Yunnan: Mengzi, alt. 1 525 m, A. Henry 11479 (A).

忍冬科
Caprifoliaceae

Zabelia triflora (R. Br.) Makino
23 Feb. 1998
Det.: Taejin Kim

Zabelia triflora (R.Brown) Makino ex Hisauchi et Hara
var. parvifolia (Clarke) Hisauchi et Hara
det. N. Fukuoka, Sept. 3, 1968.

No. 10290.
PLANTAE CHINENSES FORRESTIANAE.
Yunnan.
Abelia buddleioides W. W. Sm.
var. divergens W. W. Sm.
In open thickets on the Lichiang
Range. Lat. 27°40′ N. Shrub of 6-9 ft.
In fruit.
Coll. G. Forrest.　Alt. 10,000-11,000 ft.
July 1913.

开叉醉鱼草状六道木 *Abelia buddleioides* W. W. Smith var. *divergens* W. W. Smith in Notes Roy. Bot. Gard. Edinb. 9: 76. 1916. **Isosyntype:** China. Yunnan: Lijiang, alt. 3 050~3 355 m, 1913-07-??, G. Forrest 10290 (A).

Zabelia triflora (R. Br.) Makino
23 Feb. 1998
Det.: Taejin Kim

Zabelia triflora (R.Brown) Makino ex Hisauchi et Hara
var. parvifolia (Clarke) Hisauchi et Hara
det. N. Fukuoka, Sept. 3, 1968.

HANDEL-MAZZETTI, ITER SINENSE 1914-1918,
sumptibus Academiae scientiarum Vindobonensis susceptum.

Nr. 8807.

Abelia buddleioides W.W.Sm.
var. nova stenantha Handi-Mzt.

Not. ad pl. viv.: *frutex, fl. albicosa* det. *H.M.*

Prov. **YÜNNAN** bor.-occid.: In regionis subtropicae vallis fluvii
Djinscha-djiang („Yangtse") ad boreo-occid. urbis Lidjiang („Likiang")
silva dumosa inter vic. Djilunna et Bolo, 27°34-44' hic illic.
Substr. *phyllite* ; alt. s. m. ca. *2075-2150* m.
Leg. *4.VI.* 1916 Dr. Heinr. Frh. v. Handel-Mazzetti. (Diar. Nr. *1695*)

狭花醉鱼草状六道木 ***Abelia buddleioides*** W. W. Smith var. ***stenantha*** Hand.-Mazz. in Anz. Akad. Wiss. Wien. Math.-Nat. Kl. 60: 155. 1923. **Isotype:** China. Yunnan: Lijiang, alt. 2 075~2 150 m, 1916-06-04, H. R. E. Handel-Mazzetti 8807 (A).

贵州六道木 *Abelia cavaleriei* Lévl. Fl. Kouy-Tchéou 60. 1914. **Isotype:** China. Guizhou: Guiding, Pin-Fa, 1904-11-??, J. Cavalerie 1909 (A).

纤枝六道木 *Abelia gracilenta* W. W. Smith in Notes Roy. Bot. Gard. Edinb. 9: 76. 1916. **Isotype:** China. Yunnan: Shangri-La, alt. 2 745~3 050 m, 1913-09-??, G. Forrest 11225 (A).

小叶纤枝六道木 *Abelia gracilenta* W. W. Smith var. *microphylla* W. W. Smith in Notes Roy. Bot. Gard. Edinb. 9: 77. 1916.
Isosyntype: China. Yunnan: Lijiang, alt. 3 050~3 355 m, 1913-07-??, G. Forrest 10310 (A).

长乐六道木 *Abelia graebneriana* Rehd. in Sargent, Pl. Wilson. 1(1): 118. 1911. **Holotype:** China. Hubei: Chang lo (= Zigui), alt. 915~1 220 m, 1907-06-??, E. H. Wilson 2017 (A).

长管六道木 *Abelia longituba* Rehd. in Sargent, Pl. Wilson. 1: 126. 1911. **Holotype:** China. Hubei: Precise locality not known, (1885-1888)-??-??, A. Henry 1356 (GH).

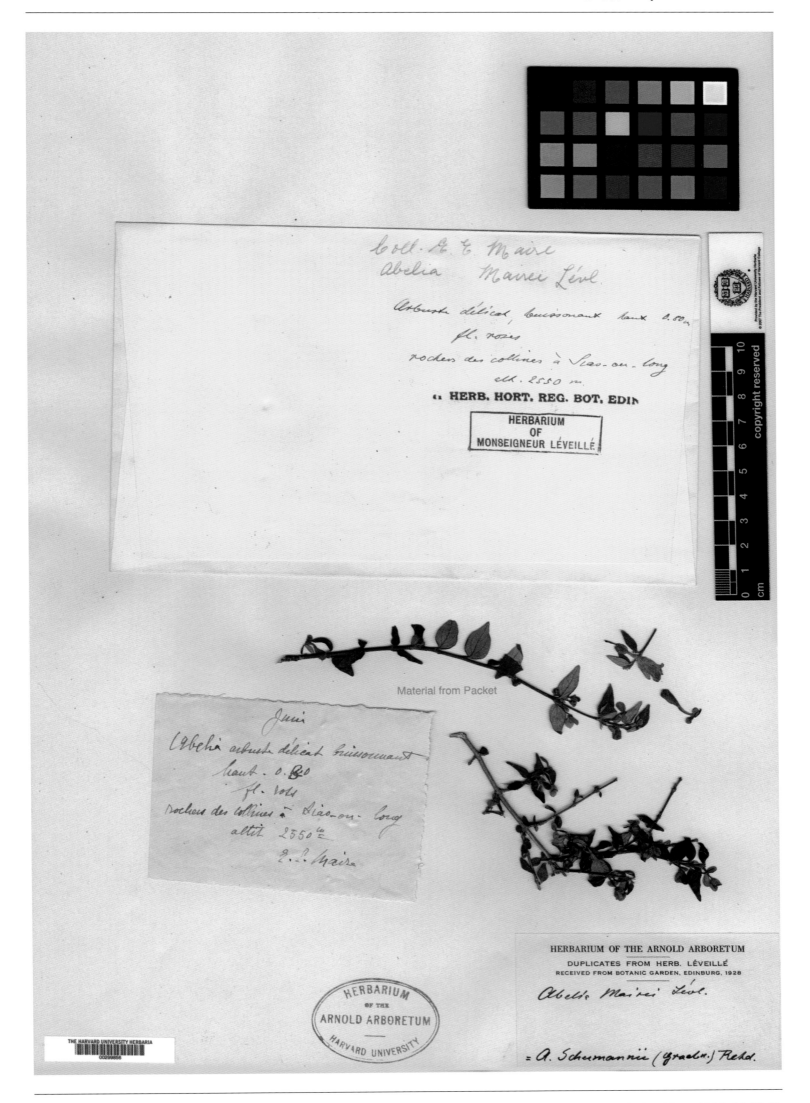

云南六道木 *Abelia mairei* Lévl. Cat. Pl. Yun-Nan 26. 1915. **Isotype:** China. Yunnan: Siao-Ou-long, alt. 2 550 m, 1912-06-??, E. E. Maire s. n. (A).

四川六道木 *Abelia myrtilloides* Rehd. in Sargent, Pl. Wilson. 1: 120. 1911. **Holotype:** China. Sichuan: Precise locality not known, alt. 600~700 m, 1903-06-??, E. H. Wilson 3722 (A).

半边月 *Diervilla japonica* (Thunb.) DC. var. *sinica* Rehd. in Mitt. Deutsch. Dendr. Ges. 12: 264. 1914. **Holotype:** China. Hubei: Yichang, alt. 915~2 288 m, 1907-06-01, E. H. Wilson 762 (A).

七子花 *Heptacodium miconioides* Rehd. in Sargent, Pl. Wilson. 2: 618. 1916. **Holotype:** China. Hubei: Xingshan, alt. 915 m, 1907-07-??, E. H. Wilson 2232 (A).

短萼鬼吹箫 *Leycesteria formosa* Wall. var. *brachysepala* Airy-Shaw in Bull. Misc. Inf. Kew 1932(4): 169. 1932. **Isosyntype:** China. Yunnan: South of Red River from Manmei, alt. 1 830 m, A. Henry 9692 (A).

CAPRIFOLIACEAE
Leycesteria formosa Wall.
[ISOLECTOTYPE: *Leycesteria formosa* Wall.
var. *glandulosissima* Airy Shaw, Kew Bull.
4:169.1932]
Det. Yeshey Dorji (MO), 2003

var. glandulosissima Airy-Shaw.

PLANTAE YUNNANENSES
ANNO 1916 IN DISTRICTU YUNNAN FU
ab O. Schoch collectae

No. 43

Statio

Leycesteria formosa Wall

Mense Maji 9.　Alt. circ. 2300 m

多腺鬼吹箫 *Leycesteria formosa* Wall. var. *glandulosissima* Airy-Shaw in Bull. Misc. Inf. Kew 1932(4): 169. 1932. **Isotype:**
China. Yunnan: Kunming, alt. 2 300 m, 1916-05-09, O. Schoch 43 (A).

狭萼鬼吹箫 *Leycesteria formosa* Wall. var. *stenosepala* Rehd. in Sargent, Pl. Wilson. 1: 312. 1912. **Syntype:** China. Sichuan: Wenchuan, 1908-07-??, alt. 1 830~2 288 m, E. H. Wilson 3479 (A).

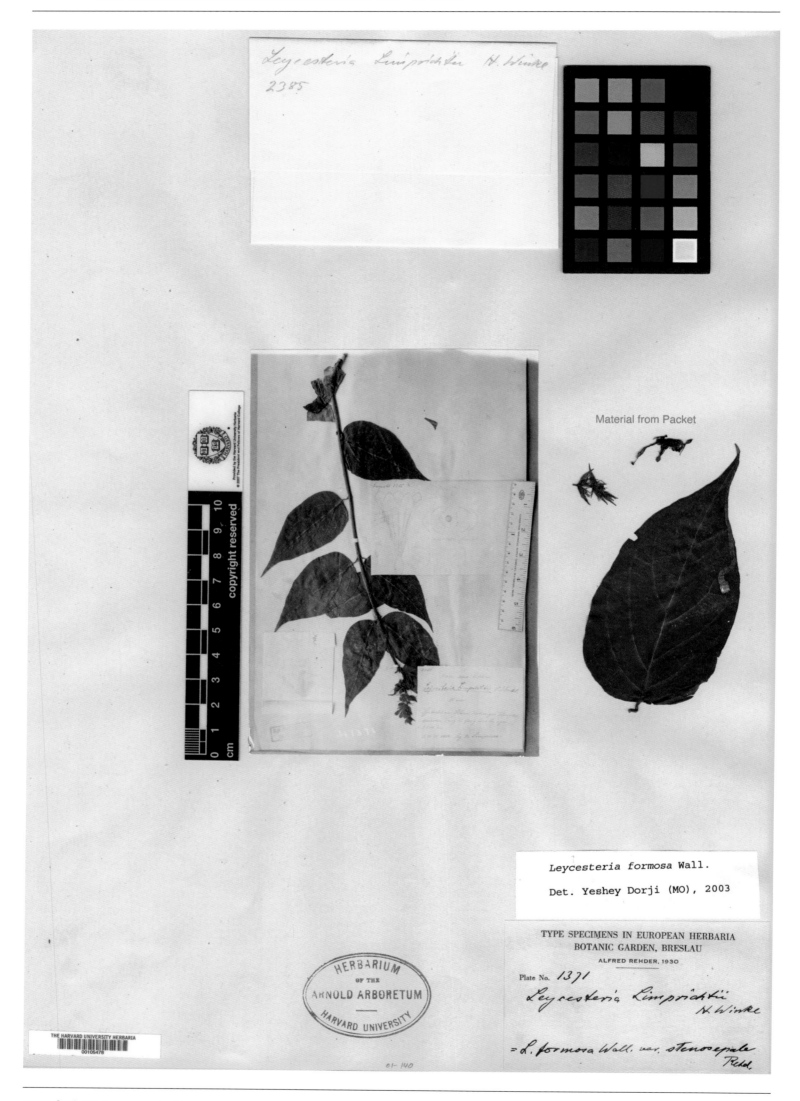

四川鬼吹箫 *Leycesteria limprichtii* H. Winkle in Fedde, Repert. Sp. Nov. 12: 493. 1922. **Isotype:** China. Sichuan: Rumi Tschango, Tungku, zwischen Tong lu fang und Da ngai, alt. 2 900 m, 1914-09-11, H. W. Limpricht 2385 (A).

蓮梗花 *Linnaea engleriana* Graebn. in Bot. Jahrb. Syst. 29: 132. 1900. **Isosyntype:** China. Sichuan: Precise locality not known, (1885-1888)-??-??, A. Henry 5563 (GH).

川西六道木 *Linnaea schumannii* Graebn. in Bot. Jahrb. Syst. 29: 130. 1900. **Isosyntype:** China. Sichuan: Western Sichuan, Precise locality not known, alt. 2 745~4 118 m, Pratt 271 (A).

伞花六道木 *Linnaea umbellata* Graebn. & Buchw. in Bot. Jahrb. Syst. 29: 143. 1900. **Isotype:** China. Sichuan: Precise locality not known, (1885-1888)-??-??, A. Henry 7083 (GH).

高山忍冬 *Lonicera acrophila* Lévl. in Bull. Géogr. Bot. 24: 289. 1914. **Isotype:** China. Yunnan: Dongchuan, Je-ma-tchouan, alt. 3 200 m, 1912-06-??, E. E. Maire s. n. (A).

A. HENRY
CHINA, No. 10,721
YUNNAN. Mengzi, S.W. mts.
5000'. large cluster-
fls. reddish yellow"

HERBARIUM
OF THE
ARNOLD ARBORETUM
HARVARD UNIVERSITY

THE HARVARD UNIVERSITY HERBARIA
00056570

FLORA OF CHINA.

Lonicera calcarata Hemsl.

COLL. A. HENRY.

长距忍冬 *Lonicera calcarata* Hemsl. in Hook. Icon. Pl. 27: pl. 2632. 1900. **Isosyntype:** China. Yunnan: Mengzi, alt. 1 525 m, A. Henry 10721 (A).

钟花忍冬 *Lonicera codonantha* Rehd. in J. Arnold Arbor. 22: 578. 1941. **Holotype:** China. Yunnan: Zhenkang, alt. 3 500 m, 1938-08-04, T. T. Yu 17188 (A).

贵州忍冬 *Lonicera esquirolii* Lévl. Fl. Kouy-Tchéou 63. 1914. **Isotype:** China. Guizhou: Precise locality not known, 1903-06-??, J. Esquirol 889 (A).

被盖葱皮忍冬 *Lonicera ferdinandii* Franch. var. *induta* Rehd. in J. Arnold Arbor. 7: 35. 1926. **Holotype:** China. Shanxi: Sheng Shih Ling, alt. 1 500~2 500 m, 1922-09-09, J. Hers 2059 (A).

锈毛忍冬 *Lonicera ferruginea* Rehd. in Sarg. Trees & Shrubs 1: 43, pl. 22. 1902. **Syntype:** China. Yunnan: Simao, alt. 1 525 m, A. Henry 11921 (A).

黄柄忍冬 *Lonicera flavipes* Rehd. in Sargent, Pl. Wilson. 1: 132. 1911. **Holotype:** China. Hubei: Xingshan, alt. 2 135~2 440 m, 1907-06-05, E. H. Wilson 1868 (A).

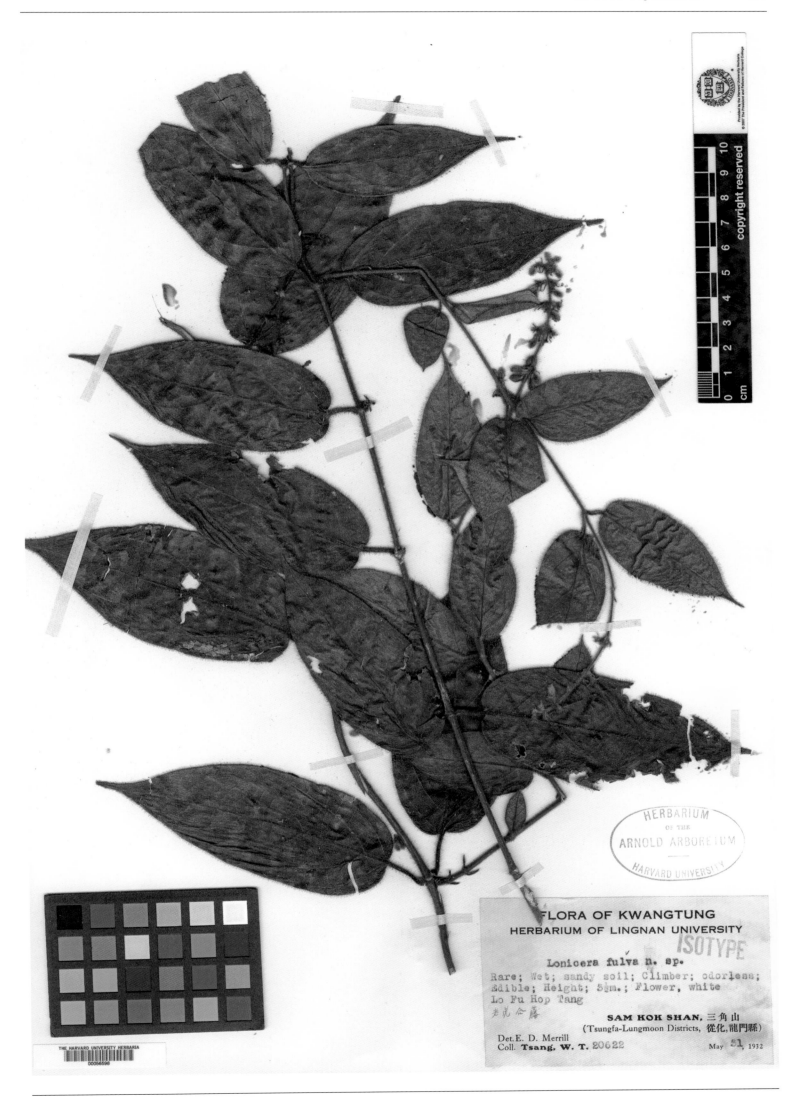

FLORA OF KWANGTUNG
HERBARIUM OF LINGNAN UNIVERSITY

ISOTYPE

Lonicera fulva n. sp.

Rare; Wet; sandy soil; Climber; odorless;
Edible; Height; 3m.; Flower, white
Lo Fu Hop Tang
老虎合藤

SAM KOH SHAN, 三角山
(Tsungfa-Lungmoon Districts, 從化,龍門縣)

Det. E. D. Merrill
Coll. **Tsang, W. T.** 20622   May 51, 1932

黄褐毛忍冬 *Lonicera fulva* Merr. in Lingnan Sci. J. 13(1): 51. 1934. **Isotype:** China. Guangdong: Conghua, Sanjiao Shan, 1932-05-31, W. T. Tsang 20622 (A).

云雾忍冬 *Lonicera giraldii* Rehd. f. *nubium* Hand.-Mazz. in Anz. Akad. Wiss. Wien. Math.-Nat. Kl. 61: 201. 1924. Isotype: China. Hunan: Wugang, Yun Shan, alt. 850~1 300 m, 1918-07-12, H. R. E. Handel-Mazzetti 11183 (A).

革叶忍冬 *Lonicera henryi* Hemsl. var. *subcoriacea* Rehd. in Sargent, Pl. Wilson. 1: 142. 1911. **Syntype:** China. Sichuan: Yung-ching (=Yingjing), alt. 1 830~2 135 m, 1910-09-??, E. H. Wilson 4097 (A).

毛萼忍冬 *Lonicera henryi* Hemsl. var. **trichosepala** Rehd. in J. Arnold Arbor. 8: 199. 1927. **Holotype:** China. Anhui: Chu Hwa Shan (=Jiuhua Shan), alt. 610 m, 1925-06-28, R. C. Ching 2807 (A).

须蕊忍冬 *Lonicera koehneana* Rehd. in Sarg. Trees & Shrubs 1: 41, pl. 21. 1902. **Syntype:** China. Sichuan: Precise locality not known, (1885-1888)-??-??, A. Henry 5894 (GH).

须蕊忍冬 *Lonicera koehneana* Rehd. in Sarg. Trees & Shrubs 1: 41, pl. 21. 1902. **Syntype:** China. Sichuan: Precise locality not known, (1885-1888)-??-??, A. Henry 5613 (GH).

长梗忍冬 *Lonicera longa* Rehd. in Ann. Rep. Missouri Bot. Gard. 14: 61, pl. 1, f. 6. 1903. **Isotype:** China. Hubei: Precise locality not known, (1885-1888)-??-??, A. Henry 6960 (GH).

灰毡毛忍冬 *Lonicera macranthoides* Hand.-Mazz. in Symb. Sin. 7: 1050. 1936. **Isotype:** China. Hunan: Wugang, Yun Shan, alt. 600~1 300 m, 1918-06-19/07-20, H. R. E. Handel-Mazzetti 12180 (A).

东川忍冬 *Lonicera mairei* Lévl. in Bull. Géogr. Bot. (Bull. Acad. Intern. Geog. Bot.) 24: 289. 1914. **Isotype:** China. Yunnan: Dongchuan, alt. 2 550 m, 1912-06-??, E. E. Marie s. n. (A).

庐山忍冬 *Lonicera modesta* Rehd. var. *lushanensis* Rehd. in Sargent, Pl. Wilson. 1: 139. 1911. **Holotype:** China. Jiangxi: Kuling (= Lu Shan), alt. 1 220 m, 1907-07-29, E. H. Wilson 1657 (A).

山地忍冬 *Lonicera montigena* Rehd. in Sargent, Pl. Wilson. 1: 143. 1911. **Holotype:** China. Sichuan: Precise locality not known, alt. 3 965~4 270 m, 1904-06-??, E. H. Wilson 3754 c (A).

短尖忍冬 *Lonicera mucronata* Rehd. in Ann. Rep. Missouri Bot. Gard. 14: 83, pl. 2: 8–9. 1903. **Isotype:** China. Chongqing: Wushan, (1885-1888)-??-??, A. Henry 5519 (GH).

川西忍冬 *Lonicera mupinensis* Rehd. in Sargent, Pl. Wilson. 1: 138. 1911. **Syntype:** China. Sichuan: Mupin (= Baoxing), alt. 1 830~2 440 m, 1908-09-??, E. H. Wilson 861 (A).

圆叶忍冬 *Lonicera myrtillus* Hook. f. & Thoms. var. *cyclophylla* Rehd. in J. Arnold Arbor. 22: 579. 1941. **Holotype:** China. Yunnan: Gongshan, alt. 3 000 m, 1938-09-03, T. T. Yu 20056 (A).

亮叶忍冬 *Lonicera nitida* Wils. in Gard. Chron. ser. 3. 50: 102. 1911. **Syntype:** China. Sichuan: Ebian, Wa Shan, alt. 1 678 m, 1908-06-??, E. H. Wilson 833 (A).

亮叶忍冬 *Lonicera nitida* Wils. in Gard. Chron. ser. 3. 50: 102. 1911. **Syntype:** China. Sichuan: Kangding, alt. 1 220~1 830 m, 1908-08-??, E. H. Wilson 833 (A).

Material from Packet

THE HARVARD UNIVERSITY HERBARIA
00056629

HERBARIUM
OF THE
ARNOLD ARBORETUM
—
HARVARD UNIVERSITY

type

E. H. Wilson no. 3754 c (in part)

HERBARIUM OF THE ARBORETUM.
HARVARD UNIVERSITY.

Lonicera nubigena Rehd. sp. nov.
Western China; 13000 - 14000 ft.
Coll. E. H. Wilson no. 3754 c (in part) 1904

华西忍冬 *Lonicera nubigena* Rehd. in Fedde, Repert. Sp. Nov. 6: 270. 1909. **Isotype:** China. Western China, Precise locality not known, alt. 3 965~4 270 m, 1904-06-??, E. H. Wilson 3754 c (A).

垫状忍冬 *Lonicera oreodoxa* H. Smith ex Rehd. in J. Arnold Arbor. 23: 381. 1942. **Syntype:** China. Sichuan: Songpan, Dongnergo, alt. 4 700~4 800 m, 1922-07-21, H. Smith 3349 (A).

甘肃忍冬 *Lonicera orientalis* Lam. var. *kansuensis* Batal. ex Rehd. in Ann. Rep. Missouri Bot. Gard. 14: 119. 1903.
Isosyntype: China. Sichuan: Mupin (= Baoxing), 1885-06-28, G. N. Potanin s. n. (A).

卵叶忍冬 *Lonicera ovalis* Batal. in Trudy Imp. St.-Peterb. Bot. Sada 14: 170. 1895. **Isotype:** China. Sichuan: Kangding, 1893-07-16, G. N. Potanin s. n. (A).

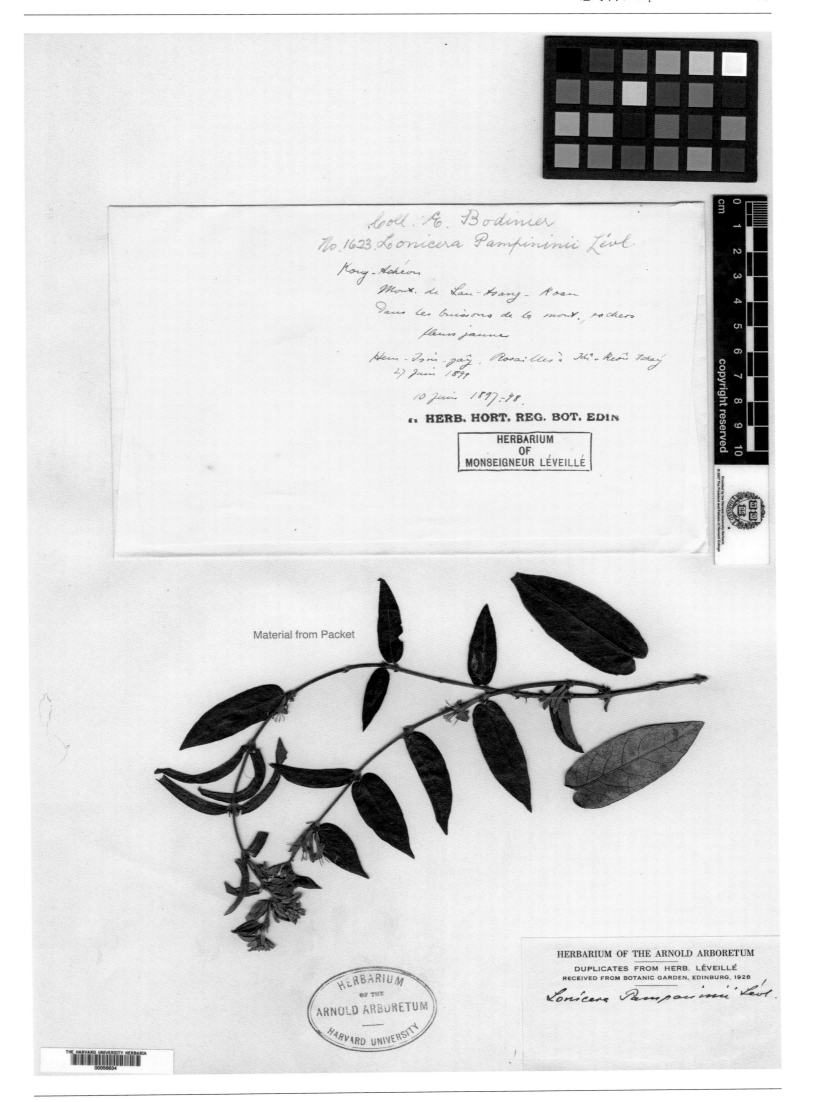

Material from Packet

Coll. A. Bodinier
No. 1623. Lonicera Pampininii Lévl.

Kony-Adéou

Mont. de Lau-tsang-Roan

Dans les buissons de la mont., rochers

fleurs jaune

Hem-Tsui-gay, Rosailles à Mi-Keou Tokey
27 Juin 1899

10 Juin 1897-98.

❨ HERB. HORT. REG. BOT. EDIN

HERBARIUM
OF
MONSEIGNEUR LÉVEILLÉ

copyright reserved

HERBARIUM OF THE ARNOLD ARBORETUM
DUPLICATES FROM HERB. LÉVEILLÉ
RECEIVED FROM BOTANIC GARDEN, EDINBURG, 1928
Lonicera Pampininii Lévl.

HERBARIUM OF THE ARNOLD ARBORETUM HARVARD UNIVERSITY

THE HARVARD UNIVERSITY HERBARIA 00056634

短柄忍冬 *Lonicera pampininii* Lévl. in Fedde, Repert. Sp. Nov. 10: 145. 1911. **Isosyntype:** China. Guizhou: Gan-Pin (=Pingba), 1899-07-27, E. Bodinier & L. Martin 1623 (A).

THE HARVARD UNIVERSITY HERBARIA
00031304

Coll. E. H. WILSON,

(For J. VEITCH & SONS).

C. China. **W. Hupeh.**

No. *2081.*

H 07

HERBARIUM
OF THE
ARNOLD ARBORETUM
HARVARD UNIVERSITY

HERBARIUM OF THE ARBORETUM.
HARVARD UNIVERSITY.

Lonicera Webbiana, Wall.
= perulata Rehd. n. spec.

芽鳞忍冬 *Lonicera perulata* Rehd. in Sarg. Trees & Shrubs 2: 50. 1907. **Holotype:** China. Hubei: Western Hubei, 1907-06-??, E. H. Wilson 2081 (A).

DR. AUG. HENRY'S COLLECTIONS FROM
CENTRAL CHINA, 1885-88.

NO. 1236.

Lonicera pileata, Oliv. sp. n.

Prov. HUPEH.

蕊帽忍冬 *Lonicera pileata* Oliv. in Hook. Icon. Pl. 16(4): pl. 1585. 1887. **Isotype:** China. Hubei: Yichang, (1885-1888)-??-??, A. Henry 1236 (GH).

条叶蕊帽忍冬 *Lonicera pileata* Oliv. var. *linearis* Rehd. in Sargent, Pl. Wilson. 1: 143. 1911. **Holotype:** China. Yunnan: Simao, alt. 1 525 m, A. Henry 11800 (A).

平卧忍冬 *Lonicera prostrata* Rehd. in Sarg. Trees & Shrubs 2: 50. 1907. **Isotype:** China. Sichuan: Songpan, alt. 3 813 m, 1904-09-??, E. H. Wilson 3742 (A).

ISOTYPE of: Lonicera rhytidophylla Hand.-Mazz.

PLANTAE SINENSES,
curante Dr. Henr. HANDEL-MAZZETTI.

Nr. 461

Lonicera reticulata Champion

Not. collectoris: fl. lutei   det. J.F.M

Prov. KIANGHSI austro-or.: Prope oppidum Ningdu
ad pedem mtⁱˢ Lienhwa-schan, s. q. nae
site.

Leg. VI/VIII 1921 Wang-Te-Hui.

HERBARIUM
OF THE
ARNOLD ARBORETUM
HARVARD UNIVERSITY

皱叶忍冬 *Lonicera rhytidophylla* Hand.-Mazz. in Symb. Sin. 7: 1049, pl. 16: 8. 1936. Isotype: China. Jiangxi: Ningdu, 1921-(07-08)-??, T. H. Wang 461 (A).

德钦忍冬 *Lonicera rockii* Rehd. in J. Arnold Arbor. 23: 380. 1942. **Holotype:** China. Yunnan: Dêqên, Atuntze, 1923-??-??, J. F. Rock 9246 (A).

袋花忍冬 *Lonicera saccata* Rehd. in Sarg. Trees & Shrubs 1: 39, pl. 20. 1902. **Syntype:** China. Hubei: Precise locality not known, A. Henry 5311 (A).

袋花忍冬 *Lonicera saccata* Rehd. in Sarg. Trees & Shrubs 1: 39, pl. 20. 1902. **Syntype:** China. Chongqing: Wushan, A. Henry 5680 (A).

光秃忍冬 *Lonicera saccata* Rehd. f. *calva* Rehd. in J. Arnold Arbor. 11: 168. 1930. **Holotype:** China. Chongqing: Nanchuan, alt. 2 440~2 745 m, 1928-05-20, W. P. Fang 845 (A).

Coll. E. H. WILSON,
　　(For J. VEITCH & SONS).
C. China.　　W. Hupeh.
　No. 709.

type

HERBARIUM
OF THE
ARNOLD ARBORETUM
—
HARVARD UNIVERSITY

HERBARIUM OF THE ARBORETUM.
HARVARD UNIVERSITY.

Lonicera saccata, Rehd.
f. Wilsonii, Rehd.

威尔逊忍冬 *Lonicera saccata* Rehd. f. *wilsonii* Rehd. in Ann. Rep. Missouri Bot. Gard. 14: 60. 1903. **Holotype:** China. Hubei: Western Hubei, 1907-05-??, E. H. Wilson 709 (A).

短苞忍冬 *Lonicera schneideriana* Rehd. in Sargent, Pl. Wilson. 1: 133. 1911. **Isotype:** China. Sichuan: Mupin (=Baoxing), alt. 1 525~2 440 m, 1908-(06-08)-??, E. H. Wilson 831 a (A).

枸叶忍冬 *Lonicera setifera* Franch. var. *trullifera* Rehd. in Sargent, Pl. Wilson. 1: 136. 1911. **Holotype:** China. Sichuan: Kuan Hsien (=Dujiangyan), alt. 2 745 m, 1908-06-20, E. H. Wilson 902 a (A).

细毡毛忍冬 *Lonicera similis* Hemsl. ex H. O. Forbes & Hemsl. in J. Linn. Soc. Bot. 23: 366. 1888. **Isotype:** China. Hubei: Yichang, 1887-10-??, A. Henry 3510 (GH).

披针叶忍冬 *Lonicera standishii* Carr. f. *lancifolia* Rehd. in Ann. Rep. Missouri Bot. Gard. 14: 82. 1903. **Syntype:** China. Hubei: Western Hubei, 1900-04-??, E. H. Wilson 55(A).

具齿忍冬 *Lonicera subdentata* Rehd. in Sargent, Pl. Wilson. 1: 136. 1911. **Isotype:** China. Sichuan: Kangding, alt. 2 400~2 700 m, 1908-07-??, E. H. Wilson 902 (A).

沃福忍冬 *Lonicera syringantha* Maxim. var. *wolfii* Rehd. in Ann. Rep. Missouri Bot. Gard. 14: 47. 1903. **Syntype:** China. central China, Precise locality not known, 1902-??-??, Kesselring s. n. (A).

毛果忍冬 *Lonicera trichogyne* Rehd. in Sargent, Pl. Wilson. 1: 131. 1911. **Syntype:** China. Sichuan: Wenchuan, alt. 2 288 m, 1908-07-??, E. H. Wilson 1866 (A).

微急尖忍冬 *Lonicera trichosantha* Bur. & Franch. f. *acutiuscula* Rehd. in J. Arnold Arbor. 7: 36. 1926. **Holotype:** China. Sichuan: Kangding, 1917-08-28, E. H. Wilson 856 B (=Arnold Arbor. 6671) (A).

无毛忍冬 *Lonicera trichosantha* Bur. & Franch. f. *glabrata* Rehd. in J. Arnold Arbor. 7: 35. 1926. **Holotype:** China. Sichuan: Kangding, alt. 2 745 m, 1910-10-??, E. H. Wilson 856 (A).

管花忍冬 *Lonicera tubuliflora* Rehd. in Sargent, Pl. Wilson. 1: 129. 1911. **Holotype:** China. Sichuan: Mou-kong-ting (=Xiaojin), alt. 2 440~3 050 m, 1908-06-??, E. H. Wilson 1883 (A).

松潘接骨木 *Sambucus schweriniana* Rehd. in Sargent, Pl. Wilson. 1: 306. 1912. Holotype: China. Sichuan: Songpan, alt. 2 135~2 440 m, 1910-08-??, E. H. Wilson 4020 (A).

接骨木 *Sambucus williamsii* Hance in Ann. Sci. Nat. Bot. sér. 5. 5: 217. 1866. **Isotype:** China. Beijing: Precise locality not known, S. W. Williams s. n. (GH).

毛核木 *Symphoricarpos sinensis* Rehd. in Sargent, Pl. Wilson. 1: 117. 1911. **Holotype:** China. Hubei: Fang Xian, alt. 2 288 m, 1907-07-??, E. H. Wilson 718 (A).

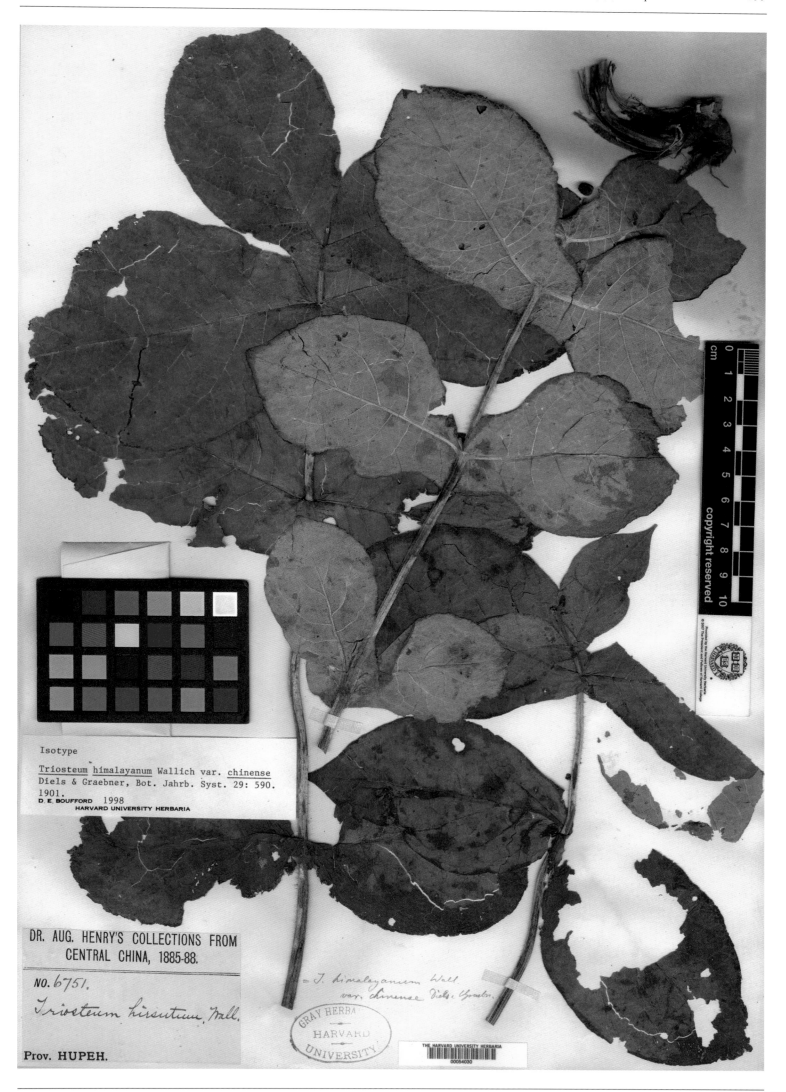

Isotype

Triosteum himalayanum Wallich var. chinense
Diels & Graebner, Bot. Jahrb. Syst. 29: 590.
1901.
D. E. BOUFFORD 1998
HARVARD UNIVERSITY HERBARIA

DR. AUG. HENRY'S COLLECTIONS FROM
CENTRAL CHINA, 1885-88.

NO. 6751.

Triosteum hirsutum. Wall.

Prov. HUPEH.

= T. himalayanum Wall
var. chinense Diels. Graebn.

GRAY HERBA
HARVARD
UNIVERSITY

THE HARVARD UNIVERSITY HERBARIA
00054030

华穿心莛子藨 *Triosteum himalayanum* Wall. var. *chinense* Diels & Graebner in Bot. Jahrb. Syst. 29: 590, f. 5B. 1901. **Isotype:**
China. Hubei: Precise locality not known, (1885-1888)-??-??, A. Henry 6751 (GH).

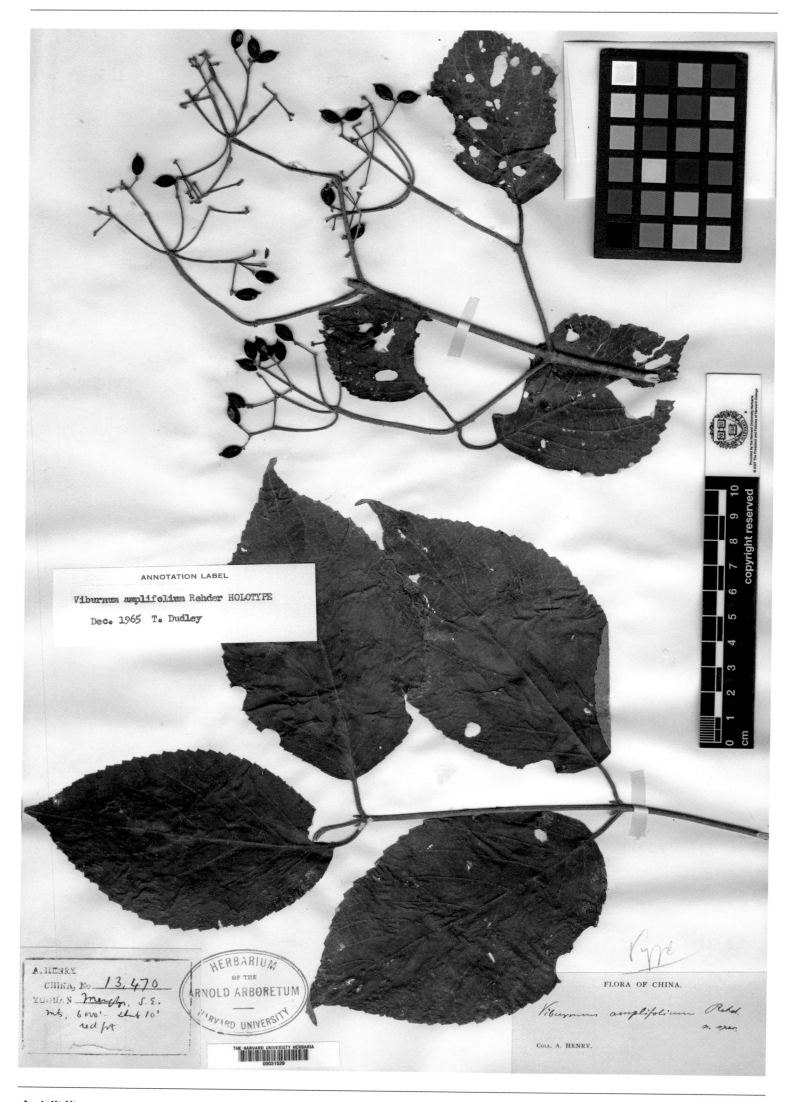

ANNOTATION LABEL

Viburnum amplifolium Rehder HOLOTYPE

Dec. 1965　T. Dudley

FLORA OF CHINA.

Viburnum amplifolium Rehd.
n. spec.

COLL. A. HENRY.

A. HENRY
CHINA, No. 13,470
YUNNAN Mengbz, S.E.
mts. 6000' shrub 10'
red fr.

广叶荚蒾 *Viburnum amplifolium* Rehd. in Sarg. Trees & Shrubs 2: 112. 1908. **Syntype:** China. Yunnan: Mengzi, alt. 1 830 m, A. Henry 13470 (A).

ANNOTATION LABEL

Isotype ! of *Vib. arborescens* Hemsl.
= *Vib. macrocephalum* f. *keteleeri*
Jan 1966 *Ph. Beadle* (Carr.) Rehder

V. macrocephalum Fort / det. A.R.

DR. AUG. HENRY'S COLLECTIONS FROM CENTRAL CHINA, 1885-88.

NO. 3810.

Viburnum arborescens, Hemsl. sp.

Prov. HUPEH.

乔木状荚蒾 *Viburnum arborescens* Hemsl. in J. Linn. Soc. Bot. 23: 349. 1888. **Isotype:** China. Hubei: Yichang, (1885-1888)-??-??, A. Henry 3810 (GH).

HOLOTYPE of Viburnum betulifolium f.
aurantiacum Rehder

= Viburnum lobophyllum f. aurantiacum
(Rehder) Dudl. comb nov. ined.
Nov. 1965   T. R. DUDLEY

type

ARNOLD ARBORETUM, HARVARD UNIVERSITY
EXPEDITION TO NORTHWESTERN CHINA AND
NORTHEASTERN TIBET, 1924-27
SOUTHWESTERN KANSU

Viburnum betulifolium Batal.
f. aurantiacum Rehd. f. na.

Lower Tebbu country: forests of Ngongo west of
Chulungapu. Shrub 8-15 ft. Fruit orange
in drooping panicles. Leaf deltoid erose-
No. 14971.   dentate.

Coll. J. F. Rock.   Sept.-Oct. 1926

黄果荚蒾 *Viburnum betulifolium* Batal. f. *aurantiacum* Rehd. in J. Arnold Arbor. 9: 116. 1928. **Holotype:** China. Gansu: Lower Tebbu, 1926-(09-10)-??, J. F. Rock 14971 (A).

ISOTYPE : Viburnum bockii Graebn.

Nov. 1965

T. R. DUDLEY

Museum botanicum Christianiense. Plantæ chinenses in prov. Setchuen ab incolis collectæ, a C. Bock et A. v. Rosthorn communicatæ.

No. 2559ª

川荚蒾 *Viburnum bockii* Graebn. in Bot. Jahrb. Syst. 29: 585. 1901. **Isotype:** China. Sichuan: Precise locality not known, C. Bock & A. v. Rosthorn 2559 a (A).

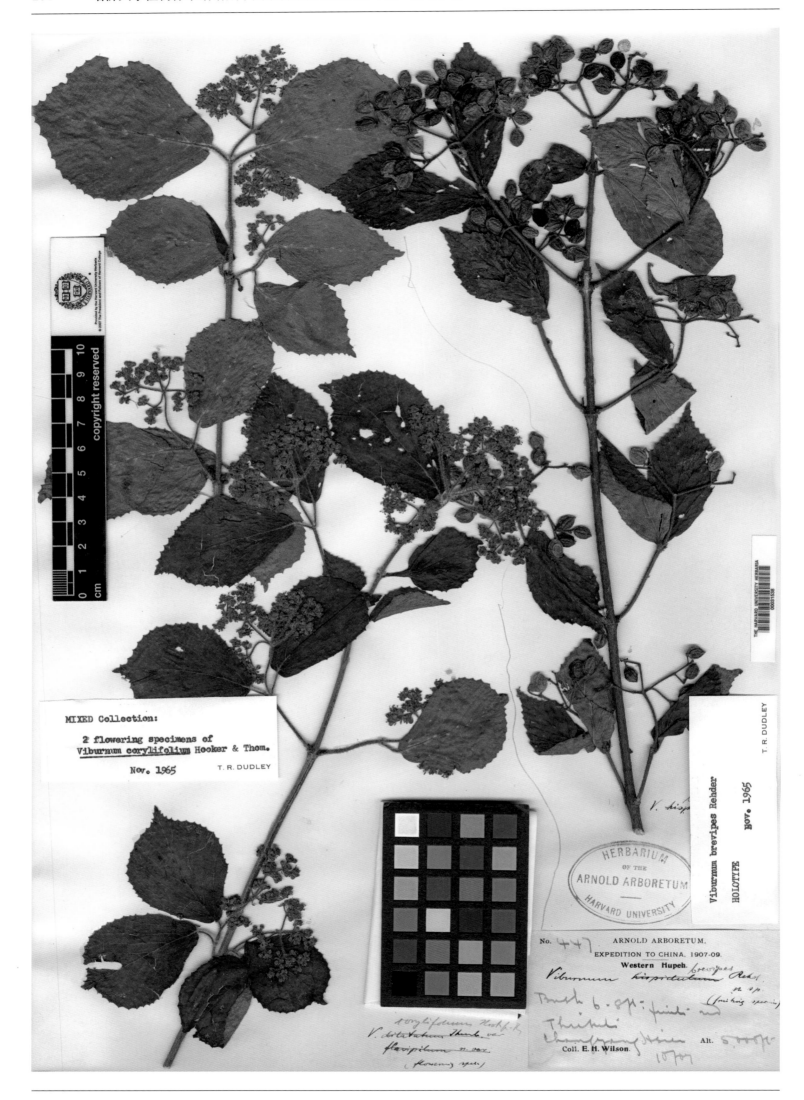

短柄荚蒾 *Viburnum brevipes* Rehd. in Sargent, Pl. Wilson. 1: 113. 1911. **Holotype:** China. Hubei: Changyang, alt. 1 525 m, 1907-10-??, E. H. Wilson 447 (A).

光秃荚蒾 *Viburnum calvum* Rehd. in Sargent, Pl. Wilson. 1: 310. 1912. **Holotype:** China. Yunnan: Mengzi, alt. 2 440 m, A. Henry 10564 (A).

瓜必荚蒾 *Viburnum calvum* Rehd. var. *kwapiense* Hand.-Mazz. in Symb. Sin. 7: 1037. 1936. **Isotype:** China. Sichuan: Yanyuan, alt. 2 750 m, 1914-05-20, H. R. E. Handel-Mazzetti 2410 (A).

微毛荚蒾 *Viburnum calvum* Rehd. var. *puberulum* Schneid. in Bot. Gaz. 64: 78. 1917. **Isosyntype:** China. Sichuan: Yanyuan, alt. 2 200 m, 1914-05-09, C. Schneider 1146 (A).

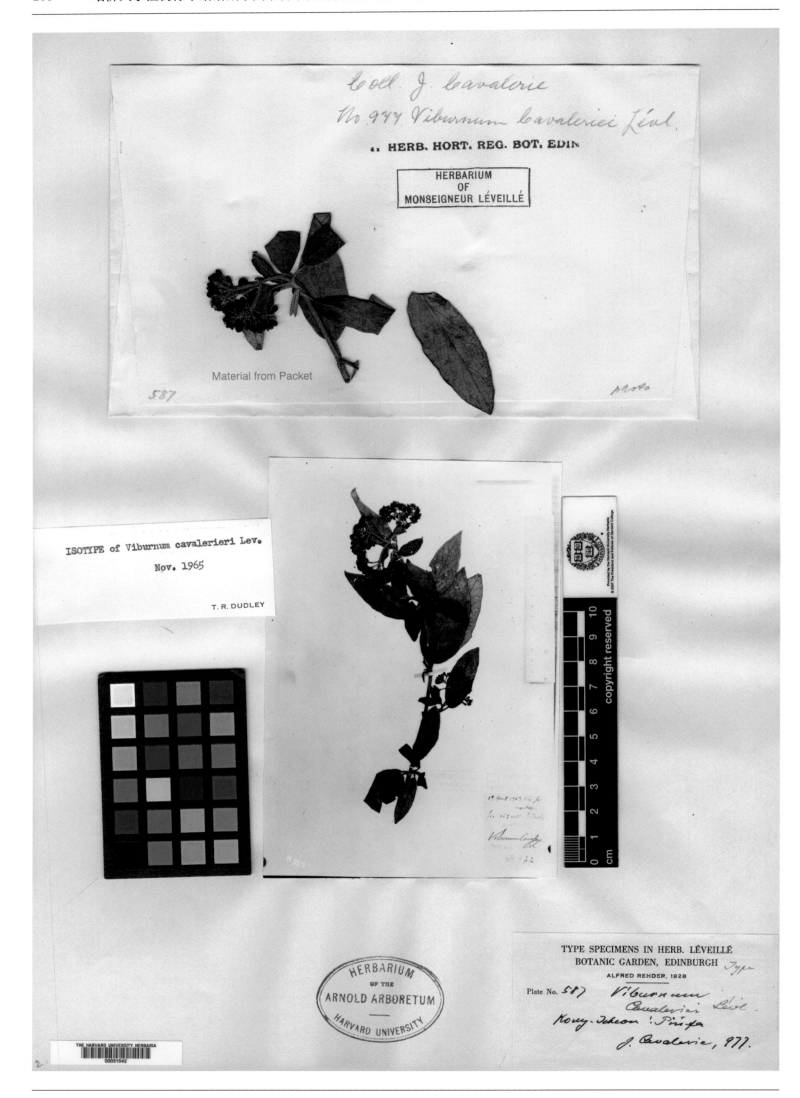

平伐荚蒾 *Viburnum cavaleriei* Lévl. in Fedde, Repert. Sp. Nov. 9: 442. 1911. **Isotype:** China. Guizhou: Guiding, Pin-Fa, 1903-04-13, J. Cavalerie 977 (A).

展齿荚蒾 *Viburnum chingii* P. S. Hsu var. *patentiserratum* P. S. Hsu in Acta Phytotax. Sin. 11(1): 69, pl. 10, f. 2. 1966.
Isotype: China. Yunnan: Yung-jen (=Yongshan), alt. 2 500 m, 1933-05-10, H. T. Tsai 52789 (A).

细梗漾濞荚蒾 *Viburnum chingii* P. S. Hsu var. *tenuipes* P. S. Hsu in Acta Phytotax. Sin. 13(1): 112. 1975. **Isotype:** China. Yunnan: Lanping, H. T. Tsai 57115 (A).

HOLOTYPE of Viburnum cinnamomifolium
Rehd.

Nov 1965

T. R. DUDLEY

COLL. E. H. WILSON,

(FOR JAMES VEITCH & SONS).

MT. OMI, WESTERN CHINA.

No. 5022

194.

6/04

HERBARIUM
OF THE
ARNOLD ARBORETUM
HARVARD UNIVERSITY

HERBARIUM OF THE ARBORETUM.
HARVARD UNIVERSITY.

Viburnum cinnamomifolium
Rehd. sp. n.

樟叶荚蒾 *Viburnum cinnamomifolium* Rehd. in Sarg. Trees & Shrubs 2: 31, pl. 114. 1907. **Holotype:** China. Sichuan: Emeishan, Emei Shan, 1904-06-??, E. H. Wilson 5022 (A).

密花荚蒾 *Viburnum congestum* Rehd. in Sarg. Trees & Shrubs 2: 111. 1908. **Isotype:** China. Yunnan: Mengzi, alt. 1 464 m, A. Henry 9683A (A).

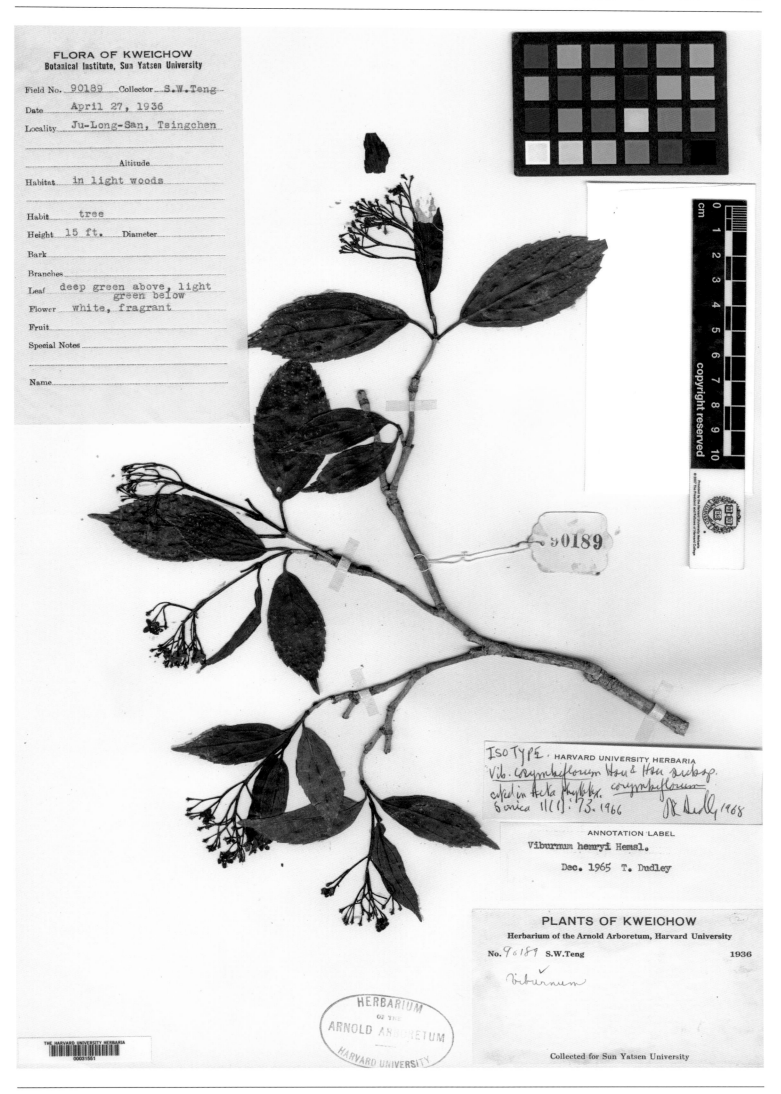

伞房荚蒾 *Viburnum corymbiflorum* P. S. Hsu & S. C. Hsu in Acta Phytotax. Sin. 11(1): 73, pl. 12. 1966. **Isotype:** China. Guizhou: Tsingchen (=Qingzhen), 1936-04-27, S. W. Teng 90189 (A).

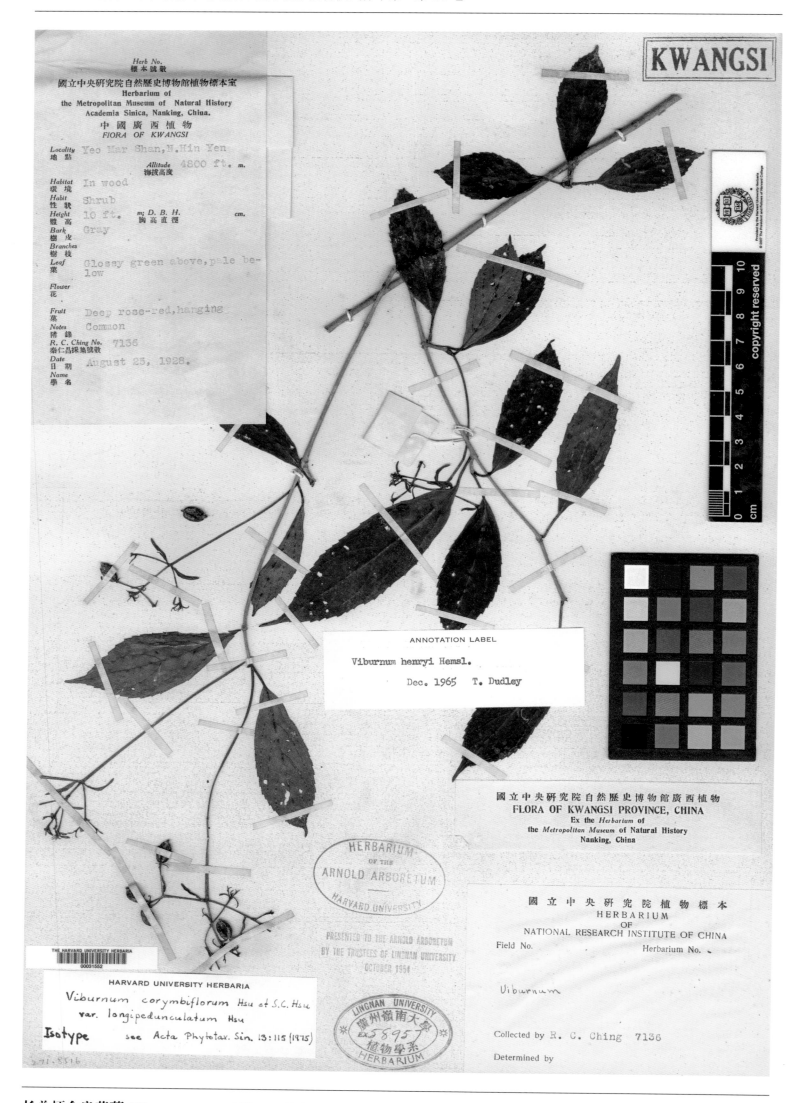

长总梗伞房荚蒾 *Viburnum corymbiflorum* P. S. Hsu & S. C. Hsu var. *longipedunculatum* P. S. Hsu in Acta Phytotax. Sin. 13(1): 115. 1975. **Isotype:** China. Guangxi: Lingyun, alt. 1 464 m, 1928-08-25, R. C. Ching 7136 (A).

Material from Packet

THE HARVARD UNIVERSITY HERBARIA
00031553

A. HENRY
CHINA, No. 9797
YUNNAN Mengtze-Chutze
2'- 3'. thed fruit — on
grass mts 5000'- 6000'

HERBARIUM
OF THE
ARNOLD ARBORETUM
HARVARD UNIVERSITY

ANNOTATION LABEL
SynType = Lectotype of Vib.
crassifolium Rehd.
= Vib. cylindricum var. crassifolium
Lan 1966 P.R.Dudley (Rehd.) Schm.

= Vib. cylindricum v. crassifolium
Schm.

FLORA OF CHINA.
Viburnum crassifolium Rehd.
n. spec.
COLL. A. HENRY.

厚叶荚蒾 *Viburnum crassifolium* Rehd. in Sarg. Trees & Shrubs 2: 112. 1908. **Holotype:** China. Yunnan: Mengzi, alt.
1 525~1 830 m, A. Henry 9797 (A).

毛花荚蒾 *Viburnum dasyanthum* Rehd. in Sarg. Trees & Shrubs 2: 103, pl. 149. 1908. **Holotype:** China. Hubei: Badong, 1901-07-??, E. H. Wilson 2218 (A).

ANNOTATION LABEL
ISOSYNTYPE of Viburnum dielsii Graebn.

= V. schensianum Maxim.   Dec. 1965
T. Dudley

THE HARVARD UNIVERSITY HERBARIA
00031555

Viburnum dielsii

No. 1891.

Ex Mus. Bot. Christian...

Viburnum dielsii

no. 1885

V. schensianum Maxim.

HERBARIUM
OF THE
ARNOLD ARBORETUM
—
HARVARD UNIVERSITY

V. schensianum Maxim.

Museum botanicum Christianiense. Plantæ
chinenses in prov. Setchuen ab incolis collectæ,
a C. Bock et A. v. Rosthorn communicatæ.

No. 444 1885

Viburnum Dielsii

Graebn. n. sp.

— 1900.

南川荚蒾 *Viburnum dielsii* Graebn. in Bot. Jahrb. Syst. 29: 588. 1901. **Isosyntype:** China. Chongqing: Nanchuan, 1900-??-??, C. Bock & A. v. Rosthorn 1885 (A).

台湾荚蒾 *Viburnum erosum* Thunb. var. *formosanum* Hance in Ann. Sci. Nat. Bot. sér. 5. 5: 216. 1866. **Isosyntype:** China. Taiwan: Taipei, Tamsuy, 1864-03-??, R. Oldham s. n. (GH).

金佛山荚蒾 *Viburnum erosum* Thunb. var. *setchuenense* Graebn. in Bot. Jahrb. Syst. 29: 589. 1901. **Isosyntype:** China. Chongqing: Nanchuan, 1900-??-??, C. Bock & A. v. Rosthorn 2297 (A).

肉叶荚蒾 *Viburnum erubescens* Wall. var. *carnosulum* W. W. Smith in Notes Roy. Bot. Gard. Edinb. 9: 138. 1916.
Isosyntype: China. Yunnan: Tengyueh (=Tengchong), alt. 2 135 m, 1913-03-??, G. Forrest 9808 (A).

ANNOTATION LABEL

ISOTYPE of Viburnum erubescens var.
neurophyllum Handel- Mazz.

Dec. 1965　T. Dudley

HANDEL-MAZZETTI, ITER SINENSE 1914-1918,
sumptibus Academiae scientiarum Vindobonensis susceptum.

Nr.8744.

Viburnum erubescens Wall.
var. n. neurophyllum Hand.-Mzt.

Not. ad pl. viv.:　　　　　　　　　det. *H. M.*

Prov. **YÜNNAN**: Inter urbes Dali (Talifu) et Lidjiang („Likiang"), in
regionis calide temperatae *silvis supra vic. Gwanyin,*
schan verans Hodjing, 2b°19'.
Substr. *calceo*　　　; alt. s. m. ca. *2400*　　m.
Leg. **19.V.** 191*6* Dr. Heinr. Frh. v. Handel-Mazzetti. (Diar. Nr. *1674*)

THE HARVARD UNIVERSITY HERBARIA
00031560

iso-holotype

HERBARIUM
OF THE
ARNOLD ARBORETUM
HARVARD UNIVERSITY

脉叶荚蒾 *Viburnum erubescens* Wall. var. *neurophyllum* Hand.-Mazz. in Symb. Sin. 7: 1033. 1936. **Isotype:** China. Yunnan:
between Dali & Lijiang, alt. 2 400 m, 1916-05-19, H. R. E. Handel-Mazzetti 8744 (A).

羽脉荚蒾 *Viburnum foetidum* Wall. var. *penninervium* Hand.-Mazz. Symb. Sin. 7: 1038. 1936. **Isotype:** China. Guizhou: between Badschai & Tailauksin, alt. 1 050 m, 1917-07-14, H. R. E. Handel-Mazzetti 10763 (A).

ANNOTATION LABEL

ISOTYPUS of Viburnum fordiae Hance

Dec. 1965   T. Dudley

FROM HERB. ROYAL GARDENS, KEW.

南方荚蒾 *Viburnum fordiae* Hance in J. Bot. 21: 321. 1883. **Isotype:** China. Guangdong: Zhaoqing, Dinghu Shan, 1882-05-06, C. Ford s. n. (GH).

迭部荚蒾 *Viburnum glomeratum* Maxim. var. *rockii* Rehd. in J. Arnold Arbor. 9: 115. 1928. **Holotype:** China. Gansu: Lower Tebbu, alt. 2 288 m, 1926-(09-10)-??, J. F. Rock 15003 (A).

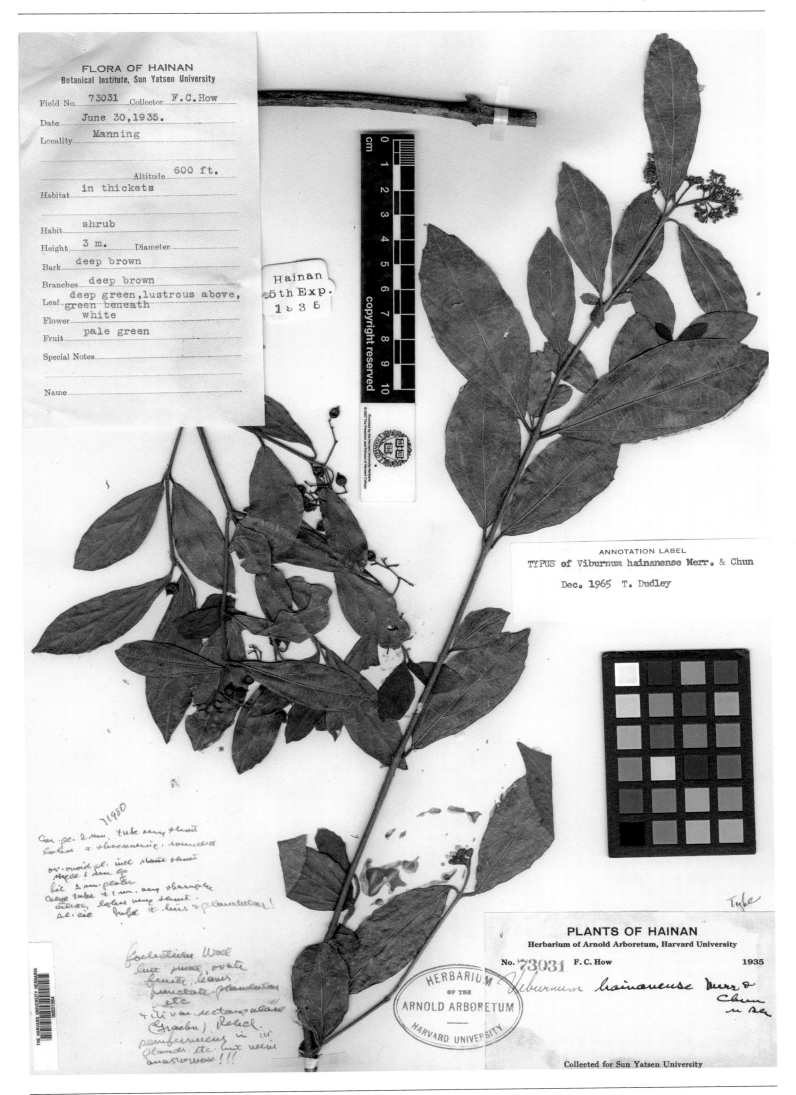

海南荚蒾 *Viburnum hainanense* Merr. & Chun in Sunyatsenia. 5: 193. 1940. **Holotype:** China. Hainan: Wanning, alt. 183 m, 1935-06-30, F. C. How 73031 (A).

川西荚蒾 *Viburnum harryanum* Rehd. in Mitt. Deutsch. Dendrol. Ges. 22: 263. 1913. **Holotype:** China. Sichuan: Western Sichuan, Precise locality not known, 1911-08-??, E. H. Wilson 1816 (A).

巴东荚蒾 *Viburnum henryi* Hemsl. in J. Linn. Soc. Bot. 23: 353. 1888. **Isosyntype:** China. Hubei: Badong, (1885-1888)-??-??, A. Henry 4060 (A).

DR. AUG. HENRY'S COLLECTIONS FROM
CENTRAL CHINA, 1885-88.

NO. 6805.

Viburnum dilatatum Thunb.

forma.

Prov. HUPEH.

V. hupehense n. sp.   type!

A. Rehder

Viburnum hupehense Rehder

HOLOTYPE

Nov. 1965

T. R. DUDLEY

湖北荚蒾 *Viburnum hupehense* Rehd. in Sarg. Trees & Shrubs 2: 116. 1908. **Holotype:** China. Hubei: Precise locality not known, (1885-1888)-??-??, A. Henry 6805 (GH).

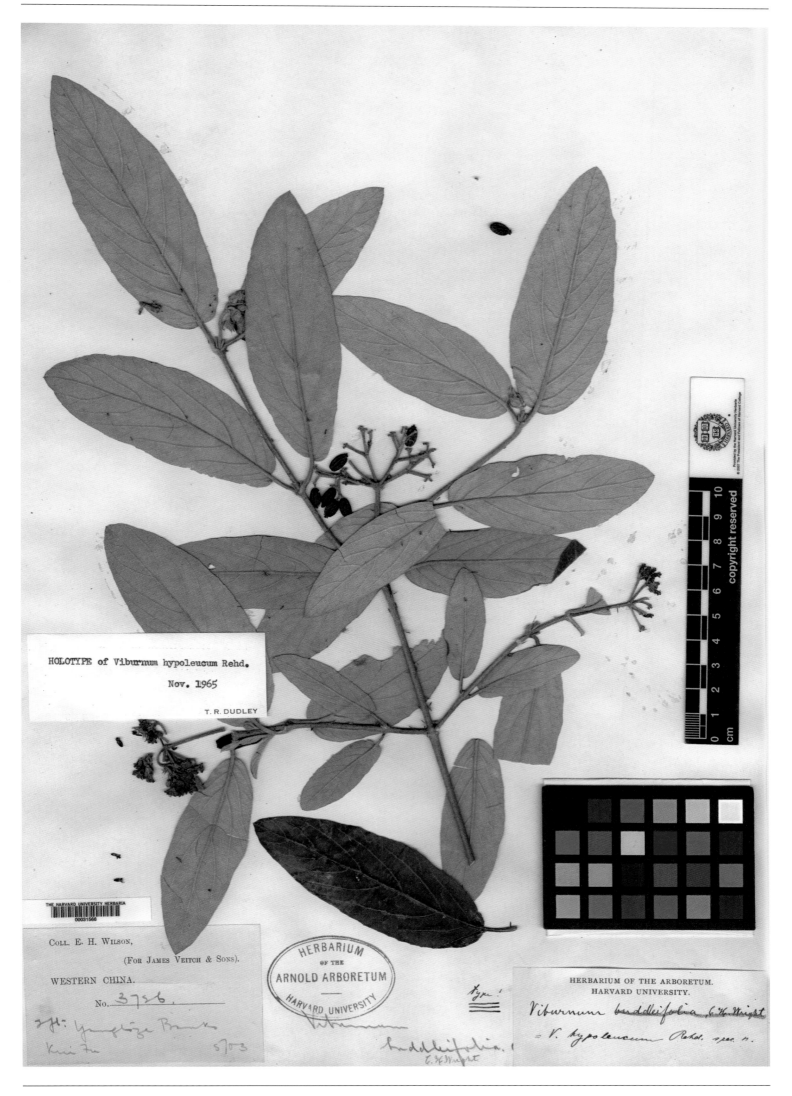

白背叶荚蒾 *Viburnum hypoleucum* Rehd. in Sarg. Trees & Shrubs 2: 110. 1911. **Holotype:** China. Sichuan: Kiu Fu, 1903-05-??, E. H. Wilson 3726 (A).

小叶石楠荚蒾 *Viburnum komarovii* Lévl. & Vanio in Fedde, Repert. Sp. Nov. 9: 78. 1910. **Isotype:** China. Guizhou: Ma-Jo (=Longli), 1908-10-??, J. Cavalerie 1303 (A).

侧花荚蒾 *Viburnum laterale* Rehd. in Sargent, Pl. Wilson. 1: 311. 1912. **Holotype:** China. Fujian: Precise locality not known, Lin Fa Shan, alt. 854 m, 1905-(04-06)-??, S. T. Dunn 207 (=Hong Kong Herb. 2771) (A).

斑点光果荚蒾 *Viburnum leiocarpum* P. S. Hsu var. *punctatum* P. S. Hsu in Acta Phytotax. Sin. 11(1): 77. 1966. **Isotype:** China. Yunnan: Pingbian, alt. 1 500 m, 1934-07-15, H. T. Tsai 62656 (A).

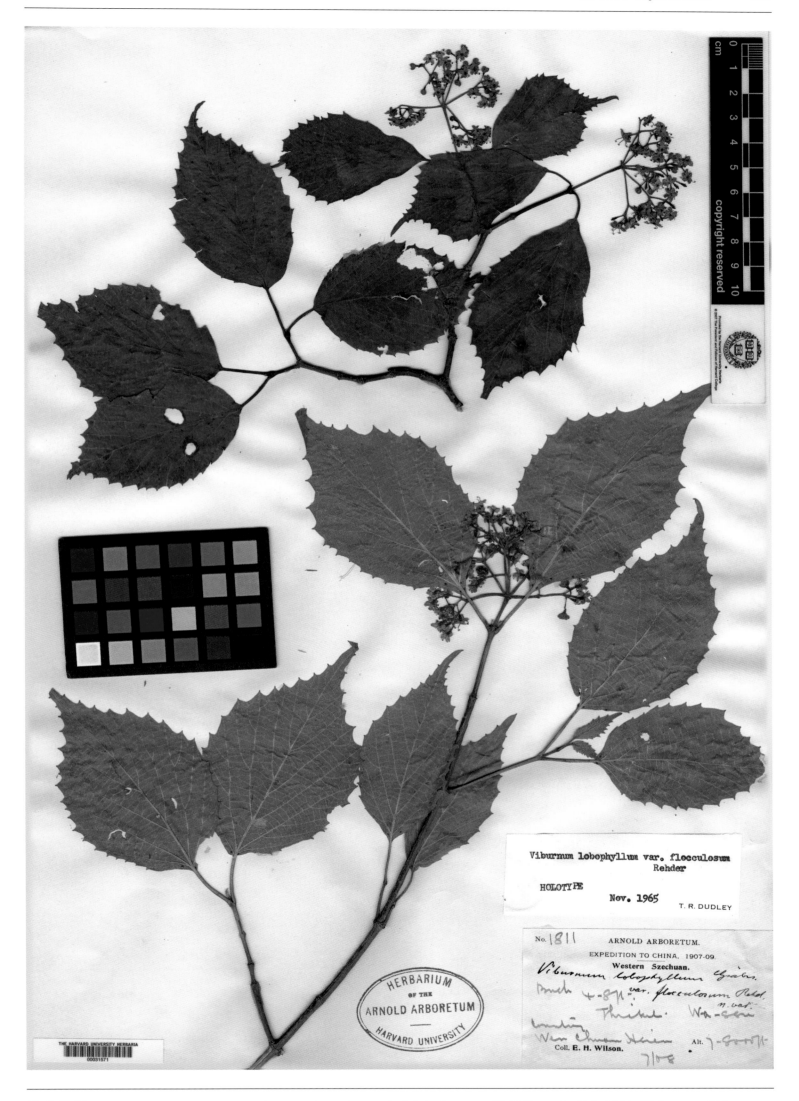

卷毛荚蒾 *Viburnum lobophyllum* Graebn. var. *flocculosum* Rehd. in Sargent, Pl. Wilson. 1: 114. 1911. **Holotype:** China. Sichuan: Wenchuan, alt. 2 135~2 440 m, 1908-07-??, E. H. Wilson 1811 (A).

被盖琼花 *Viburnum macrocephalum* Fort. var. *indutum* Hand.-Mazz. in Symb. Sin. 7: 1035. 1936. **Isoparatype:** China. Hunan: Dong'an, alt. 150~250 m, 1917-08-17, H. R. E. Handel-Mazzetti 11296 (A).

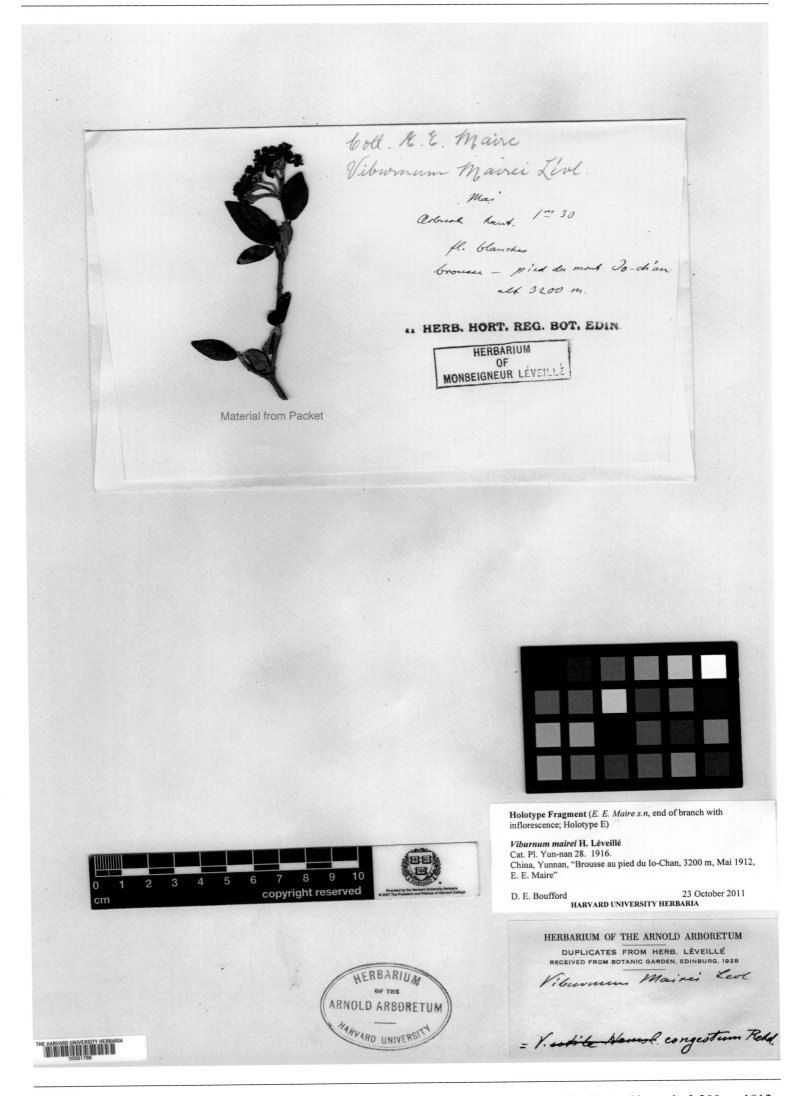

Material from Packet

Holotype Fragment (*E. E. Maire s.n*, end of branch with inflorescence; Holotype E)

Viburnum mairei H. Léveillé
Cat. Pl. Yun-nan 28. 1916.
China, Yunnan, "Brousse au pied du Io-Chan, 3200 m, Mai 1912, E. E. Maire"

D. E. Boufford　　　　　　　　　　23 October 2011
HARVARD UNIVERSITY HERBARIA

HERBARIUM OF THE ARNOLD ARBORETUM
DUPLICATES FROM HERB. LÉVEILLÉ
RECEIVED FROM BOTANIC GARDEN, EDINBURG, 1928

巧家荚蒾 *Viburnum mairei* Lévl. Cat. Pl. Yun-Nan 28. 1915. **Holotype:** China. Yunnan: Qiaojia, Io-Chan, alt. 3 200 m, 1912-05-??, E. E. Maire s. n. (A).

Viburnum ovatifolium Rehd.

SYNTYPE (= LECTOTYPE)

Nov. 1965

T. R. DUDLEY

卵叶荚蒾 *Viburnum ovatifolium* Rehd. in Sarg. Trees & Shrubs 2: 115. 1908. **Syntype:** China. Yunnan: Mengzi, alt. 2 135 m, A. Henry 10211A (A).

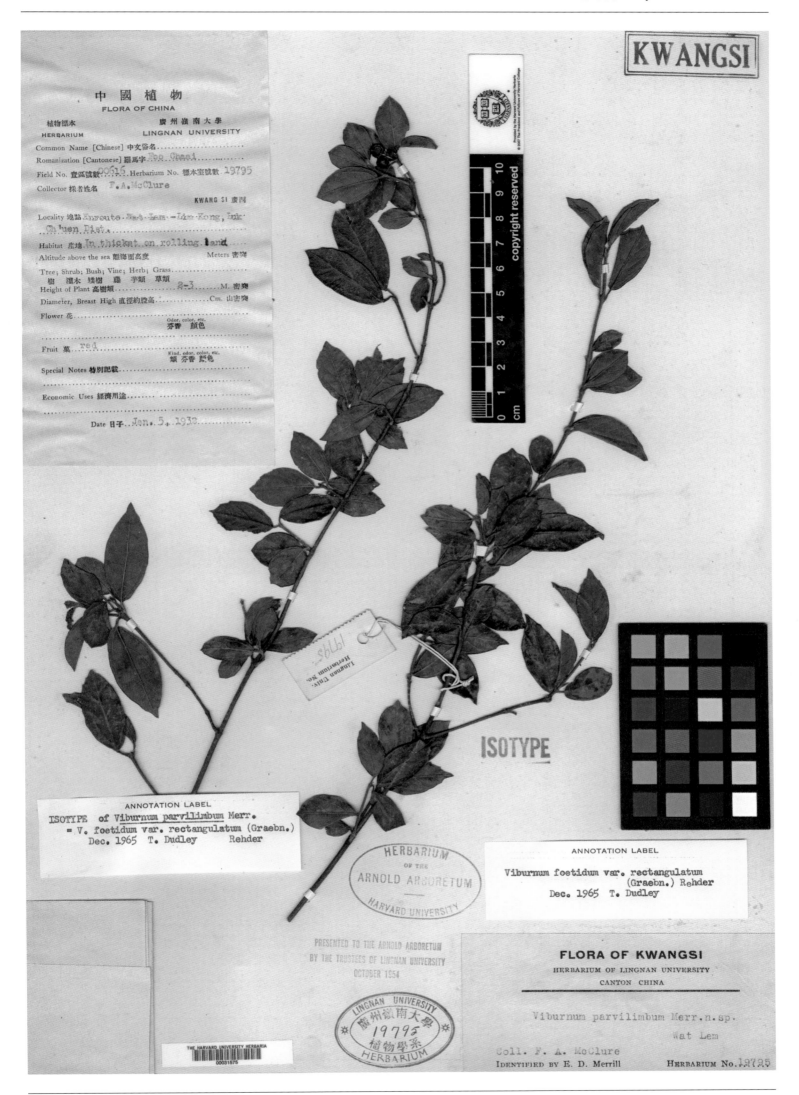

小叶荚蒾 *Viburnum parvilimbum* Merr. in Lingnan Sci. J. 13: 51. 1934. **Isotype:** China. Guangdong: Lechang, 1932-01-05, F. A. McClure 00616 (=Lingnan University 19795) (A).

康定荚蒾*Viburnum prattii* Graebn. in Bot. Jahrb. Syst. 29: 584. 1901. **Isosyntype:** China. Sichuan: Kangding, alt. 2 745~4 178 m, A. E. Pratt 65 (GH).

球核荚蒾 *Viburnum propinquum* Hemsl. in J. Linn. Soc. Bot. 23: 355. 1888. **Isotype:** China. Hubei: Yichang, (1885-1888)-??-??, A. Henry 4313 (GH).

锥序荚蒾 *Viburnum pyramidatum* Rehd. in Sarg. Trees & Shrubs 2: 93. 1908. **Holotype:** China. Yunnan: Mengzi, alt. 1 525 m, A. Henry 11475 (A).

THE HARVARD UNIVERSITY HERBARIA
00031579

(613)

DR. AUG. HENRY'S COLLECTIONS FROM
CENTRAL CHINA, 1885-88.

NO. = 6305

Viburnum rhytidophyllum, Hsl.

Prov. HUPEH.

ANNOTATION LABEL

Isotype!
Vib. rhytidophyllum Hemsl.
Jan. 1966   T. R. Dudley

HERBARIUM
OF THE
ARNOLD ARBORETUM
HARVARD UNIVERSITY

FLORA OF CHINA.

COLL.

皱叶荚蒾 *Viburnum rhytidophyllum* Hemsl. in J. Linn. Soc. Bot. 23: 355. 1888. **Isotype:** China. Hubei: Badong, (1885-1888)-??-??, A. Henry 613 (A).

干果荚蒾 *Viburnum rosthornii* Graebn. var. *xerocarpa* Graebn. in Bot. Jahrb. Syst. 29: 586. 1901. **Isotype:** China. Chongqing: Nanchuan, 1899-08-??, C. Bock & A. v. Rosthorn 415 (A).

Material from Packet

ITER CHINENSE 1914
Societatis Dendrologicae Austriae et Hungariae
Camillo Schneider

No. 2873

Viburnum

Yunnan, in silvis apertis prope Sung
quch versus angustias mont.
3, c. 3 m

Mense *Sept. 29*   Alt. circiter 3200   m.

iso-holotype of *V. Schneiderianum* Hand.-Mazz.

~ *Vib. atrocyanum* Clarke

ANNOTATION LABEL

IsOTYPE of Viburnum schneiderianum Handel-
Mazz.
= V. dmum Rehder   Dec. 1965 T. Dudley

HERBARIUM
OF THE
OLD ARBORETUM
HARVARD UNIVERSITY

THE HARVARD UNIVERSITY HERBARIA
00031582

腾冲荚蒾 *Viburnum schneiderianum* Hand.-Mazz. in Anz. Akad. Wiss. Wien. Math.-Nat. Kl. 62: 67. 1925. **Isosyntype:** China. Yunnan: Tengchong, alt. 3 200 m, 1914-09-29, C. K. Schneider 2873 (A).

黄果荚蒾 *Viburnum setigerum* Hance f. *aurantiacum* Rehd. in J. Arnold Arbor. 12: 78. 1931. **Holotype:** China. Cultivated at the Arnold Arboretum under no. 20189, from China, Hubei, Chang lo (=Zigui), E. H. Wilson 236 (A).

亚高山荚蒾 *Viburnum subalpinum* Hand.-Mazz. in Symb. Sin. 7: 1034, pl. 15: 6. 1936. **Isotype:** China. Yunnan: between Salween (=Lujiang) & Irrawadi, alt. 3 500~3 800 m, 1916-07-05, H. R. E. Handel-Mazzetti 9380 (A).

合轴荚蒾 *Viburnum sympodiale* Graebn. in Bot. Jahrb. Syst. 29: 587. 1901. **Isosyntype:** China. Hubei: Precise locality not known, A. Henry 5759 A (A).

三叶荚蒾 *Viburnum ternatum* Rehd. in Sarg. Trees & Shrubs 2: 37, pl. 177. 1907. **Syntype:** China. Western China, Precise locality not known, 1903-06-??, E. H. Wilson 3736 (A).

三叶荚蒾 *Viburnum ternatum* Rehd. in Sarg. Trees & Shrubs 2: 37, pl. 177. 1907. **Syntype:** China. Western China, Precise locality not known, 1903-06-??, E. H. Wilson 3736 (A).

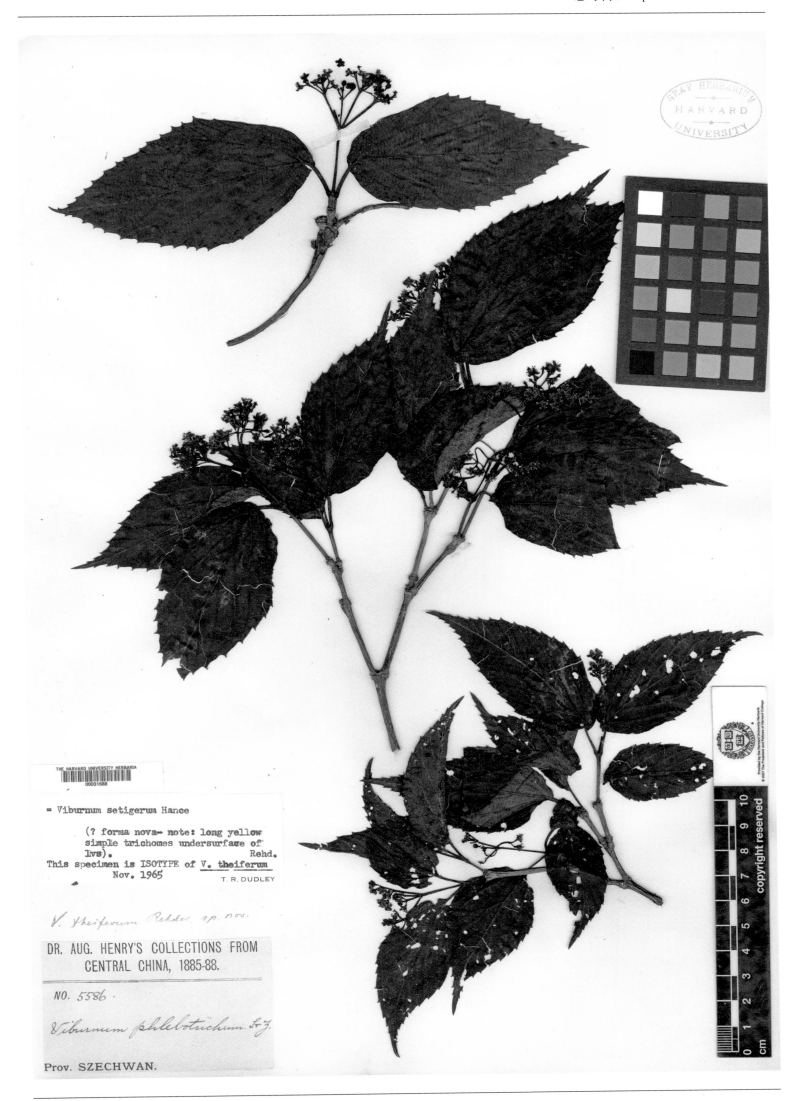

= Viburnum setigerum Hance

(? forma nova- note: long yellow
simple trichomes undersurface of
lvs).   Rehd.
This specimen is ISOTYPE of V. theiferum
Nov. 1965
T. R. DUDLEY

V. theiferum Rehder sp. nov.

DR. AUG. HENRY'S COLLECTIONS FROM
CENTRAL CHINA, 1885-88.

NO. 5586.

Viburnum phlebotrichum S.Z.

Prov. SZECHWAN.

茶荚蒾 *Viburnum theiferum* Rehd. in Sargent, Trees & Shrubs 2: 45, pl. 121. 1907. **Isosyntype:** China. Chongqing: Wushan, (1885-1888)-??-??, A. Henry 5586 (GH).

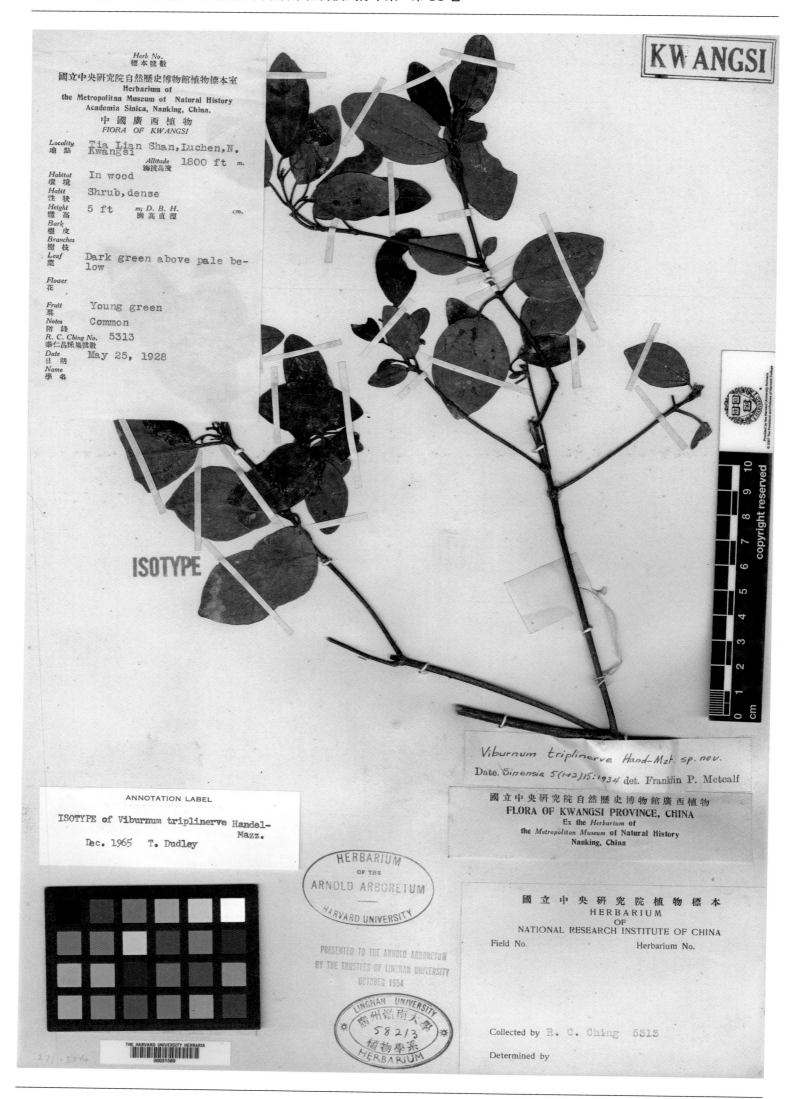

三脉叶荚蒾 *Viburnum triplinerve* Hand.-Mazz. in Sinensia. 5: 15. 1934. **Isotype:** China. Guangxi: Luocheng, alt. 549 m, 1928-05-25, R. C. Ching 5313 (A).

Material from Packet

THE HARVARD UNIVERSITY HERBARIA
00031590

Viburnum utile Hemsl.

ISOTYPE

Nov. 1965

T. R. DUDLEY

DR. AUG. HENRY'S COLLECTIONS FROM
CENTRAL CHINA, 1885-88.

NO. = 260

Viburnum utile, Hemsl.
n.sp.

Prov. HUPEH.

烟管荚蒾 *Viburnum utile* Hemsl. in J. Linn. Soc. Bot. 23: 356. 1888. **Isosyntype:** China. Hubei: Yichang, (1885–1888)-??-??, A. Henry 260 (GH).

胡颓子叶荚蒾 *Viburnum utile* Hemsl. var. *elaeagnifolium* Rehd. in Sarg. Trees & Shrubs 2: 89. 1908. **Holotype:** China. Hubei: Western Hubei, Precise locality not known, E. H. Wilson 31 (A).

鄂西荚蒾 *Viburnum veitchii* C. H. Wright in Gard. Chron. ser. 3. 33: 257. 1903. **Isotype:** China. Hubei: Western Hubei, Precise locality not known, 1911-08-??, E. H. Wilson 2107 (A).

圆叶荚蒾 *Viburnum veitchii* C. H. Wright ssp. *rotundifolium* P. S. Hsu in Acta Phytotax. Sin. 11(1): 75. 1966. **Isotype:** China. Yunnan: Dêqên, alt. 3 000 m, 1937-09-02, T. T. Yu 10017 (A).

威尔逊荚蒾 *Viburnum wilsonii* Rehd. in Sarg. Trees & Shrubs 2: 115. 1908. **Holotype:** China. Sichuan: Emeishan, Emei Shan, 1904-05-??, E. H. Wilson 5025 (A).

云南荚蒾 *Viburnum yunnanense* Rehd. in Sarg. Trees & Shrubs 2: 106. 1908. **Holotype:** China. Yunnan: Mengzi, alt. 2 135 m, A. Henry 11015 (A).

败酱科
Valerianaceae

瑞香缬草 *Valeriana daphniflora* Hand.-Mazz. in Acta Horti Gothob. 9: 179. 1934. **Isotype:** China. Sichuan: Yanyuan, alt. 2 600 m, 1914-10-02, H. R. E. Handel-Mazzetti 5439 (GH).

横断山缬草 *Valeriana hengduanensis* D. Y. Hong in Acta Phytotax. Sin. 30(4): 373, f. 2. 1992. **Isotype:** China. Sichuan: Muli, alt. 3 650 m, 1937-06-21, T. T. Yu 6542 (A).

细花窄裂缬草 *Valeriana stenoptera* Diels var. *cardaminea* Hand.-Mazz. in Acta Horti Gothob. 9: 180. 1934. **Isotype:** China. Yunnan: Shangri-La, alt. 3 000~3 100 m, 1915-08-14, H. R. E. Handel-Mazzetti 7648 (GH).

川续断科
Dipsacaceae

蓝花续断 *Dipsacus cyanocapitatus* C. Y. Cheng & T. M. Ai in Bull. Bot. Res., Harbin 10(3): 10. 1990. **Holotype:** China. Yunnan: Weixi, alt. 3 650 m, 1934-10-05, H. T. Tsai 59686 (A).

Material from Packet

copyright reserved

GRAY HERBARIUM
HARVARD
UNIVERSITY

12952

ARNOLD ARBORETUM, HARVARD UNIVERSITY
EXPEDITION TO NORTHWESTERN CHINA AND
NORTHEASTERN TIBET. 1924-27
SOUTHWESTERN KANSU
Morina chinensis Bat.

Tao River basin:in meadows of Maerhku valley;
Alt. 9500-10000 ft. Spiny herb. Flowers
greenish

No.12952
Coll. J. F. Rock.   July, 1925.

Isolectotype of
Cryptothladia chinensis (Pai) M. Cannon
= Morina chinensis Pai in Rep.Sp.Nov
Cheng-yi Wu   Fedde 44:122.1938   1990
                                          8.10
KUNMING INSTITUTE OF BOTANY

THE HARVARD UNIVERSITY HERBARIA
00061632

刺参 *Morina chinensis* P. Y. Pai in Fedde, Repert. Sp. Nov. 44: 122. 1938. **Isosyntype:** China. Gansu: Tao River basin, in Meadows of Maerhku valley, alt. 2 898~3 050 m, 1925-07-25, J. F. Rock 12952 (GH).

黄花刺参 *Morina coulteriana* Royle in Ill. Bot. Himal. Mts. 1: 245. 1835. **Isotype:** China. Xizang: Koonamur, J. F. Royle s. n. (GH).

葫芦科
Cucurbitaceae

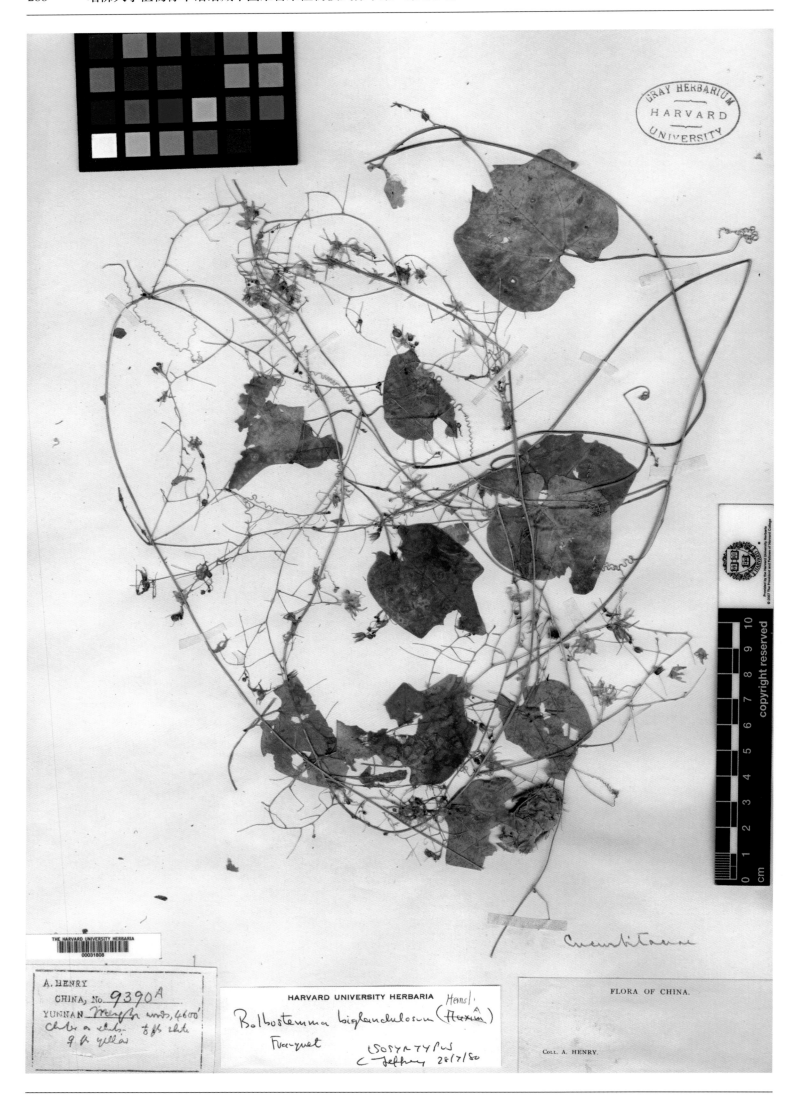

刺儿瓜 *Actinostemma biglandulosum* Hemsl. in Hook Icon. Pl. 27(2): pl. 2622. 1899. **Isosyntype:** China. Yunnan: Mengzi, alt. 1 403 m, A. Henry 9390 A (GH).

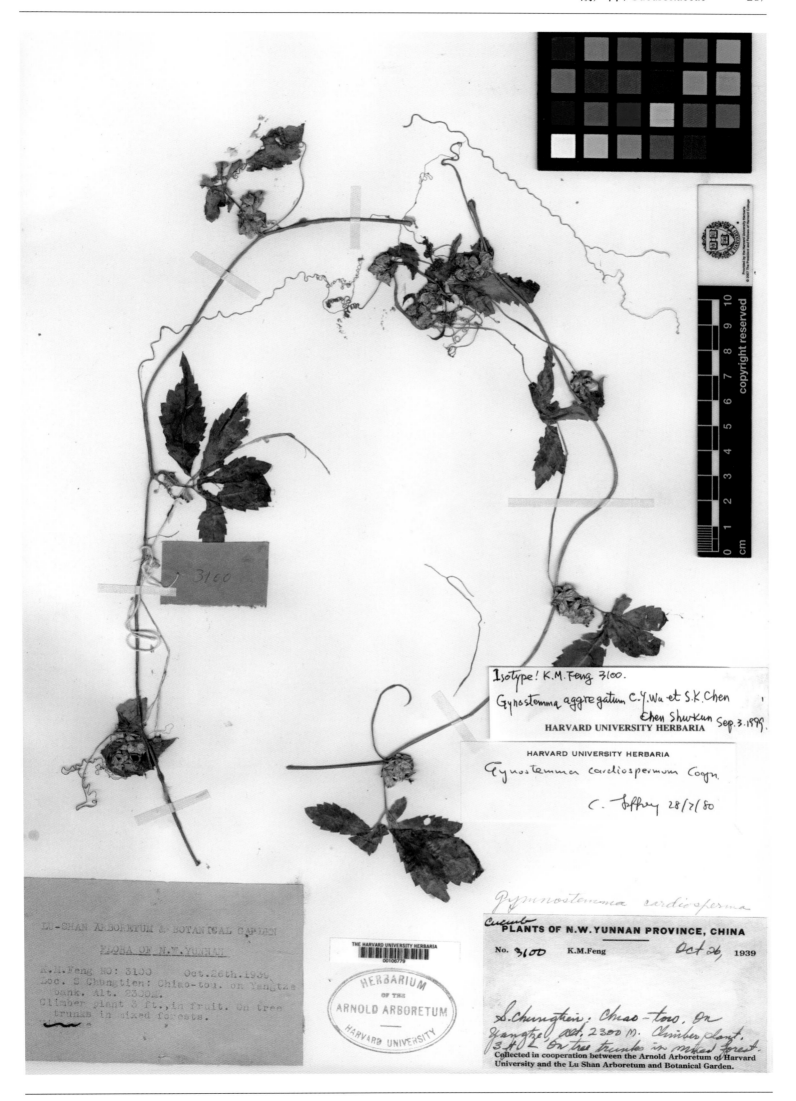

聚果绞股蓝 *Gynostemma aggregatum* C. Y. Wu & S. K. Chen in Acta Phytotax. Sin. 21(4): 365, f. 5. 1983. **Isotype:** China. Yunnan: Shangri-La (=Zhongdian), alt. 2 300 m, 1939-10-26, K. M. Feng 3100 (A).

心籽绞股蓝 *Gynostemma cardiospermum* Cogn. ex Oliv. in Hook. Icon. Pl. 23(1): pl. 2225. 1894. **Isosyntype:** China. Hubei: Fang Xian, (1885-1888)-??-??, A. Henry 6701 (GH).

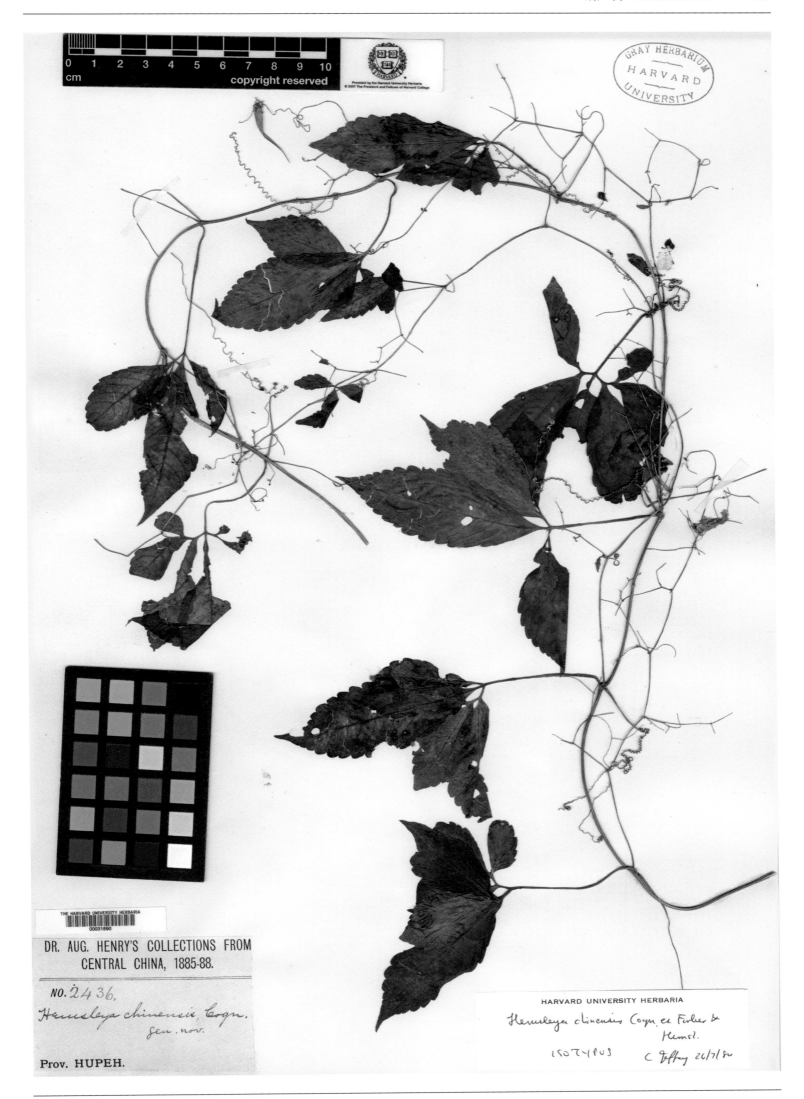

雪胆 *Hemsleya chinensis* Cogn. ex Forbes & Hemsl. in J. Linn. Soc. Bot. 23: 490. 1888. **Isotype:** China. Hubei: Precise locality not known, (1885-1888)-??-??, A. Henry 2436 (GH).

FAN MEMORIAL INSTITUTE
OF BIOLOGY

FLORA OF YUNNAN

Field No. 80442   Date   Nov. 1936

Locality 鎮越縣, 猛拉 (Meng-la, Jenn-yeh Hsien)

_____ Altitude   800   m.

Habitat   Road side, bushes

Habit   Climber

Height_____D.B.H._____

Bark_____

Leaf_____

Flower_____

Fruit   green

Notes_____

Common Name_____Family_____

Name_____

Collector 王啓無 C. W. Wang

Isotype (C. W. Wang 80442)

Hemsleya cissiformis C. Y. Wu in C. Y. Wu &
Z. L. Chen, Acta Phytotax. Sin. 23: 125. 1985.

D. E. BOUFFORD 1992
HARVARD UNIVERSITY HERBARIA

HARVARD UNIVERSITY HERBARIA

Hemsleya ?sp. nov. I.

C. Jeffrey 28/7/80

Hemsleya amabilis Diels

Oct. 29, 1967

Det. Shiu-ying Hu
ARNOLD ARBORETUM, HARVARD UNIVERSITY

PLANTS OF YUNNAN PROVINCE, CHINA

No. 80442 C.W.Wang   1935-36

Collected in cooperation between the Arnold Arboretum of Harvard
University and the Fan Memorial Institute of Biology.

滇南雪胆 **Hemsleya cissiformis** C. Y. Wu in Acta Phytotax. Sin. 23(2): 125. 1985. **Isotype:** China. Yunnan: Jenn-yeh (=Mengla),
alt. 800 m, 1936-11-??, C. W. Wang 80442 (A).

FAN MEMORIAL INSTITUTE OF BIOLOGY

FLORA OF YUNNAN

Field No. 20394　Date Sept. 21,1938
Locality Kiukiang Valley, N. of
Monting Altitude 1400 m.
Habitat Upon woods
Habit Herbaceous vine
Height　　　　D.B.H.
Bark
Leaf Palmate compound
Flower
Fruit Pome green, ovoid, 3-lobed
at apex, unmature
Notes Rare

Common Name　　　Family Cucurbitac
Name

Collector T. T. Yü

F. I. B.
YUNNAN EXP.
COLL. T. T. Yü
No 20394

copyright reserved

Isotype (T. T. YÜ 20394)

Hemsleya dulongjiangensis C. Y. Wu in C. Y.
Wu & Z. L. Chen, Acta Phytotax. Sin. 23: 134.
1985.

D. E. BOUFFORD 1992
HARVARD UNIVERSITY HERBARIA

PLANTS OF YUNNAN PROVINCE, CHINA

No. 20394 T.T.Yü　　1938

THE HARVARD UNIVERSITY HERBARIA
00031892

HARVARD UNIVERSITY HERBARIA

Hemsleya wenchuanensis A. M. Lu MS

C. Jffrey 25/7/80

HERBARIUM
OF THE
ARNOLD ARBORETUM
HARVARD UNIVERSITY

Collected in cooperation between the Arnold Arboretum of Harvard
University and the Fan Memorial Institute of Biology.

独龙江雪胆 *Hemsleya dulongjiangensis* C. Y. Wu in Acta Phytotax. Sin. 23(2): 134. 1985. **Isotype:** China. Yunnan:
Gongshan, Dulongjiang, alt. 1 400 m, 1938-09-21, T. T. Yu 20394 (A).

亨利雪胆 *Hemsleya henryi* Cogn. in Engler, Pflanzenr. 66(IV. 275. 1): 26. 1916. **Isotype:** China. Yunnan: Simao, alt. 1 525 m, A. Henry 13420 (GH).

FAN MEMORIAL INSTITUTE OF BIOLOGY
FLORA OF YUNNAN

Field No. 17837　Date Oct. 3, 1938
Locality Mienning, Poshang
Altitude 2300 m.
Habitat Upon thicket
Habit Climbing herb
Height　　　　D.B.H.
Bark
Leaf
Flower Green
Fruit
Notes Common

Common Name　　Family Cucurbitac.
Name

Collector **T. T. Yü**

HERBARIUM OF THE ARNOLD ARBORETUM HARVARD UNIVERSITY

Hemsleya amabilis Diels
Oct. 29, 1967
Det. Shiu-ying Hu
ARNOLD ARBORETUM, HARVARD UNIVERSITY

PLANTS OF YUNNAN PROVINCE, CHINA

Isotype (T. T. Yü 17837)
Hemsleya megathyrsa C. Y. Wu in C. Y. Wu &
Z. L. Chen, Acta Phytotax. Sin. 23: 131. 1985.

D. E. BOUFFORD　1992
HARVARD UNIVERSITY HERBARIA

HARVARD UNIVERSITY HERBARIA

Hemsleya macrocarpa (Cogn.) C. Y. Wu
ined
(Gomphogyne macrocarpa Cogn.)
C Jeffrey 23/7/90

THE HARVARD UNIVERSITY HERBARIA
00031895

No. 17837　T.T.Yü　　1938
Hemsleya?

Collected in cooperation between the Arnold Arboretum of Harvard
University and the Fan Memorial Institute of Biology.

T.T.Yu 17837

大序雪胆 *Hemsleya megathyrsa* C. Y. Wu in Acta Phytotax. Sin. 23(2): 131, f. 2: 1–3. 1985. **Isotype:** China. Yunnan:
Mienning (=Lincang), alt. 2 300 m, 1938-10-03, T. T. Yu 17837 (A).

FAN MEMORIAL INSTITUTE
OF BIOLOGY
FLORA OF YUNNAN

Field No. 11101　　Date Aug. 12th. 1947
Locality Wen-shan-hsien: Lao-Jun-shan
　　　　　　　　　Altitude 1800-2000 M.
Habitat in mixed forests
Habit Twining herb
Height 5 ft.　D.B.H.
Bark
Leaf
Flower Canary yellow
Fruit
Notes common

Common Name　　　　Family Cucurbitac.
Name
　　　　　　Collector K. M. Feng

Isotype (K. M. Feng 11101)

Hemsleya wenshanensis A. M. Lu ex C. Y. Wu &
Z. L. Chen, Acta Phytotax. Sin. 23: 130. 1985.

D. E. BOUFFORD　1992
HARVARD UNIVERSITY HERBARIA

Hemsleya amabilis Diels

Det. Shiu-ying Hu　　　　Oct. 31, 1967
ARNOLD ARBORETUM, HARVARD UNIVERSITY

CHINA: southeastern **Yunnan**

K. M. Feng, no. 11101　　aug. 12, 1947

THE HARVARD UNIVERSITY HERBARIA
00031896

HARVARD UNIVERSITY HERBARIA

Hemsleya wenshanensis A. M. Lu
MS
C. Jeffrey 28/7/80

HERBARIUM
OF THE
ARNOLD ARBORETUM
HARVARD UNIVERSITY

文山雪胆 *Hemsleya wenshanensis* A. M. Lu ex C. Y. Wu & Z. L. Chen in Acta Phytotax. Sin. 23(2): 130, f. 2: 7-8. 1985.
Isotype: China. Yunnan: Wenshan, alt. 1 800~2 000 m, 1947-08-12, K. M. Feng 11101 (A).

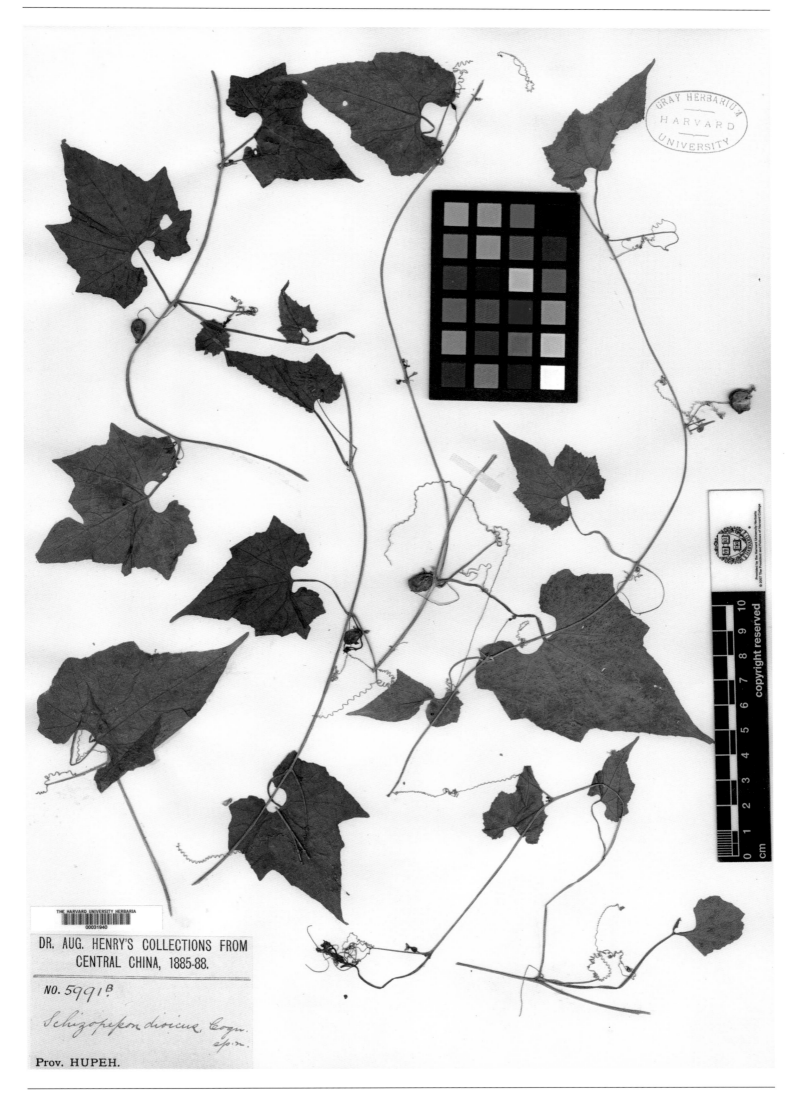

DR. AUG. HENRY'S COLLECTIONS FROM
CENTRAL CHINA, 1885-88.

NO. 5991ᴮ

Schizopepon dioicus Cogn.
sp.n.

Prov. HUPEH.

湖北裂瓜 *Schizopepon dioicus* Cogn. ex Oliv. in Hook. Icon. Pl. 23(1): pl. 2224. 1892. **Isosyntype:** China. Hubei: Jianshi,
(1885-1888)-??-??, A. Henry 5991 B (GH).

大花裂瓜 *Schizopepon macranthus* Hand.-Mazz. in Symb. Sin. 7: 1064, pl. 39: 12–13. 1936. **Isotype:** China. Sichuan: Muli, alt. 3 000 m, 1915-07-23, H. R. E. Handel-Mazzetti 7153 (GH).

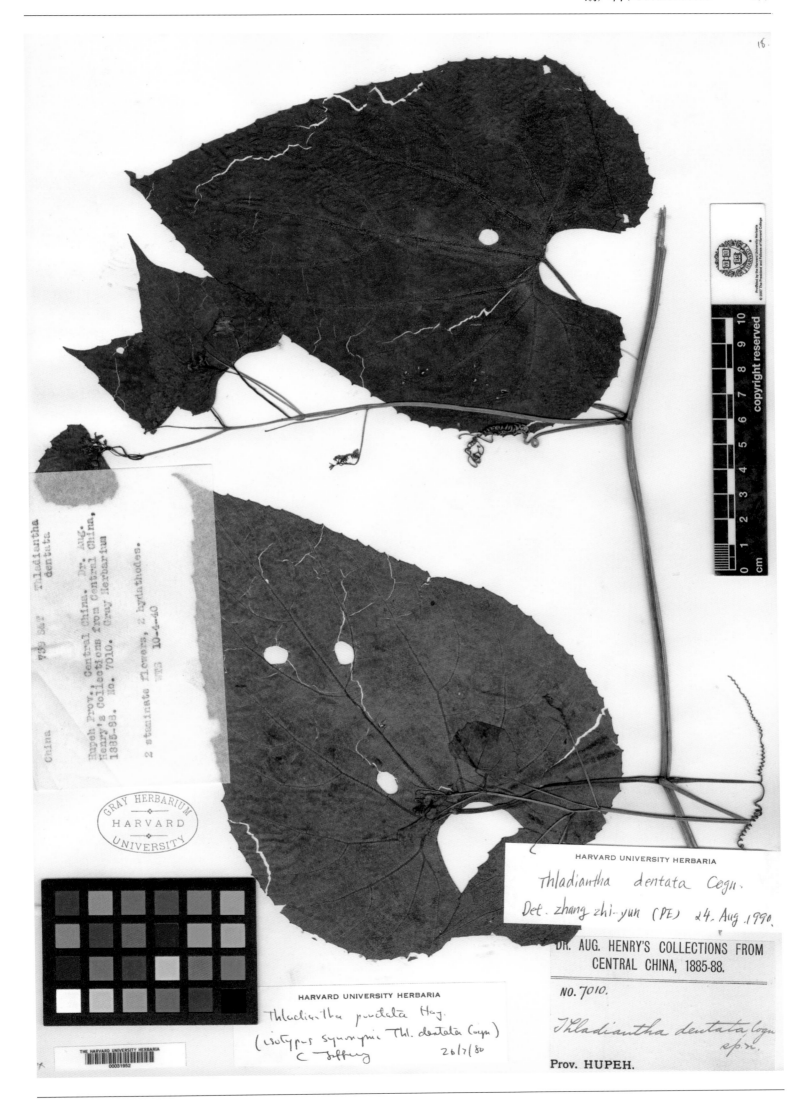

齿叶赤瓟 *Thladiantha dentata* Cogn. in Engler, Pflanzenr. 66(IV. 275. 1): 44. 1916. **Isosyntype:** China. Hubei: Precise locality not known, (1885-1888)-??-??, A. Henry 7010 (GH).

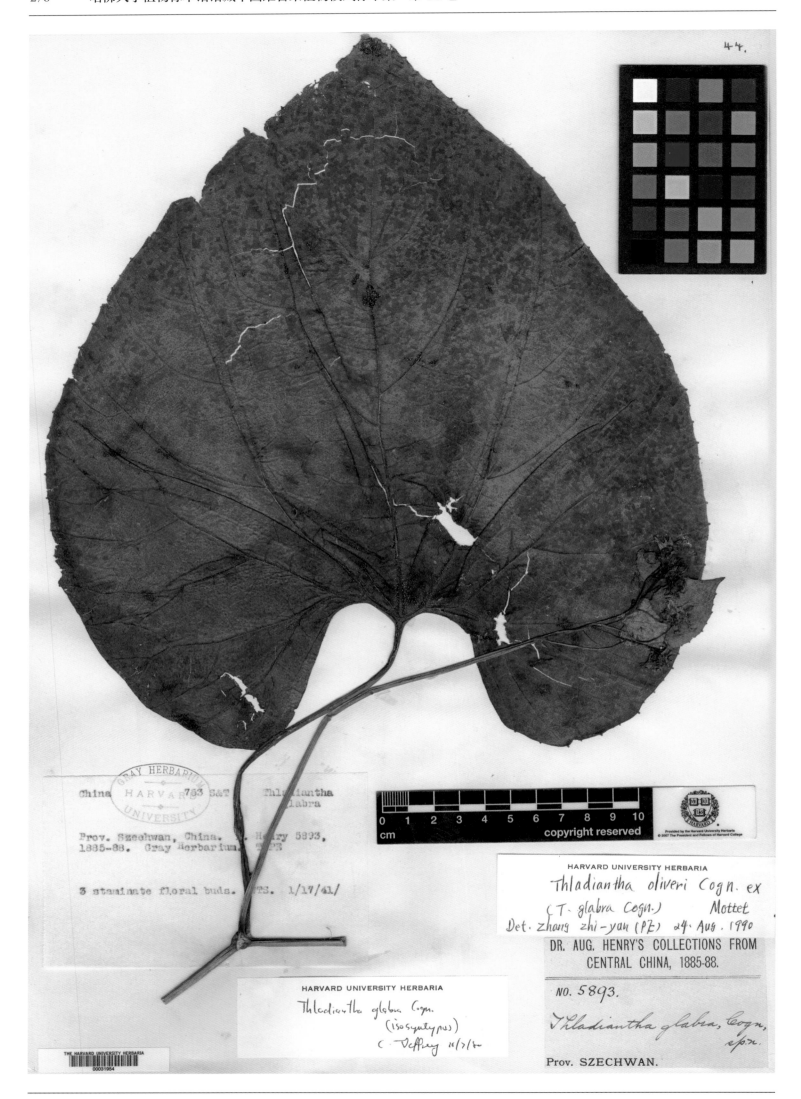

光赤瓟 *Thladiantha glabra* Cogn. in Engler, Pflanzenr. 66(IV. 275. 1): 48. 1916. **Isosyntype:** China. Sichuan: Precise locality not known, (1885-1888)-??-??, A. Henry 5893 (GH).

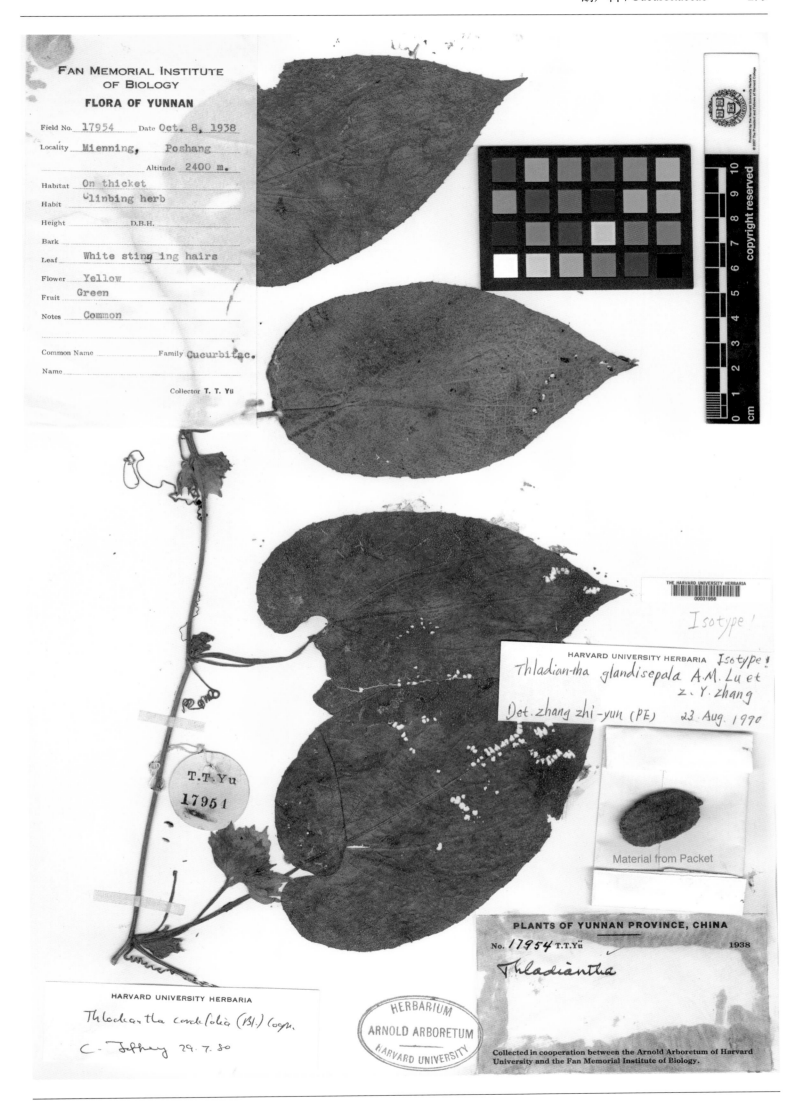

大萼赤瓟 *Thladiantha grandisepala* A. M. Lu & Zhi Y. Zhang in Bull. Bot. Res., Harbin 1(1–2): 67, pl. 1: 10–12. 1981.

Isotype: China. Yunnan: Mienning (=Lincang), alt. 2 400 m, 1938-10-08, T. T. Yu 17954 (A).

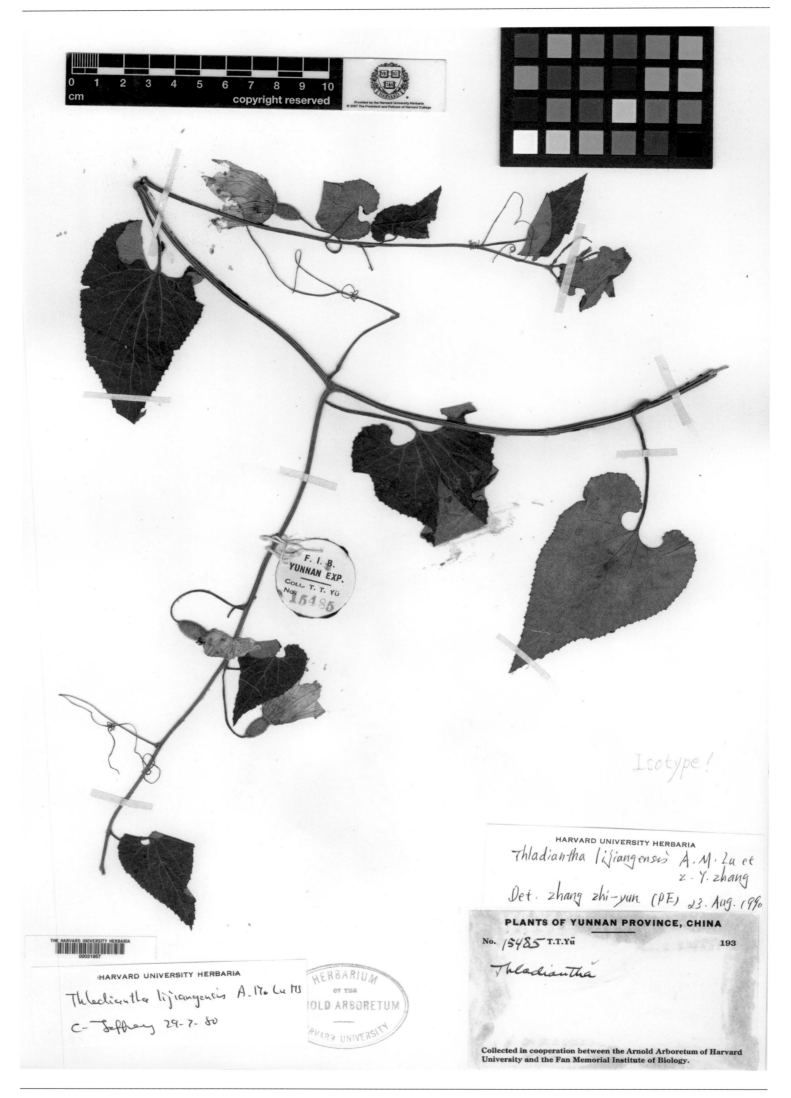

丽江赤瓟 *Thladiantha lijiangensis* A. M. Lu & Z. Y. Zhang in Bull. Bot. Res., Harbin 2(1-2): 88, f. 2: 1-7. 1981. **Isotype:** China. Yunnan: Zhongdian (=Shangri-La), T. T. Yu 15485 (A).

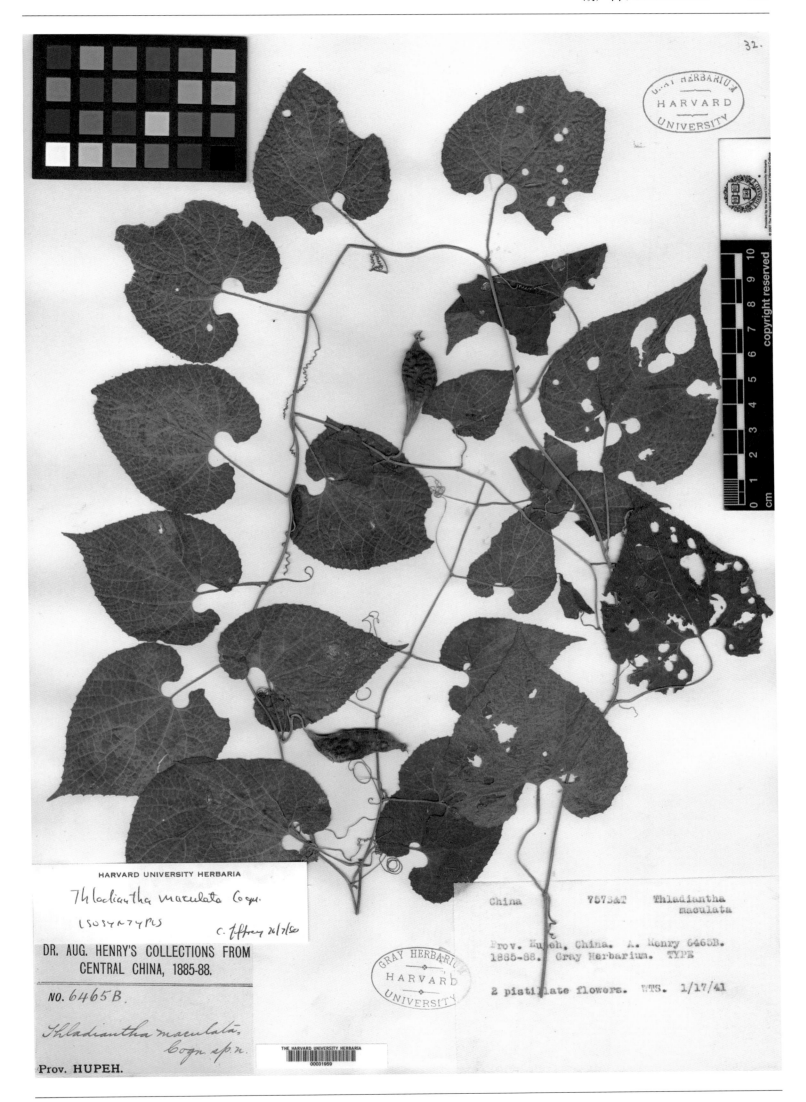

斑赤瓟 *Thladiantha maculata* Cogn. in Engler, Pflanzenr. 66(IV. 275. 1): 49. 1916. **Isosyntype:** China. Hubei: Precise locality not known, (1885-1888)-??-??, A. Henry 6465B (GH).

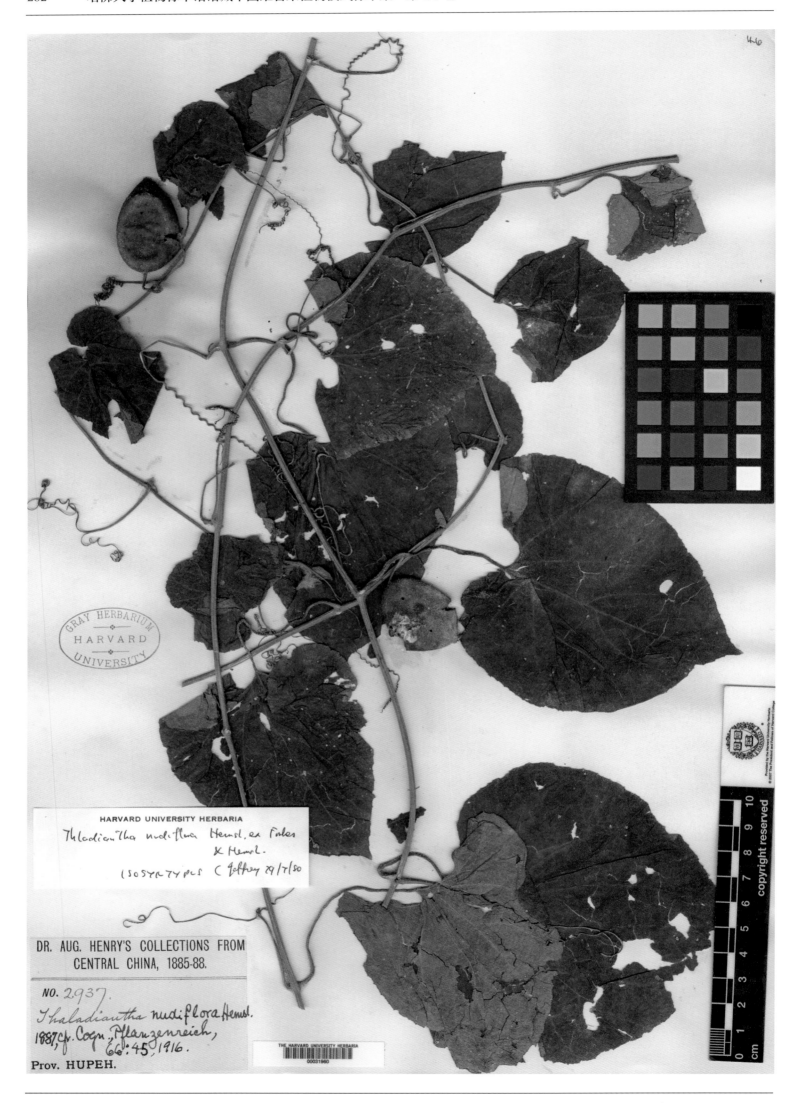

HARVARD UNIVERSITY HERBARIA

Thladiantha nudiflora Hemsl. ex Forbes & Hemsl.

ISOSYNTYPES (Jeffrey 29/7/80

DR. AUG. HENRY'S COLLECTIONS FROM CENTRAL CHINA, 1885-88.

NO. 2937.

Thaladiantha nudiflora Hemsl.

1887, cp. Cogn. Pflanzenreich, 66: 45, 1916.

Prov. HUPEH.

THE HARVARD UNIVERSITY HERBARIA
00031960

南赤瓟 *Thladiantha nudiflora* Hemsl. ex Forbes & Hemsl. in J. Linn. Soc. Bot. 23: 316, pl. 8. 1887. **Isosyntype:** China. Hubei: Yichang, (1885-1888)-??-??, A. Henry 2937 (GH).

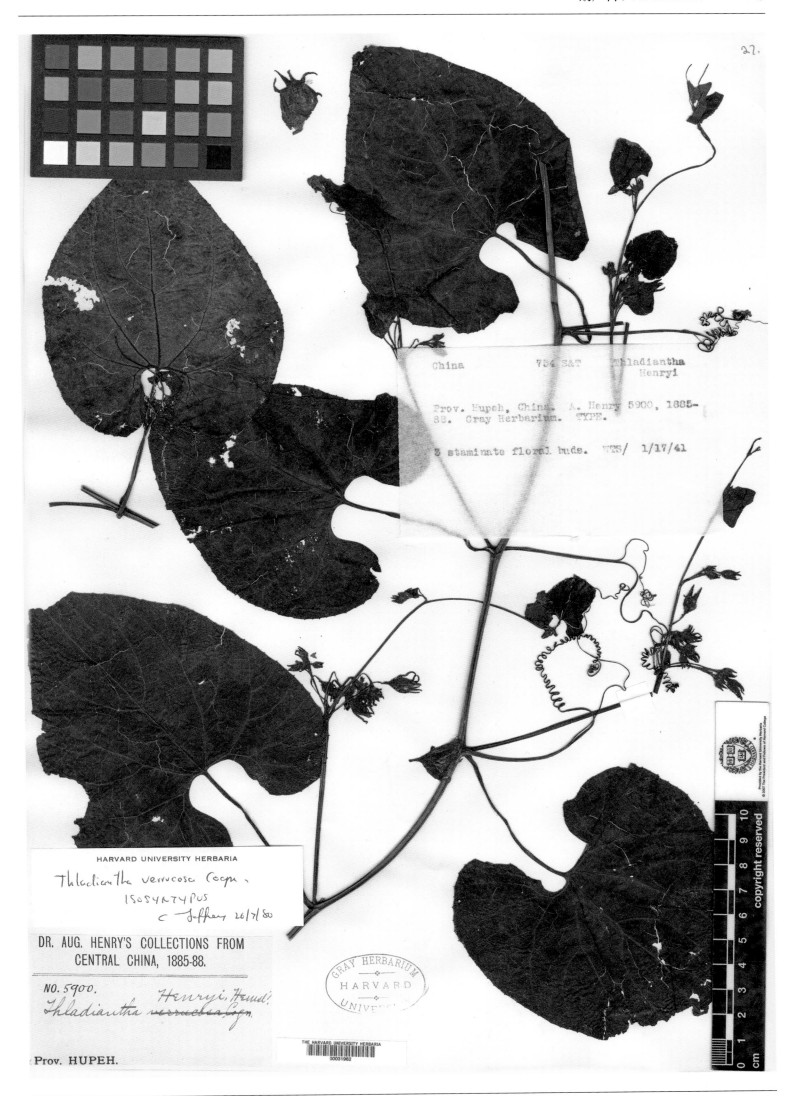

疣果赤瓟 *Thladiantha verrucosa* Cogn. in Engler, Pflanzenr. 66(IV. 275. 1): 49. 1916. **Isosyntype:** China. Hubei: Precise locality not known, (1885-1888)-??-??, A. Henry 5900 (GH).

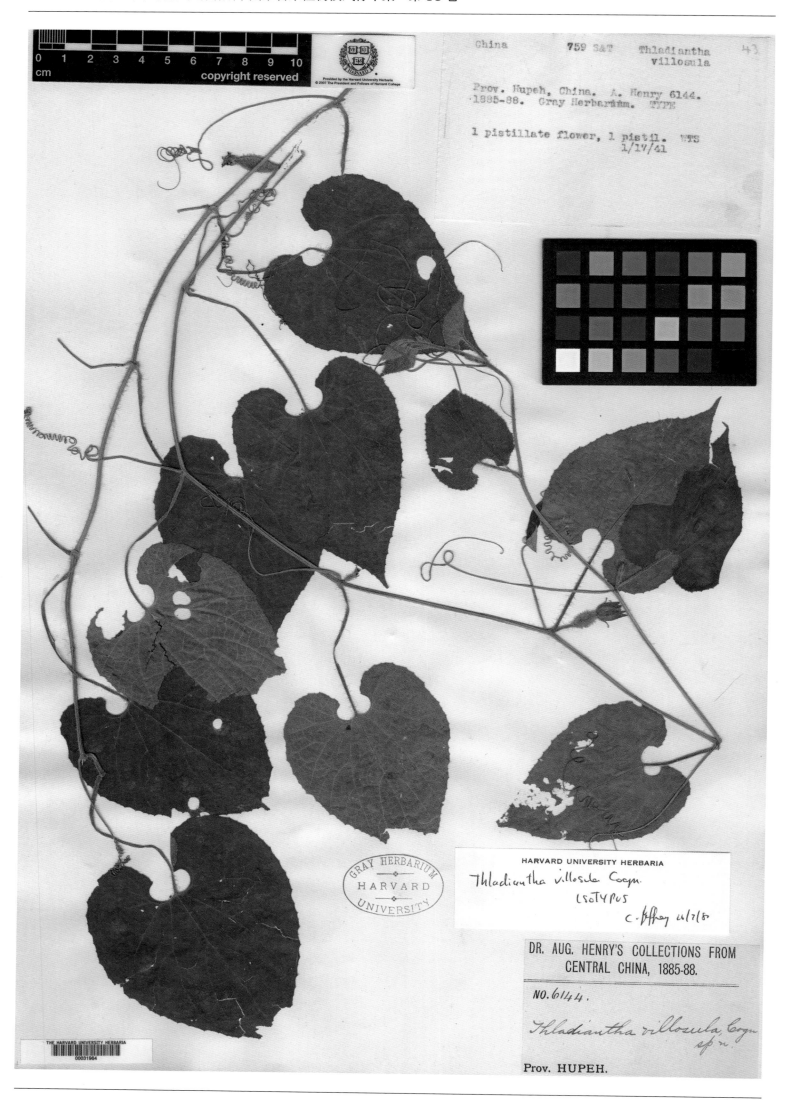

China   759 S&T   Thladiantha   43
                                 villosula

Prov. Hupeh, China. A. Henry 6144.
·1885-88. Gray Herbarium. TYPE

1 pistillate flower, 1 pistil. WTS
                                  1/17/41

HARVARD UNIVERSITY HERBARIA

Thladiantha villosula Cogn.
LsoTYPUS
C. Jeffrey 11/7/8

DR. AUG. HENRY'S COLLECTIONS FROM
CENTRAL CHINA, 1885-88.

NO. 6144.

Thladiantha villosula, Cogn.
sp n.

Prov. HUPEH.

长毛赤瓟 *Thladiantha villosula* Cogn. in Enger, Pflanzenr. 66(IV. 275. 1): 44. 1916. **Isosyntype:** China. Hubei: Precise locality not known, (1885-1888)-??-??, A. Henry 6144 (GH).

木基栝楼 *Trichosanthes quinquefolia* C. Y. Wu ex C. H. Yueh & C. Y. Cheng in Acta Phytotax. Sin. 18(3): 351, f. 7, pl. 6: 19. 1980. **Isotype:** China. Yunnan: Cheli (=Jinghong), alt. 1 100 m, 1936-09-??, C. W. Wang 75810 (A).

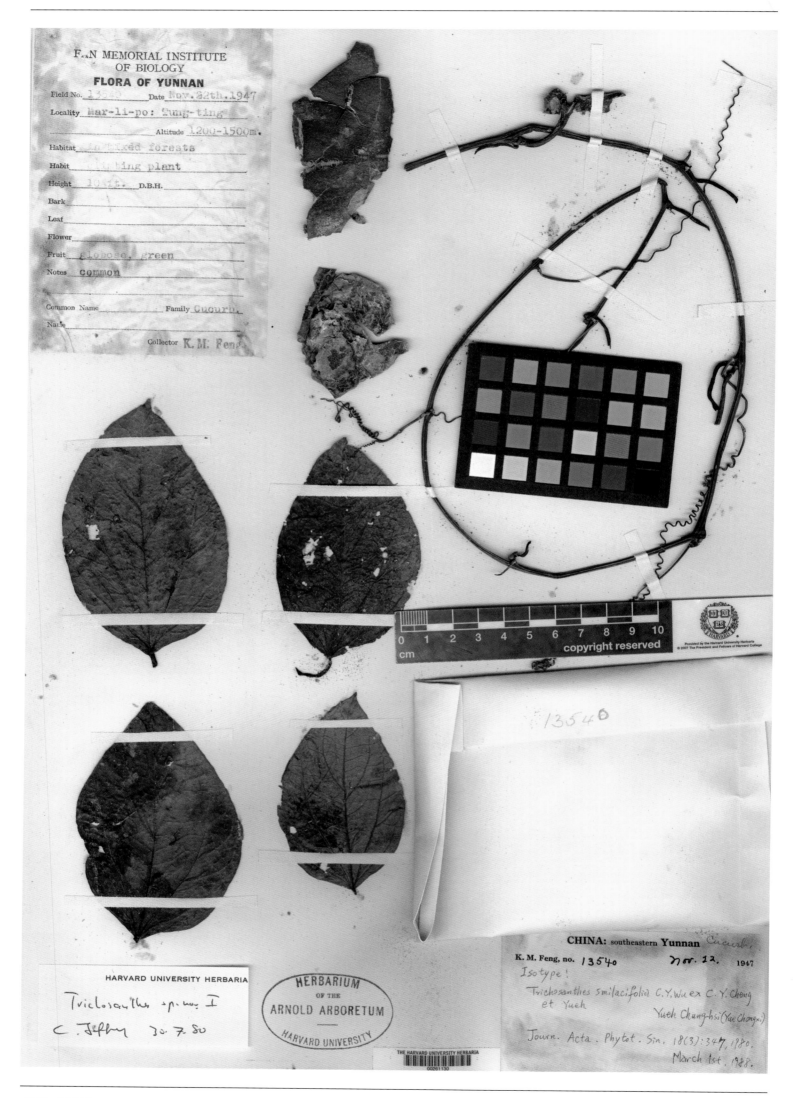

菝葜叶栝楼 *Trichosanthes smilacifolia* C. Y. Wu ex C. H. Yueh & C. Y. Cheng in Acta Phytotax. Sin. 18(3): 347, f. 5B, pl. 6: 13. 1980. **Isotype:** China. Yunnan: Malipo, alt. 1 200~1 500 m, 1947-11-22, K. M. Feng 13540 (A).

粉花栝楼 *Trichosanthes subrosea* C. Y. Cheng & C. H. Yueh in Acta Phytotax. Sin. 18(3): 349, pl. 5: 7, 6: 15. 1980. **Isotype:** China. Yunnan: Gongshan, alt. 1 700 m, 1938-07-26, T. T. Yu 19429 (A).

桔梗科

Campanulaceae

DR. AUG. HENRY'S COLLECTIONS FROM
CENTRAL CHINA, 1885-88.

NO. 2178.

Adenophora pubescens,
Hemsl sp.n.

Prov. HUPEH.

短毛沙参 *Adenophora pubescens* Hemsl. in J. Linn. Soc. Bot. 26: 12. 1889. **Isotype:** China. Hubei: Yichang, (1885-1888)-??-
??, A. Henry 2178 (GH).

DR. AUG. HENRY'S COLLECTIONS FROM
CENTRAL CHINA, 1885-88.

NO. 4360.
Adenophora rupincola,
Hemsl. n. sp.

Prov. HUPEH.

多毛沙参 *Adenophora rupincola* Hemsl. in J. Linn. Soc. Bot. 26: 13. 1889. **Isosyntype:** China. Hubei: Yichang, (1885-1888)-??-??, A. Henry 4360 (GH).

轮叶沙参 *Adenophora verticillata* Fisch. in Mem. Soc. Imp. Nat. Mosc. 6: 167. 1823. **Isosyntype:** China. Heilongjiang: Mandshuria, Amur, 1855-??-??, R. Maack 304 (GH).

球果牧根草 *Asyneuma chinense* D. Y. Hong, Fl. Reip. Pop. Sin. 73(2): 188. 1983. **Isotype:** China. Yunnan: Zhongdian (=Shangri-La), 1939-09-07, K. M. Feng 2324 (A).

Fan Memorial Institute of Biology

FLORA OF YUNNAN

Field No. 19610 Date Aug, 4, 1938

Locality Upper kiukiang Valley, Gongshan
(Clulung) Srowshiang
Altitude 2400 m.

Habitat Upon precipitous rock

Habit Herb perennial

Height 8-10 in. D.B.H.

Bark

Leaf

Flower Pale blue

Fruit

Notes Casual

Common Name Family Campanulac

Name

Collector T. T. Yü

Isotype

Campanula chinensis D. Y. Hong
Acta Phytotax. Sin. 18: 247. 1980.

D. E. BOUFFORD 2 February 2007
HARVARD UNIVERSITY HERBARIA

PLANTS OF YUNNAN PROVINCE, CHINA

No. 19610 T.T.Yü 1938

Campanula

Collected in cooperation between the Arnold Arboretum of Harvard University and the Fan Memorial Institute of Biology.

长柱风铃草 *Campanula chinensis* D. Y. Hong in Acta Phytotax. Sin. 18(2): 247, f. 2: 6-7. 1980. **Isotype:** China. Yunnan: Gongshan, alt. 2 400 m, 1938-08-04, T. T. Yu 19610 (A).

澜沧风铃草 *Campanula mekongensis* Diels ex C. Y. Wu, Rep. Yunnan Trop. Subtrop. Fl. Res. Inst. 1: 58, pl. 26, f. 4. 1965.
Isoparatype: China. Yunnan: Keng Hung (=Jinghong), 1922-02-22, J. F. Rock 2541 (GH).

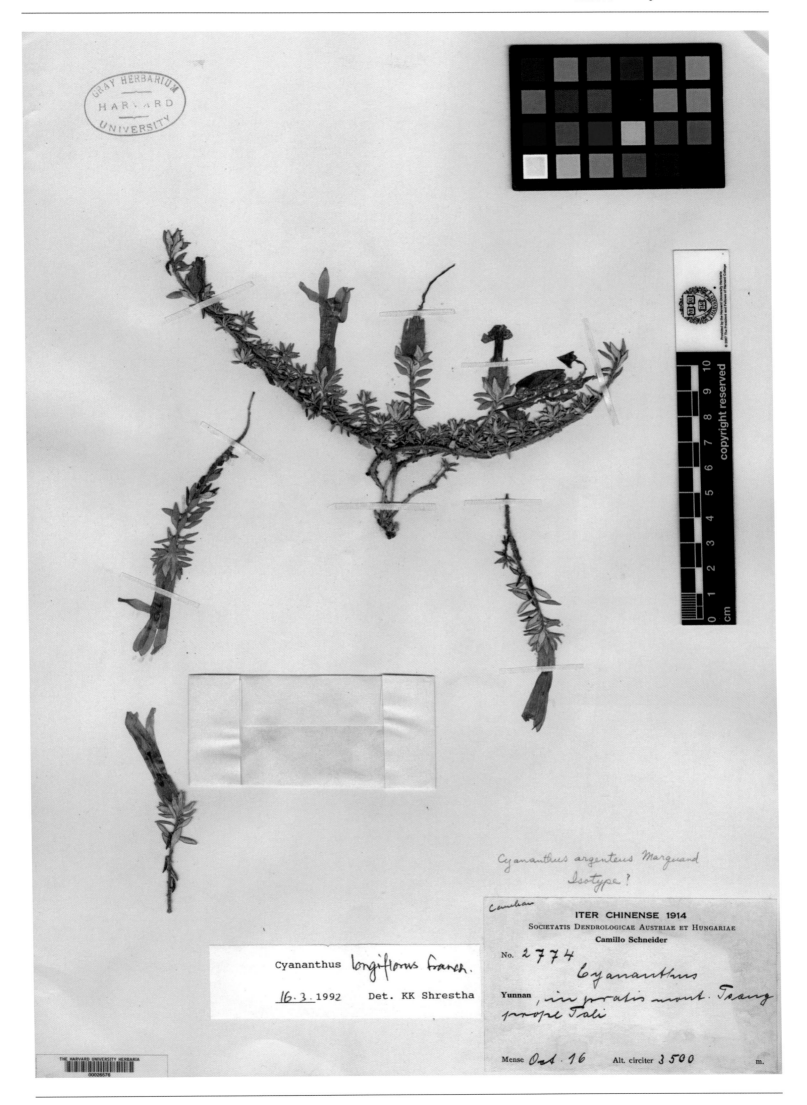

总花蓝钟花 *Cyananthus argenteus* Marq. in Bull. Misc. Inf. Kew 1924(6): 253, f. 10. 1924. **Isosyntype:** China. Yunnan: Dali, alt. 3 500 m, 1914-10-16, C. Schneider 2774 (GH).

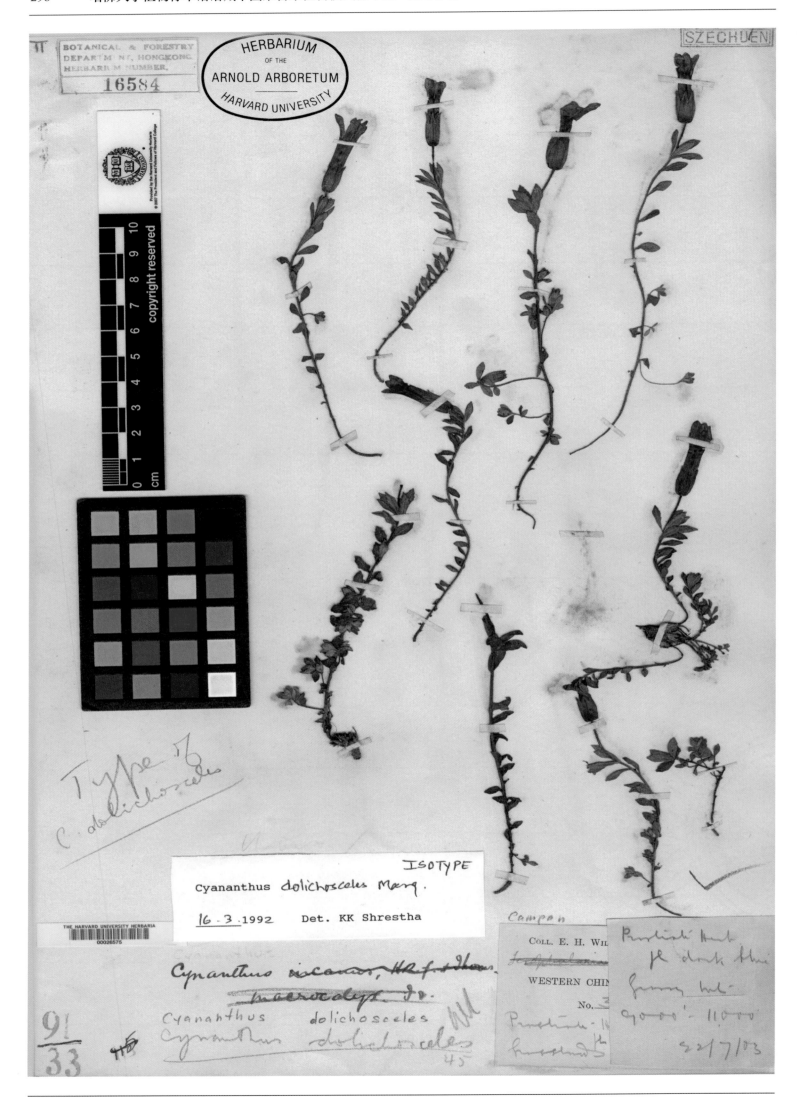

川西蓝钟花 *Cyananthus dolichosceles* Marq. in Bull. Misc. Inf. Kew 1924(6): 250. 1924. **Isotype:** China. Sichuan: Western Sichuan, Precise locality not known, alt. 2 745~3 355 m, 1903-07-22, E. H. Wilson 3983 (A).

光萼蓝钟花 *Cyananthus hookeri* C. B. Clarke var. *levicalyx* Y. S. Lian, Fl. Reip. Pop. Sin. 73(2): 183. 1983. **Isotype:** China. Yunnan: Zhongdian (=Shangri-La), 1939-08-21, K. M. Feng 2116 (A).

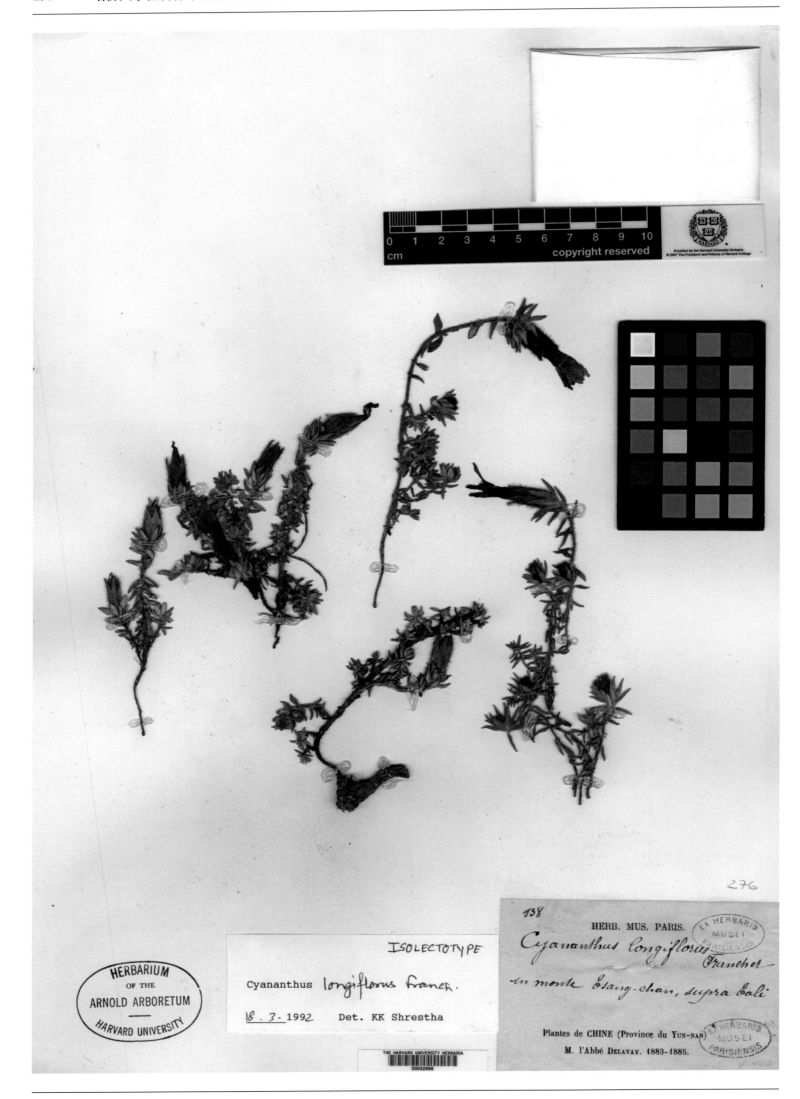

长花蓝钟花 *Cyananthus longiflorus* Franch. in J. Bot., Morot 1: 280. 1887. **Isosyntype:** China. Yunnan: Dali, Tsang-chan (=Cang Shan), (1883-1885)-??-??, J. M. Delavay s. n. (A).

钝裂片蓝钟花 *Cyananthus obtusilobus* Marq. in Bull. Misc. Inf. Kew 1924(6): 254, f. 11. 1924. **Isotype:** China. Yunnan: Dali, Cang Shan, alt. 2 800 m, 1914-10-16, C. Schneider 2753 (GH).

短萼紫锤草 *Pratia brevisepala* Y. S. Lian, Fl. Reip. Pop. Sin. 73(2): 189, pl. 26. 1983. **Isotype:** Chian. Yunnan: Xichou, alt. 1 500~1 600 m, 1947-09-20, K. M. Feng 11936 (A).

峨眉紫锤草 *Pratia fangiana* E. Wimm. in Fedde, Repert. Sp. Nov. 38: 3. 1935. **Isotype:** China. Sichuan: Emeishan, Emei Shan, alt. 2 593~2 745 m, 1928-08-12, W. P. Fang 2853 (A).

菊科
Asteraceae

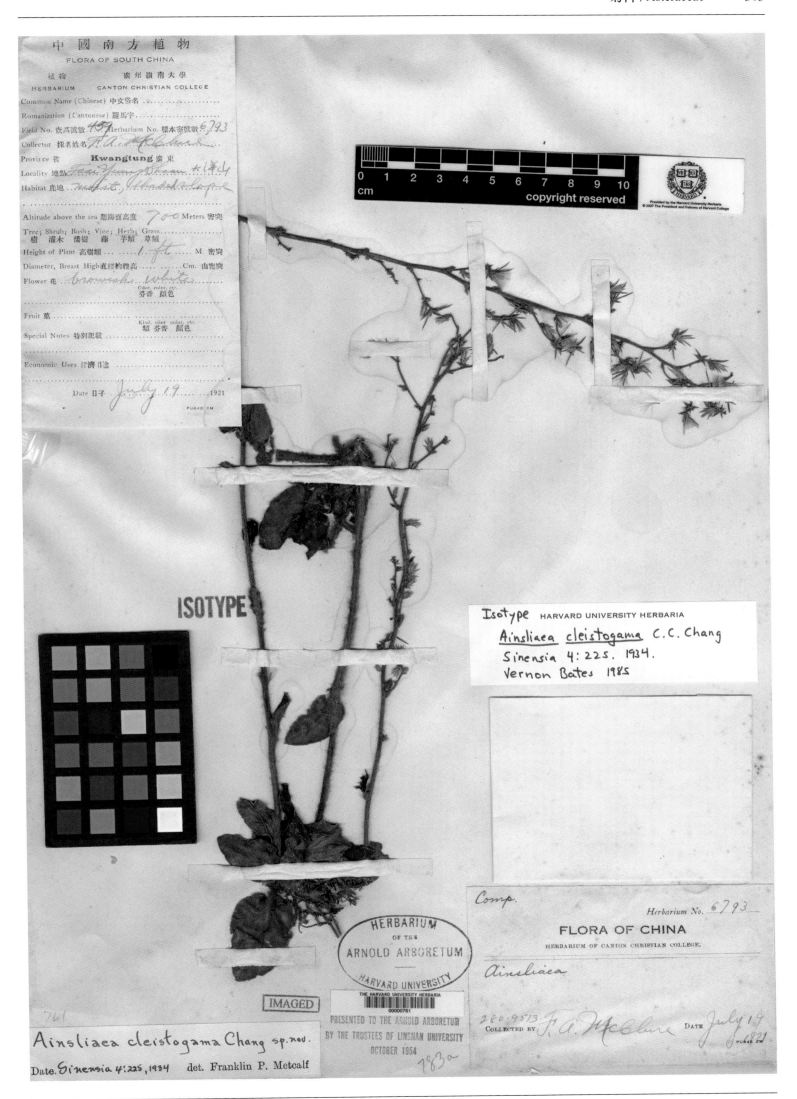

闭花兔儿风 *Ainsliaea cleistogama* C. C. Chang in Sinensia 4: 225. 1934. **Isotype:** China. Guangdong: Jiexi, Tai Young Shan, alt. 700 m, 1921-07-19, F. A. McClure 459 (= Canton Christian College 6793) (A).

红背兔儿风 *Ainsliaea rubrifolia* Franch. in J. Bot., Morot 8: 296. 1894. **Isotype:** China. Chongqing: Chengkou, R. P. Farges 1034 (A).

密绒亚菊 *Ajania sericea* C. Shih in Bull. Bot. Lab. North-East. Forestry Inst. 6: 14. 1980. **Isotype:** China. Yunnan: Eryuan, Yan-in-chan, 1887-10-19, J. M. Delavay 998 (A).

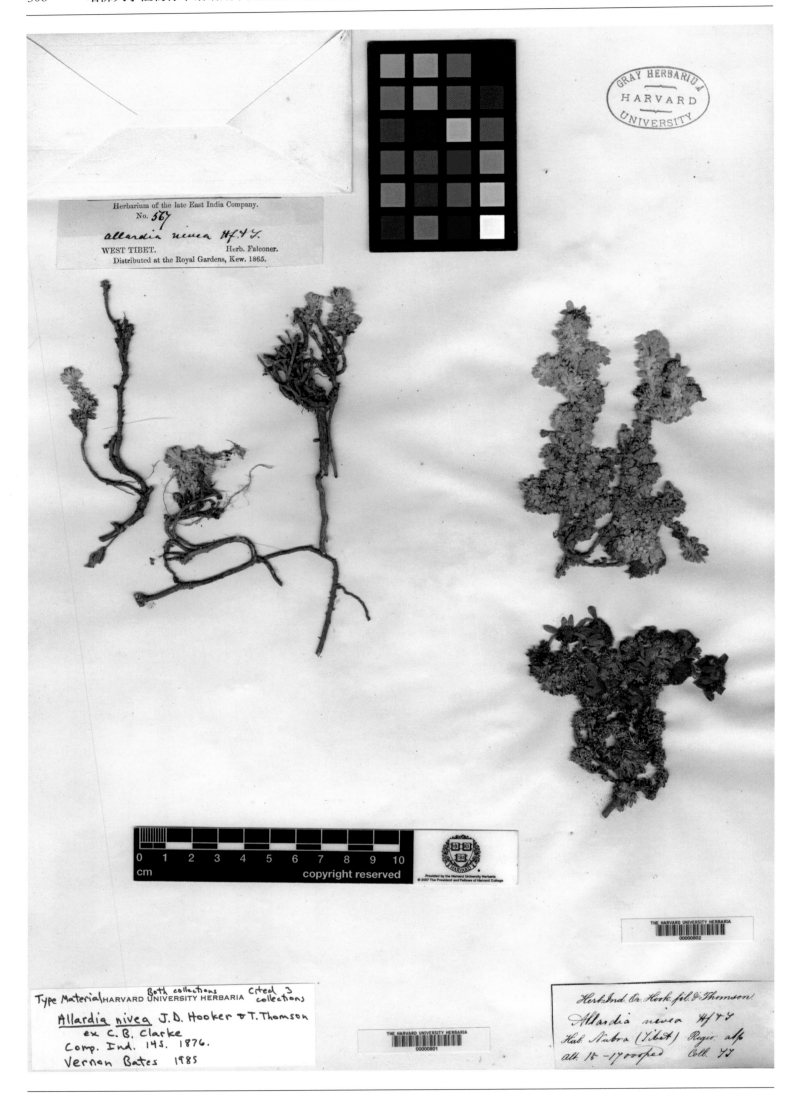

Herbarium of the late East India Company.

No. 567

allardia nivea Hf & T.

WEST TIBET.　　　Herb. Falconer.

Distributed at the Royal Gardens, Kew. 1865.

0 1 2 3 4 5 6 7 8 9 10
cm　　　copyright reserved

Type Material HARVARD UNIVERSITY HERBARIA Both collections Cited 3 collections

Allardia nivea J.D. Hooker & T.Thomson ex C.B. Clarke
Comp. Ind. 145. 1876.
Vernon Bates 1985

Herb Ind. Or. Hook. fil & Thomson
Allardia nivea Hf & T
Hab. Nubra (Tibet) Regio. alp
alt. 15–17000 ped　Coll. 77

小扁芒菊 *Allardia nivea* Hook. f. & Thomson ex C. B. Clarke, Comp. Ind. 145. 1876. **Syntype:** China. Xizang: Western Xizang, Nubra, alt. 4 575~5 185 m, T. Thomson s. n. (GH).

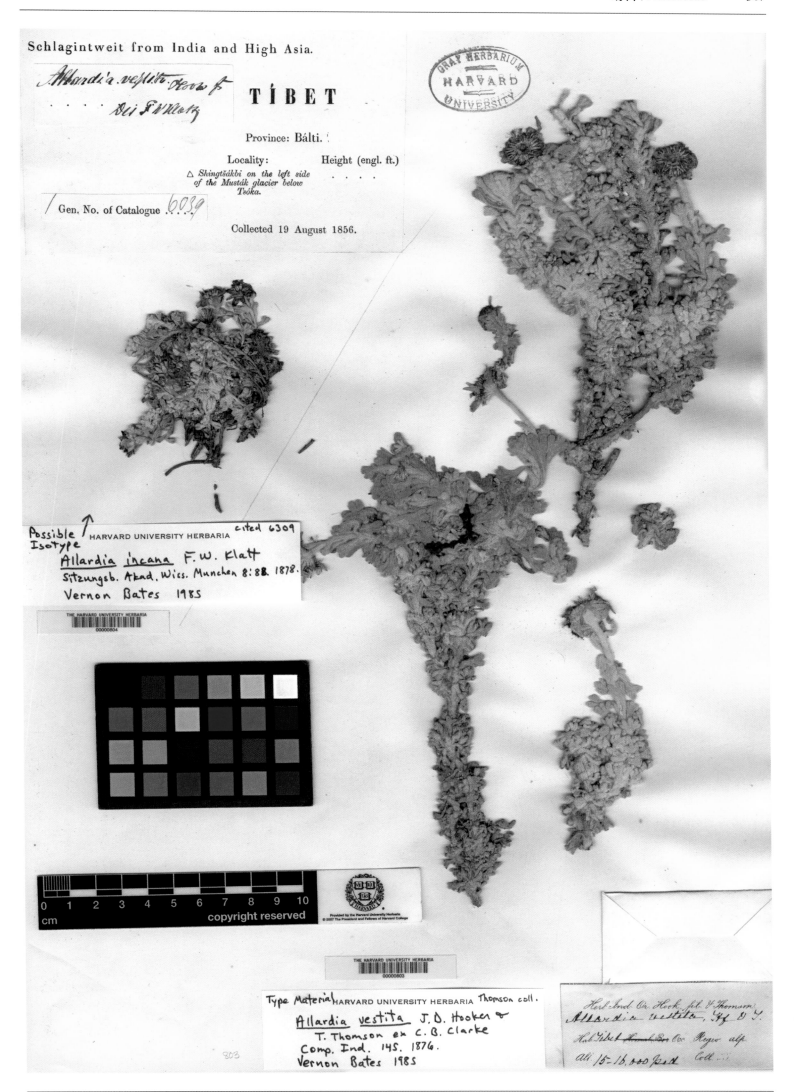

厚毛扁芒菊 *Allardia vestita* Hook. f. & Thomson ex C. B. Clarke, Comp. Ind. 145. 1876. **Isotype:** China. Xizang: Pricese locality not known, alt. 4 575~4 800 m, 1856-08-19, T. Thomson s. n. (GH).

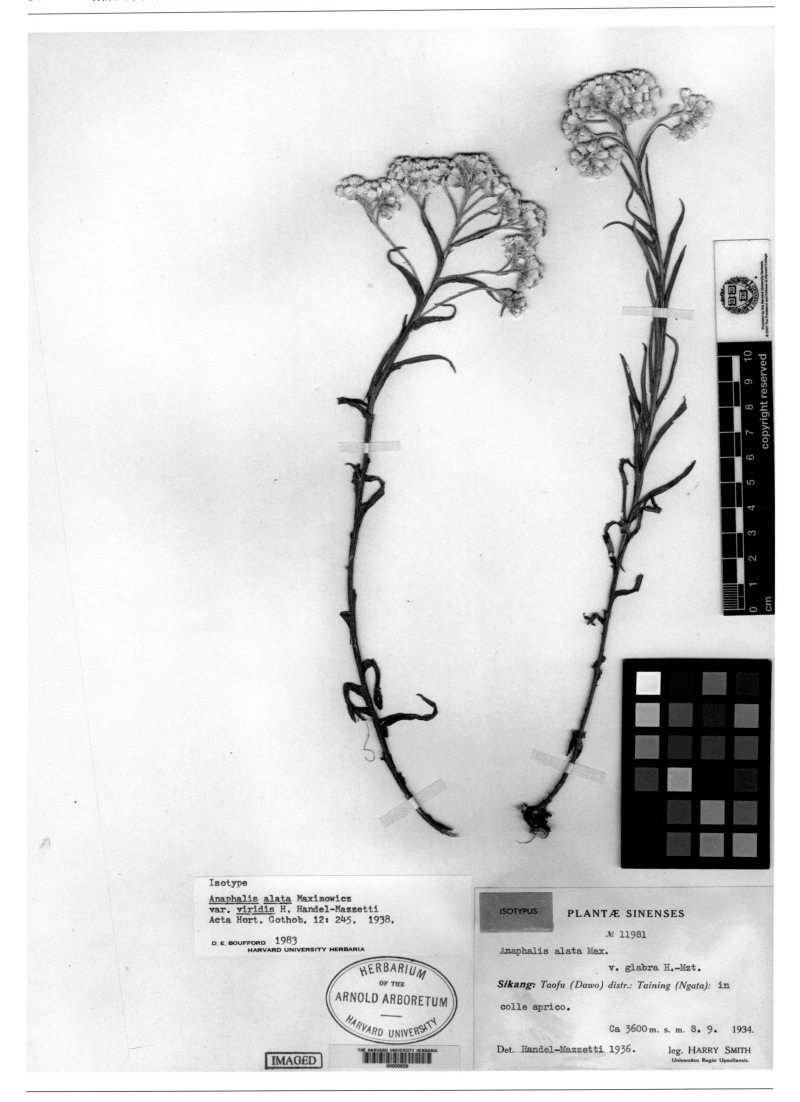

Isotype

Anaphalis alata Maximowicz
var. viridis H. Handel-Mazzetti
Acta Hort. Gothob. 12: 245. 1938.

D. E. BOUFFORD　1983
HARVARD UNIVERSITY HERBARIA

HERBARIUM
OF THE
ARNOLD ARBORETUM
—
HARVARD UNIVERSITY

IMAGED

THE HARVARD UNIVERSITY HERBARIA
00000829

ISOTYPUS　PLANTÆ SINENSES

№ 11981

Anaphalis alata Max.

v. glabra H.-Mzt.

Sikang: Taofu (Dawo) distr.: Taining (Ngata): in

colle aprico.

Ca 3600 m. s. m. 8. 9.　1934.

Det. Handel-Mazzetti 1936.　leg. HARRY SMITH
Universitas Regia Upsaliensis.

绿宽翅香青 *Anaphalis alata* Maxim. var. *viridis* Hand.-Mazz. in Acta Horti Gothob. 12: 245. 1938. **Isotype:** China. Sichuan: Taofu (=Dawu), alt. 3 600 m, 1934-09-08, H. Smith 11981 (A).

二色香青同色变种 *Anaphalis bicolor* (Franch.) Diels var. *subconcolor* Hand.-Mazz. in Acta Horti Gothob. 12: 245. 1938.
Isotype: China. Sichuan: Taofu (=Dawu), alt. 3 600 m, 1934-09-04, H. Smith 11780 (A).

藏西香青 *Anaphalis falconeri* C. B. Clarke, Comp. Ind. 107. 1876. **Isotype:** China. Xizang: Western Xizang, Herb. Falconer 580 (GH).

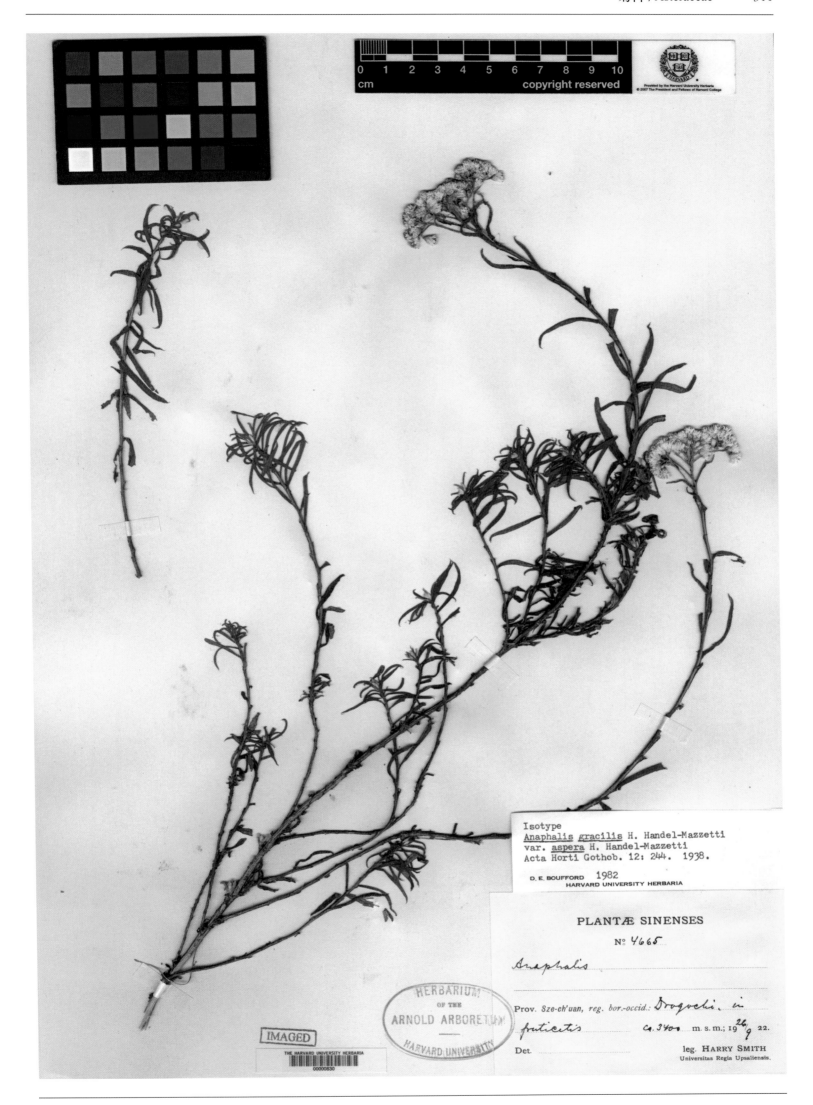

糙叶纤枝香青 *Anaphalis gracilis* Hand.-Mazz. var. *aspera* Hand.-Mazz. in Acta Horti Gothob. 12: 244. 1938. **Isotype:** China. Sichuan: Barkam, Drogochi, alt. 3 400 m, 1922-09-26, H. Smith 4665 (A).

Isotype
Anaphalis gracilis H. Handel-Mazzetti
var. ulophylla H. Handel-Mazzetti
Acta Horti Gothob. 12: 244. 1938.

D. E. BOUFFORD 1982
HARVARD UNIVERSITY HERBARIA

PLANTÆ SINENSES

№ 2257

Antennaria

Prov. Sze-ch'uan, reg. bor.: Ta-tien, ad austr. versus
in colle aprico. ca 2000 m. s. m.; 19 ²/₇ 22.

Det.

leg. HARRY SMITH
Universitas Regia Upsaliensis.

皱缘青枝香青 *Anaphalis gracilis* Hand.-Mazz. var. *ulophylla* Hand.-Mazz. in Acta Horti Gothob. 12: 244. 1938. **Isotype:** China. Sichuan: Ta-tien (=Jinchuan), alt. 2 000 m, 1922-07-02, H. Smith 2257 (A).

Isotype (Holotype at PE)

Anaphalis latialata Y. Ling & Y. L. Chen
Acta Phytotax. Sin. 11: 98-99. 1966.

D. E. BOUFFORD   2 February 2006
HARVARD UNIVERSITY HERBARIA

PLANTÆ SINENSES

№ 11779

Anaphalis alata Maxim.

Sikang: *Taofu (Dawo) distr.: Taining (Ngata): in*

collē aprico.

Ca 3600 m. s. m. 4. 9. 1934.

Det. Handel-Mazzetti 1936.   leg. HARRY SMITH
Universitas Regia Upsaliensis.

Sichuan

宽翅香青 *Anaphalis latialata* Y. Ling & Y. L. Chen in Acta Phytotax. Sin. 11(1): 98. 1966. **Isotype:** China. Sichuan: Taofu (=Dawu), alt. 3 600 m, 1934-09-04, H. Smith 11779 (A).

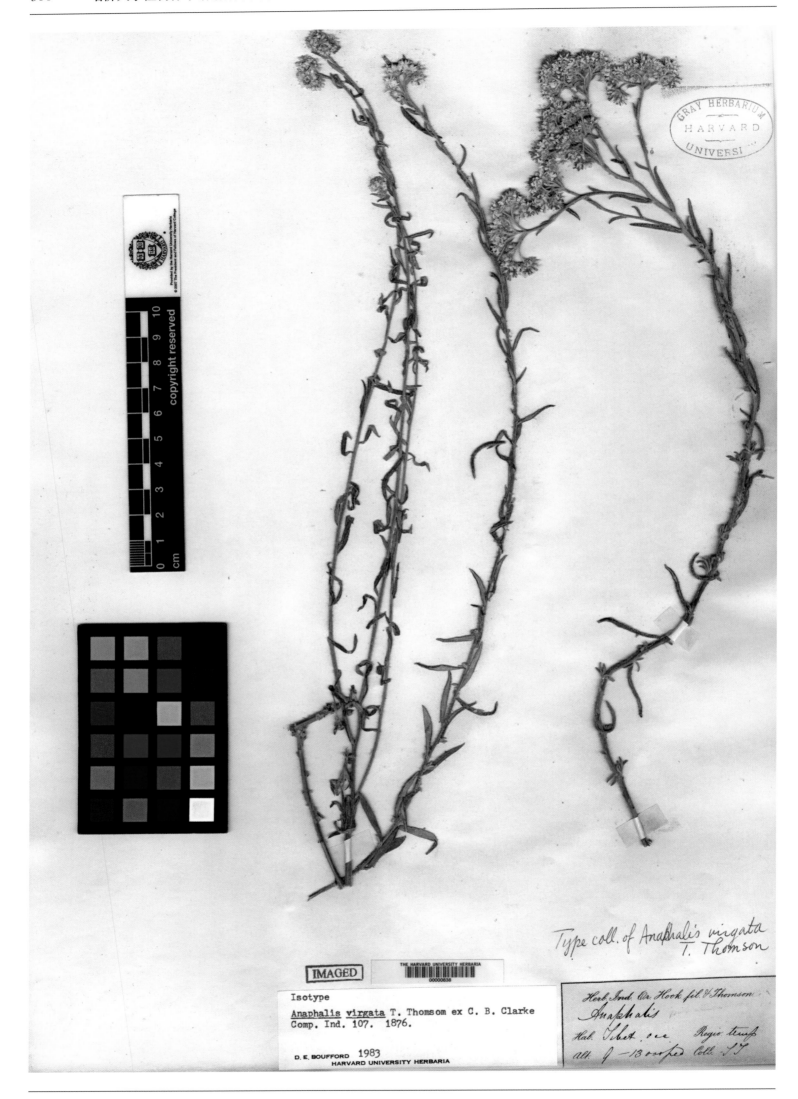

寻枝香青 *Anaphalis virgata* Thoms. ex C. B. Clarke, Compos. Ind. 107. 1876. **Isotype:** China. Xizang: Western Xizang, alt. 2 745~3 965 m, T. Thomson s. n. (GH).

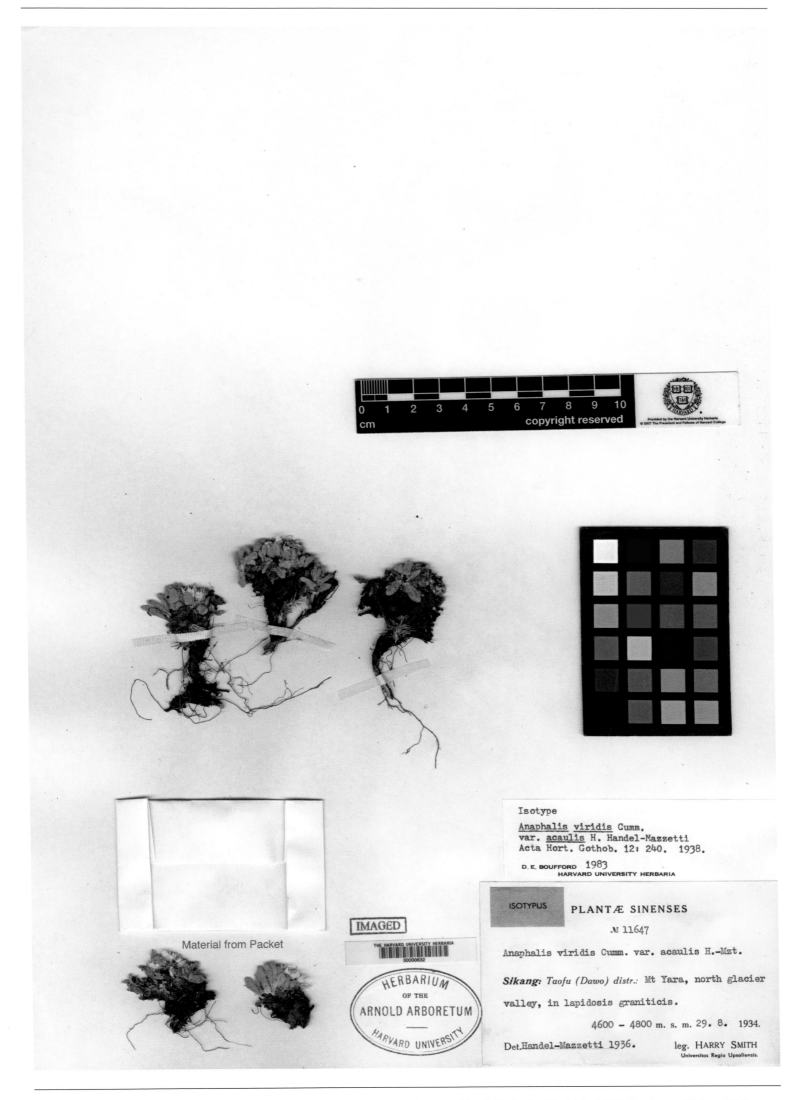

Isotype

Anaphalis viridis Cumm.
var. acaulis H. Handel-Mazzetti
Acta Hort. Gothob. 12: 240. 1938.

D. E. BOUFFORD 1983
HARVARD UNIVERSITY HERBARIA

Material from Packet

IMAGED

THE HARVARD UNIVERSITY HERBARIA
00000832

HERBARIUM
OF THE
ARNOLD ARBORETUM
—
HARVARD UNIVERSITY

ISOTYPUS   PLANTÆ SINENSES

№ 11647

Anaphalis viridis Cumm. var. acaulis H.-Mzt.

Sikang: Taofu (Dawo) distr.: Mt Yara, north glacier

valley, in lapidosis graniticis.

4600 – 4800 m. s. m. 29. 8. 1934.

Det.Handel-Mazzetti 1936.   leg. HARRY SMITH
Universitas Regia Upsaliensis.

无茎绿香青 *Anaphalis viridis* Cumm. var. *acaulis* Hand.-Mazz. in Acta Horti Gothob. 12: 240. 1938. **Isotype:** China. Sichuan: Taofu (=Dawu), alt. 4 600~4 800 m, 1934-08-29, H. Smith 11647 (A).

芹蒿 *Artemisia apiacea* Hance in Ann. Bot. Syst. 2: 895. 1852. **Isotype:** China. Guangdong: Guangzhou, 1868-05-01, Herb. H. F. Hance 10157 (GH).

暗绿蒿 *Artemisia atrovirens* Hand.-Mazz. in Acta Horti Gothob. 12: 280. 1938. **Isotype:** China. Sichuan: Yibin, alt. 500 m, 1934-12-18, H. Smith 13634 (A).

南毛蒿 *Artemisia chingii* Pamp. in Nuov. Giorn. Bot. Ital. n. s. 39: 24. 1932. **Isotype:** China. Guangxi: Poseh (=Baise), alt. 915 m, 1928-09-14, R. C. Ching 7435 (A).

垂叶蒿 *Artemisia flaccida* Hand.-Mazz. in Acta Horti Gothob. 12: 278. 1938. **Isotype:** China. Sichuan: Hanyuan, alt. 2 500 m, 1934-11-19, H. Smith 13540 (A).

Isotype HARVARD UNIVERSITY HERBARIA

Artemisia mattfeldii Pamp
var. *etomentosa* H. Handel-Mazzetti;
Acta Hort. Gothoburg. 12:276. 1938.
Vernon Bates 1985

ISOTYPUS　　**PLANTÆ SINENSES**

№ 11326

Artemisia Mattfeldii Pamp.

v. etomentosa Hand.-Mzt.

Sikang: Taofu (Dawo) distr.: Haitzeshan, in silva

sparsa quercina.

Ca 3800 m. s. m. 1. 9. 1934.

Det. Handel-Mazzetti 1937.　　leg. HARRY SMITH

Universitas Regia Upsaliensis.

无绒粘毛蒿 *Artemisia mattfeldii* Pamp. var. *etomentosa* Hand.-Mazz. in Acta Horti Gothob. 12: 276. 1938. **Isotype:** China. Sichuan: Taofu (=Dawu), alt. 3 800 m, 1934-09-01, H. Smith 11326 (A).

冻原白蒿 *Artemisia stracheyi* Hook. f. & Thoms. ex C. B. Clarke, Compos. Ind. 164. 1876. **Isotype:** China. Xizang: Western Xizang, Precise locality not known, alt. 4 575~5 185 m, T. Thomson s. n. (GH).

叶苞蒿 *Artemisia strongylocephala* Pamp. var. *phyllobotrys* Hand.-Mazz. in Acta Horti Gothob. 12: 278. 1938. **Isotype:** China. Sichuan: Taofu (=Dawu), alt. 3 000 m, 1934-09-18, H. Smith 12211 (A).

Isotype HARVARD UNIVERSITY HERBARIA
Artemisia tangutica (Maxim) Pamp
var. tomentosa H. Handel-Mazzetii
Acta Hort. Gothoburg. 12:277. 1938.
Vernon Bates 1985

ISOTYPUS

PLANTÆ SINENSES

№ 11092

Artemisia tangutica (Maxim.) Pamp.

v. tomentosa Hand.-Mzt.

Sikang: *Kangting (Tachienlu) distr.: Chungo valley:*

ca 15 km north of Chungo, in prato herboso-

fruticoso.   Ca 3200 m. s. m. 17. 8. 1934.

Det. Handel-Mazzetti 1937.   leg. HARRY SMITH
                                  Universitas Regia Upsaliensis.

HERBARIUM OF THE ARNOLD ARBORETUM HARVARD UNIVERSITY

THE HARVARD UNIVERSITY HERBARIA
00002770

绒毛甘青蒿 *Artemisia tangutica* Pamp. var. *tomentosa* Hand.-Mazz. in Acta Horti Gothob. 12: 277. 1938. **Isotype:** China. Sichuan: Kangding, alt. 3 200 m, 1934-08-17, H. Smith 11092 (A).

Isotype HARVARD UNIVERSITY HERBARIA
Artemisia tridactyla H. Handel-Mazzettii
Acta Hort. Gothoburg. 12: 275. 1938.
Vernon Bates 1985

ISOTYPUS　PLANTÆ SINENSES

№ 12454

Artemisia tridactyla Hand.-Mzt.

Sikang: Taofu (Dawo) distr.: reg. orient., inter
Dongbo La et Takuan, in duriprato.

Ca 3800 m. s. m. 25.9. 1934.

Det. Handel-Mazzetti 1937.　　leg. HARRY SMITH
Universitas Regia Upsaliensis.

HERBARIUM OF THE ARNOLD ARBORETUM HARVARD UNIVERSITY

指裂蒿 *Artemisia tridactyla* Hand.-Mazz. in Acta Horti Gothob. 12: 275. 1938. **Isotype:** China. Sichuan: Taofu (=Dawu), alt. 3 800 m, 1934-09-25, H. Smith 12454 (A).

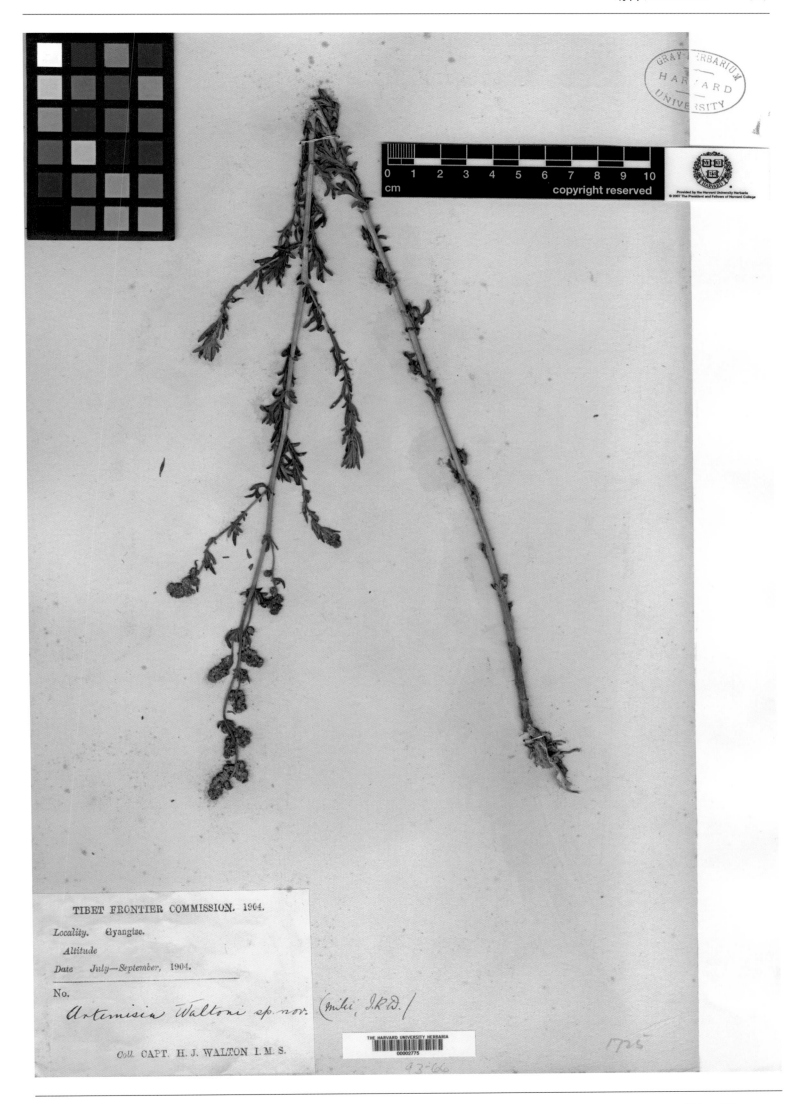

TIBET FRONTIER COMMISSION. 1904.

Locality. Gyangtse.

Altitude

Date July—September, 1904.

No.

Artemisia Waltoni sp. nov. (mihi, J.R.D./

Coll. CAPT. H. J. WALTON I. M. S.

藏龙蒿 *Artemisia waltonii* J. R. Drumm. ex Pamp. in Nuov. Giorn. Bot. Ital. n. s. 34: 707. 1927. **Isosyntype:** China. Xizang: Gyangzé, 1904-(07-09)-??, H. J. Walton s. n. (GH).

藏白蒿 *Artemisia younghusbandi* J. R. Drumm. ex Pamp. in Nuov. Giorn. Bot. Ital. n. s. 34: 708. 1927. **Isosyntype:** China. Xizang: Gyangtse (=Gyangzé), 1904-(07-09)-??, H. J. Walton s. n. (GH).

异叶三脉紫菀 *Aster ageratoides* Turcz. var. *holophyllus* Maxim. in Mém. Acad. Imp. Sci. St.-Pétersb. 9: 144. 1859. **Isotype:** China. Northern China, Lo-schan, Gu-bei-kou, GH00003797 (GH).

Aster alatipes Hemsley
John C. Semple (WAT) and Luc Brouillet (MT)
Flora of China project   2009-06-24

Fruits examined for pappus study
and Flora of China Project
J.C. Semple, WAT 21 June 2009

HARVARD UNIVERSITY HERBARIA

IMAGED

Isotype
Aster alatipes W. B. Hemsley
J. Linn. Soc., Bot. 23: 407. 1888.

D. E. BOUFFORD 1983
HARVARD UNIVERSITY HERBARIA

DR. AUG. HENRY'S COLLECTIONS FROM
CENTRAL CHINA, 1885-88.

NO. 4496.

Iso type Aster alatipes, Hemsl n.sp.

Prov. HUPEH.

翼柄紫菀 *Aster alatipes* Hemsl. in J. Linn. Soc. Bot. 23: 407. 1888. **Isotype:** China. Hubei: Yichang, (1885-1888)-??-??, A. Henry 4496 (GH).

Isotype

Aster alyssoides Turczaninow
var. achnolepis H. Handel-Mazzetti
Notizbl. Bot. Gart. Berlin-Dahlem 13: 611. 1937.

D. E. BOUFFORD 1983
HARVARD UNIVERSITY HERBARIA

SMITHSONIAN INSTITUTION
From THE UNITED STATES NATIONAL HERBARIUM

PLANTS OF KANSU PROVINCE, CHINA
NATIONAL GEOGRAPHIC SOCIETY CENTRAL CHINA EXPEDITION, UNDER THE DIRECTION OF F. R. WULSIN

Aster alyssoides achnolepis
Hand.-Mazz.
(Type)
Clay cliff.
Yao Kai, near Lichen; altitude 1825 to 2500 meters
No. 242　R. C. CHING, Collector　July 4, 5, 1923

甘肃蒿 *Aster alyssoides* Turcz. var. *achnolepis* Hand.-Mazz. in Notizbl. Bot. Gart. Muse. Berlin. 13: 611. 1937. **Isotype:** China. Gansu: Yaokai, near Lichen, alt. 1 825~2 500 m, 1923-07-(04-05), R. C. Ching 242 (GH).

狭叶紫菀 *Aster angustifolius* C. C. Chang in Bull. Fan Mem. Inst. Biol. Bot. 6: 43. 1935. **Isotype:** China. Zhejiang: Precise locality not known, 1924-08-05, R. C. Ching 2266 (A).

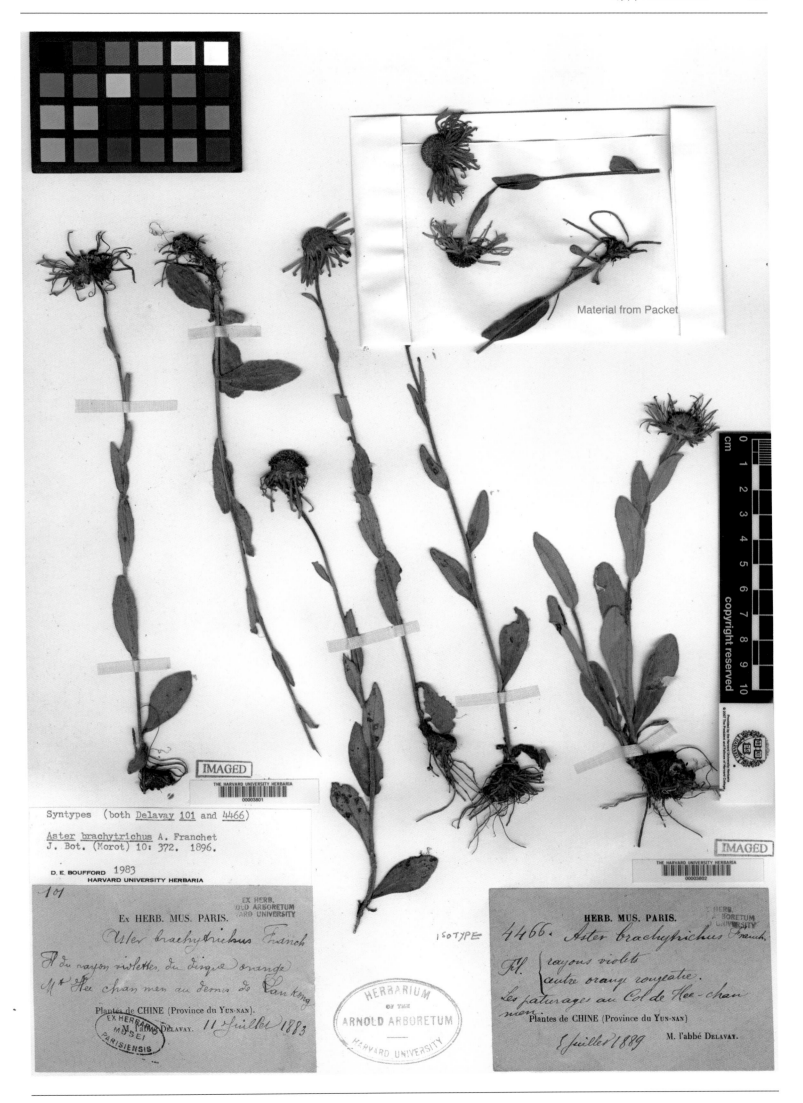

Material from Packet

Syntypes (both <u>Delavay</u> <u>101</u> and <u>4466</u>)

<u>Aster</u> <u>brachytrichus</u> A. Franchet
J. Bot. (Morot) 10: 372. 1896.

D. E. BOUFFORD 1983
HARVARD UNIVERSITY HERBARIA

101

Ex HERB. MUS. PARIS.

Aster brachytrichus Franch

Fl. du rayon violettes, du disque orange

M* Hee chan men au dernis de Lan kong

Plantes de CHINE (Province du YUN-NAN).

11 Juillet 1883

ISOTYPE

HERB. MUS. PARIS.

4466. Aster brachytrichus Franch.

Fl. rayons violets
autre orange rougeatre.
Les paturages au Col de Hee-chan men

Plantes de CHINE (Province du YUN-NAN)

2 Juillet 1889   M. l'abbé DELAVAY.

短毛紫菀 *Aster brachytrichus* Franch. in J. Bot., Morot 10: 372. 1896. **Isotype:** Yunnan: Eryuan, Hee chan men, alt. 3 200 m, 1889-07-05, J. M. Delavay 4466 (A).

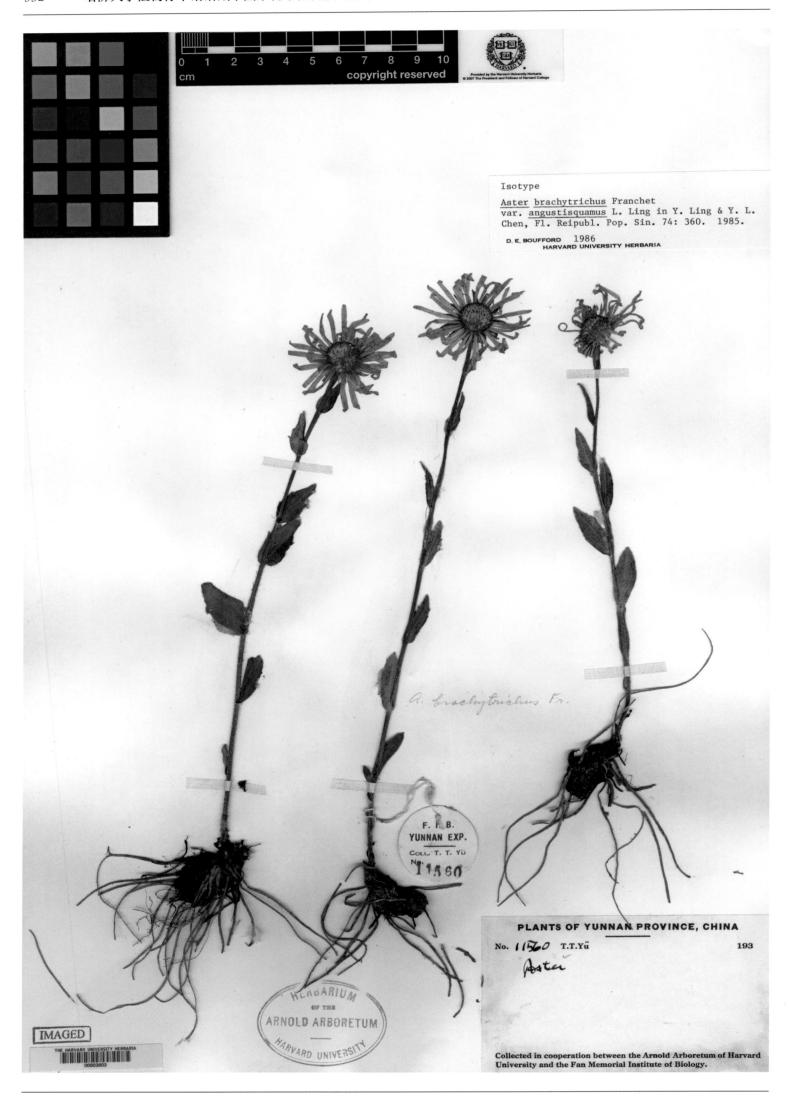

Isotype

Aster brachytrichus Franchet
var. *angustisquamus* L. Ling in Y. Ling & Y. L.
Chen, Fl. Reipubl. Pop. Sin. 74: 360. 1985.

D. E. BOUFFORD   1986
HARVARD UNIVERSITY HERBARIA

a. brachytrichus Fr.

F. M. B.
YUNNAN EXP.
COLL. T. T. YÜ
No. 11560

PLANTS OF YUNNAN PROVINCE, CHINA

No. 11560   T.T.Yü   193

Aster

Collected in cooperation between the Arnold Arboretum of Harvard
University and the Fan Memorial Institute of Biology.

IMAGED

短毛紫菀狭苞变种 *Aster brachytrichus* Franch. var. *angustisquamus* Y. Ling, Fl. Reip. Pop. Sin. 74: 360. 1985. **Isotype:**
China. Yunnan: Zhongdian (=Shangri-La), alt. 2 700 m, 1937-06-04, T. T. Yu 11560 (A).

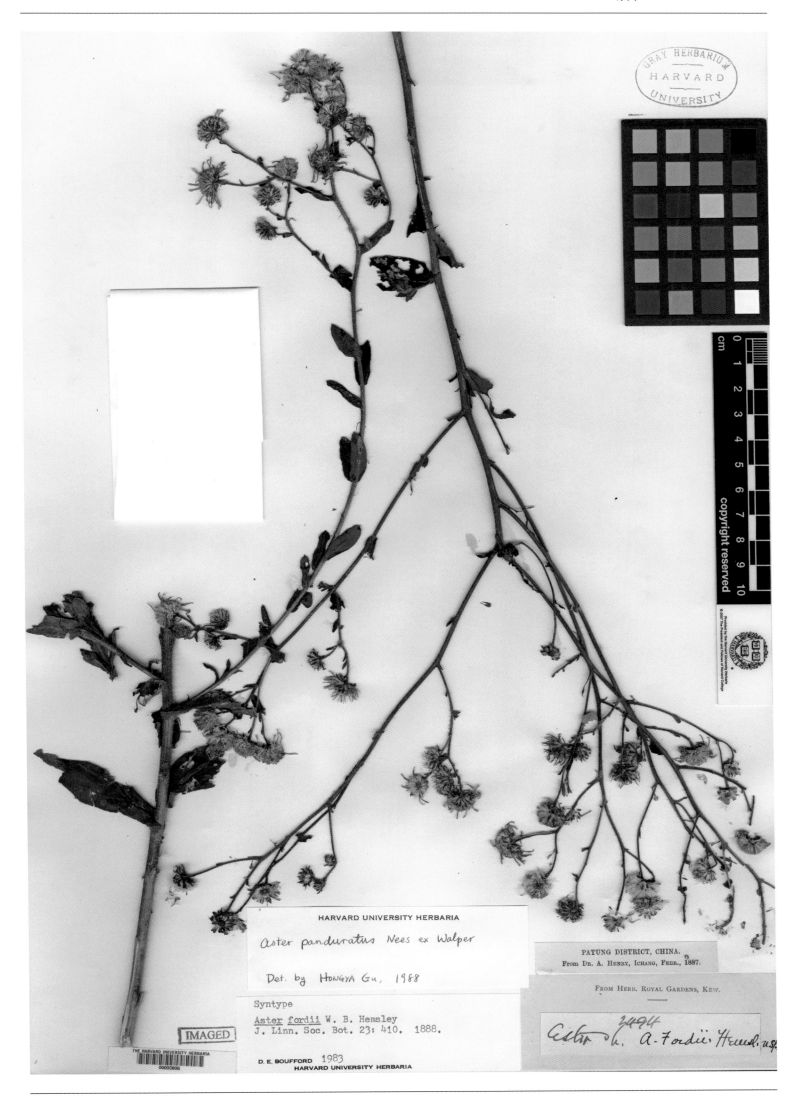

福氏紫菀 *Aster fordii* Hemsl. in J. Linn. Soc. Bot. 23: 410. 1888. **Isosyntype:** China. Hubei: Yichang, 1887-??-??, A. Henry 2494 (GH).

横斜紫菀 *Aster hersileoides* Schneid. in Sargent, Pl. Wils. 3: 459. 1917. **Holotype:** China. Sichuan: Maowen, alt. 1 525~1 830 m, 1908-05-24, E. H. Wilson 2234 (A).

夏河云南紫菀 *Aster labrangensis* Hand.-Mazz. in Notizbl. Bot. Gart. Mus. Berlin. 13: 621. 1937. **Isosyntype:** China. Gansu: Labrang (=Xiahe), Kadja, alt. 3 508 m, 1926-07-24, J. F. Rock 14447 (GH).

线叶紫菀 *Aster lavandulifolius* Hand.-Mazz. in Notizbl. Bot. Gart. Mus. Berlin. 13: 609. 1937. **Isosyntype:** China. Sichuan: Shou-Chu, alt. 2 435~2 900 m, 1928-06-??, J. F. Rock 16273 (GH).

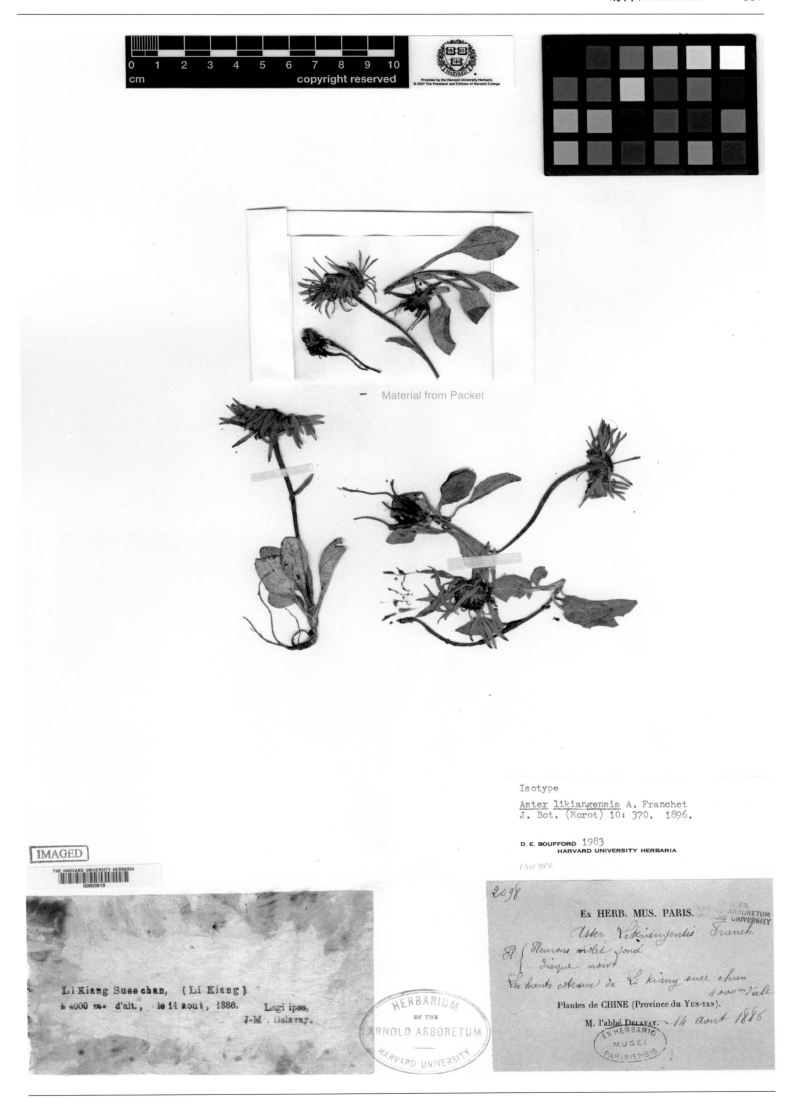

Material from Packet

Isotype

Aster likiangensis A. Franchet
J. Bot. (Morot) 10: 370. 1896.

D. E. BOUFFORD 1983
HARVARD UNIVERSITY HERBARIA

ISOTYPE

2098

Ex HERB. MUS. PARIS.

Aster likiangensis Franch.

Fl. ⟨ Fleurons violet foncé
disque noir

les hauts coteaux de Li kiang suee chan
4000m d'alt.

Plantes de CHINE (Province du YUN-YAN).

M. l'abbé DELAVAY. 14 aout 1886

IMAGED

THE HARVARD UNIVERSITY HERBARIA
00003819

Li Kiang Suee chan, (Li Kiang)
à 4000 m. d'alt., le 14 aout, 1886. Legi ipse.
J-M. Delavay.

HERBARIUM
OF THE
ARNOLD ARBORETUM
HARVARD UNIVERSITY

丽江紫菀 *Aster likiangensis* Franch. in J. Bot., Morot 10: 370. 1896. **Isotype:** China. Yunnan: Lijiang, alt. 4 000 m, 1886-08-14, J. M. Delavay 2098 (A).

狭叶小舌紫菀 *Aster limprichtii* Diels var. *gracilior* Hand.-Mazz. in Symb. Sin. 7: 1093. 1936. **Isotype:** China. Sichuan: Muli, alt. 2 800 m, 1915-07-31, H. R. E. Handel-Mazzetti 7350 (A).

Isotype

Aster menelii H. Léveillé
Fl. Kouy-Tcheou 87. 1914.

D. E. BOUFFORD 1982
HARVARD UNIVERSITY HERBARIA

2066   HERB. MUS. PARIS

Aster menelii Lév.

Kouy-Tchéou

Reçu le   Cavalerie

黔中紫菀 *Aster menelii* Lévl. Fl. Kouy-Tchéou 87. 1914. **Isotype:** China. Guizhou: Gan-Tchouen-Tcheou (= Anshun), 1910-06-??, J. Cavalerie 2066 (A).

台北狗娃花 *Aster oldhamii* Hemsl. in J. Linn. Soc. Bot. 23: 414. 1888. **Isotype:** China. Taiwan: Taipei, 1864-??-??, R. Oldham 285 (GH).

Holotype

Aster polia C. K. Schneider in C. S. Sargent
Pl. Wilsonianae 3: 459. 1917.

D. E. BOUFFORD 1983
HARVARD UNIVERSITY HERBARIA

No. 2233 , ARNOLD ARBORETUM.
EXPEDITION TO CHINA, 1907-09.
Western Szechuan.

Coll. E. H. Wilson.

IMAGED

THE HARVARD UNIVERSITY HERBARIA
00003825

HERBARIUM
OF THE
ARNOLD ARBORETUM
HARVARD UNIVERSITY

灰毛紫菀 *Aster polia* Schneid. in Sargent, Pl. Wils. 3: 459. 1917. **Holotype:** China. Sichuan: Monkong Ting (=Maowen), alt.
2 135~2 745 m, 1908-06-??, E. H. Wilson 2233 (A).

灰枝紫菀 *Aster poliothamnus* Diels in Feede, Repert. Sp. Nov. 12: 503. 1922. **Isotype:** China. Sichuan: Dêgê, alt. 3 450 m, 1914-08-09, H. W. Limpricht 2169 (A).

高茎紫菀 *Aster procerus* Hemsl. in J. Linn. Soc. Bot. 23: 415. 1888. **Isotype:** China. Hubei: Yichang, (1885-1888)-??-??, A. Henry 4278 (GH).

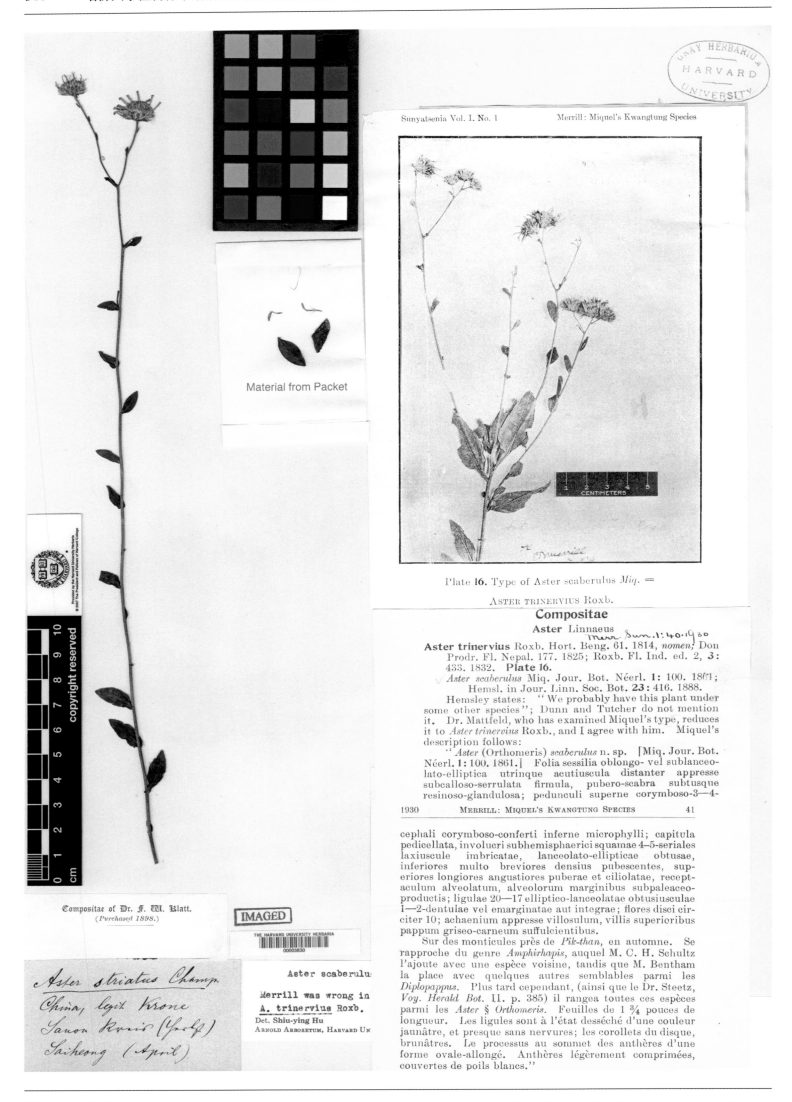

Material from Packet

Compositae of Dr. F. W. Blatt.
(Purchased 1898.)

IMAGED

THE HARVARD UNIVERSITY HERBARIA
00003830

Aster striatus Champ.
China, legit Krone
Sanon Krone (prob)
Saiheong (April)

Aster scaberulus

Merrill was wrong in
A. trinervius Roxb.
Det. Shiu-ying Hu
ARNOLD ARBORETUM, HARVARD UN

Sunyatsenia Vol. I. No. 1　　　　Merrill: Miquel's Kwangtung Species

Plate 16. Type of Aster scaberulus Miq. =

ASTER TRINERVIUS Roxb.

Compositae

Aster Linnaeus

Aster trinervius Roxb. Hort. Beng. 61. 1814, *nomen;* Don Prodr. Fl. Nepal. 177. 1825; Roxb. Fl. Ind. ed. 2, **3**: 433. 1832. **Plate 16.**

Aster scaberulus Miq. Jour. Bot. Néerl. **1**: 100. 1861; Hemsl. in Jour. Linn. Soc. Bot. **23**: 416. 1888.

Hemsley states: '' We probably have this plant under some other species''; Dunn and Tutcher do not mention it. Dr. Mattfeld, who has examined Miquel's type, reduces it to *Aster trinervius* Roxb., and I agree with him. Miquel's description follows:

''*Aster* (Orthomeris) *scaberulus* n. sp. [Miq. Jour. Bot. Néerl. **1**: 100. 1861.] Folia sessilia oblongo- vel sublanceolato-elliptica utrinque acutiuscula distanter appresse subcalloso-serrulata firmula, pubero-scabra subtusque resinoso-glandulosa; pedunculi superne corymboso-3—4-

cephali corymboso-conferti inferne microphylli; capitula pedicellata, involucri subhemisphaerici squamae 4–5-seriales laxiuscule imbricatae, lanceolato-ellipticae obtusae, inferiores multo breviores densius pubescentes, superiores longiores angustiores puberae et ciliolatae, receptaculum alveolatum, alveolorum marginibus subpaleaceoproductis; ligulae 20—17 elliptico-lanceolatae obtusiusculae i—2-dentulae vel emarginatae aut integrae; flores disci circiter 10; achaenium appresse villosulum, villis superioribus pappum griseo-carneum suffulcientibus.

Sur des monticules près de *Pik-than*, en automne. Se rapproche du genre *Amphirhapis*, auquel M. C. H. Schultz l'ajoute avec une espèce voisine, tandis que M. Bentham la place avec quelques autres semblables parmi les *Diplopappus*. Plus tard cependant, (ainsi que le Dr. Steetz, *Voy. Herald Bot.* II. p. 385) il rangea toutes ces espèces parmi les *Aster* § *Orthomeris*. Feuilles de 1 ¾ pouces de longueur. Les ligules sont à l'état desséché d'une couleur jaunâtre, et presque sans nervures; les corollets du disque, brunâtres. Le processus au sommet des anthères d'une forme ovale-allongé. Anthères légèrement comprimées, couvertes de poils blancs.''

微糙三脉紫菀 *Aster scaberulus* Miq. in J. Bot. Néerl. 1: 100. 1861. **Isosyntype:** China. Precise locality not known, M. Krone s. n. (GH).

Isotype

Aster smithianus H. Handel-Mazzetti
Acta Horti Gothob. 12: 216. 1938.

D. E. BOUFFORD 1982
HARVARD UNIVERSITY HERBARIA

Kalimeris smithiana (Hand.-Mazz.) S. Y. Hu

ISOTYPE
Transferred for it short pappus.   Aug. 23
                                                                      1967
Det. Shiu-ying Hu
ARNOLD ARBORETUM, HARVARD UNIVERSITY

ISOTYPUS   PLANTÆ SINENSES

№ 13406

Aster Smithianus H.-M.

Sikang: *Kangting (Tachienlu) distr.: Vaszeko:* ad sept.

fluminis Tachinho, in declivo aprico arido.

Ca 1600 m. s. m. 13.11. 1934.

Det. Handel-Mazzetti 1937.   leg. HARRY SMITH
                                                                      Universitas Regia Upsaliensis.

HERBARIUM
OF THE
ARNOLD ARBORETUM
—
HARVARD UNIVERSITY

IMAGED

THE HARVARD UNIVERSITY HERBARIA
00003833

甘川紫菀*Aster smithianus* Hand.-Mazz. in Acta Horti Gothob. 12: 216. 1938. **Isotype:** China. Sichuan: Kangding, alt. 1 600 m, 1934-11-13, H. Smith 13406 (A).

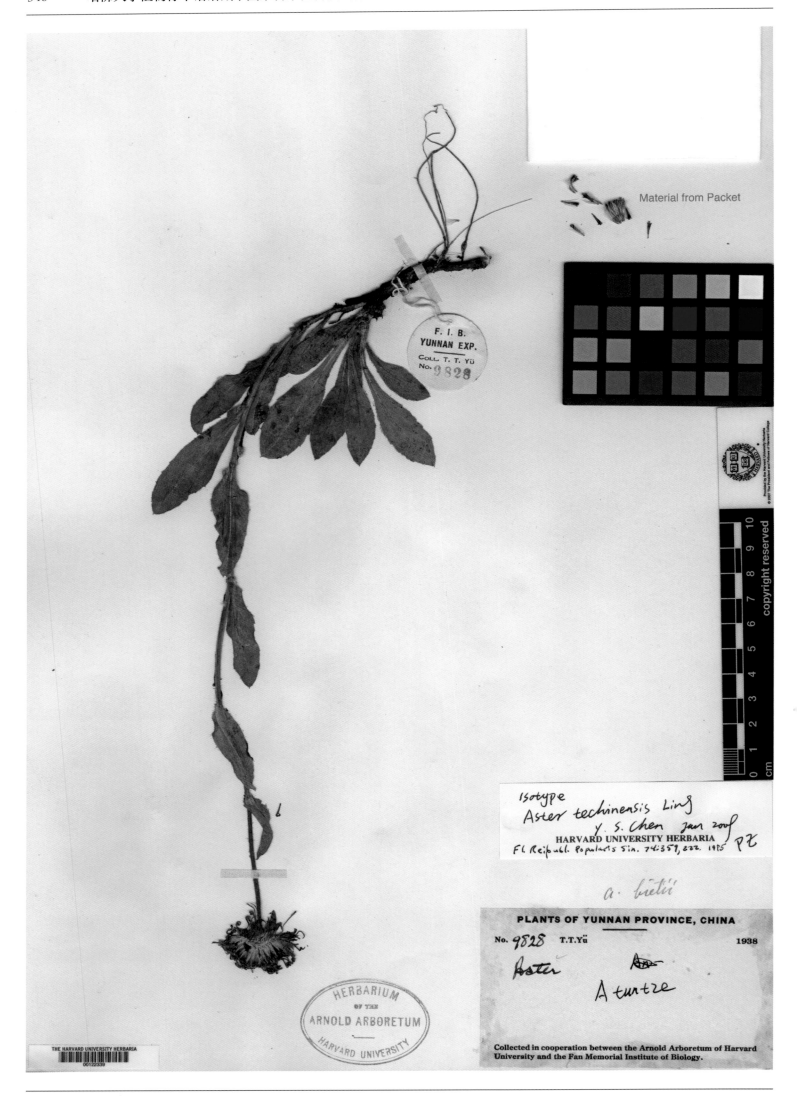

德钦紫菀 *Aster techinensis* Y. Ling, Fl. Reip. Pop. Sin. 74: 359, pl. 56: 1-3. 1985. **Isotype:** China. Yunnan: Dêqên, alt. 3 900 m, 1937-08-24, T. T. Yu 9828 (A).

FAN MEMORIAL INSTITUTE
OF BIOLOGY
FLORA OF YUNNAN

Field No. 70078　　Date　Sept. 1935

Locality　德欽設治局 (A-tun-tze)

Altitude　2700　m.

Habitat　Ravine

Habit　Herbs

Height　　　D.B.H.

Bark

Leaf

Flower　blue

Fruit

Notes

Common Name　　Family　Camp.

Name

Collector　王啓無 C. W. Wang

YUNNAN C.W.WANG
1935-36
德欽設治局王啓無
70078

THE HARVARD UNIVERSITY HERBARIA
00122495

Aster lingulatus Franch.

Det. Shiu-ying Hu　　Feb. 4, 1966
ARNOLD ARBORETUM, HARVARD UNIVERSITY

HERBARIUM
OF THE
ARNOLD ARBORETUM
HARVARD UNIVERSITY

PLANTS OF YUNNAN PROVINCE, CHINA

No. 70078　C.W.Wang　　1935-36

Isotype
Aster trichoneurus Ling
Y. S. Chen　Jan 2004　PE
Fl. Reip.-bl. Popularis Sin. 74:146, 355. 1985

HARVARD UNIVERSITY HERBARIA

Collected in cooperation between the Arnold Arboretum of Harvard
University and the Fan Memorial Institute of Biology.

毛脉紫菀 *Aster trichoneurus* Y. Ling, Fl. Reip. Pop. Sin. 74: 146, 355. 1985. **Isotype:** China. Yunnan: Dêqên, A-tun-tze, alt. 2 700 m, 1935-09-??, C. W. Wang 70078 (A).

云南紫菀 *Aster yunnanensis* Franch. in J. Bot., Morot 10: 375. 1896. **Syntype:** China. Yunnan: Lijiang, alt. 3 500 m, 1886-08-13, J. M. Delavay 2482 (A).

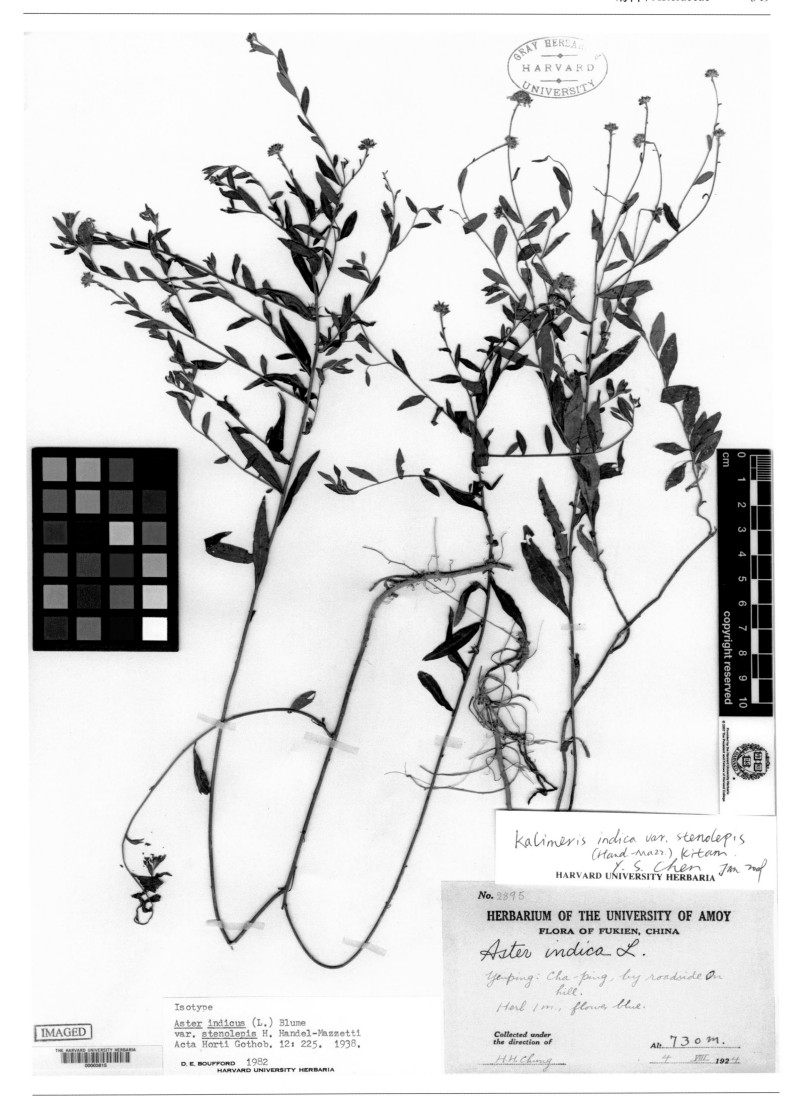

Isotype

Aster indicus (L.) Blume
var. stenolepis H. Handel-Mazzetti
Acta Horti Gothob. 12: 225. 1938.

D. E. BOUFFORD　1982
HARVARD UNIVERSITY HERBARIA

IMAGED

THE HARVARD UNIVERSITY HERBARIA
00003815

Kalimeris indica var. stenolepis
(Hand.-Mazz.) Kitam.
Y. S. Chen　Jan 200?
HARVARD UNIVERSITY HERBARIA

No. 2895

HERBARIUM OF THE UNIVERSITY OF AMOY
FLORA OF FUKIEN, CHINA

Aster indica L.

Yenping: Cha-ping, by roadside on hill.
Herb 1 m., flower blue.

Collected under
the direction of
H. H. Chung

Alt. 730 m.
4　VIII　1924

狭苞马兰 *Asteromoea indicus* (L.) Bl. var. *stenolepis* Hand.-Mazz. in Acta Horti Gothob. 12: 225. 1938. **Isotype:** China. Fujian: Nanping, Yanping, alt. 730 m, 1924-08-04, H. H. Chung 2895 (GH).

单叶苍术 *Atractylis ovata* Thunb. var. *simplicifolia* Loes. in Engler, Bot. Jahrb. Syst. 34: 74. 1904. **Isotype:** China. Shandong: Tsingtau (=Qingdao), 1901-09-??, Zimmermann 268 (A).

紫花艾纳香 *Blumea amethystina* Hance in J. Bot. 6: 173. 1868. **Isotype:** China. Guangdong: Zhaoqing, 1867-02-08, T. Sampson s. n. (=Herb. H. F. Hance 12815) (GH).

东风草 *Blumea riparia* (Bl.) DC. var. *megacephala* Randeria in Bl. 10: 215. 1960. **Isotype:** China. Yunnan: Chi-Yuan, A. Henry 10979 (A).

丽江蟹甲草 *Cacalia lidjiangensis* Hand.-Mazz. in Symb. Sin. 7: 1130. 1936. **Isoparatype:** China. Yunnan: Weixi, Kang-hai-tze, alt. 3 400 m, 1914-08-14, C. Schneider 2253 (A).

IMAGED

THE HARVARD UNIVERSITY HERBARIA
00004525

LU-SHAN ARBORETUM & BOTANICAL GARDEN

FLORA OF N.W.YUNNAN

R.C.Ching No: 21139　Aug.6th.1939
Loc. Ganhaitze SW of Likiang Snow Range
Plant 1 ft.,fl. yellow. On open hillside
Compositae

Holotype of Cacalia lidjiangensis var.
acerina H. Koyama in Acta Phytotax. Geobot.
29:172 (1978)　Det. Hiroshige Koyama 1980

Cacalia lidjiangensis Hand.-Mzt.

Det. Hiroshige Koyama 1974
National Science Museum, Tokyo

CO-PLANTS OF N.W. YUNNAN PROVINCE, CHINA

No. 21139　R.C.Ching　Aug 6,　1939

scales 5
florets 7

HERBARIUM
OF THE
ARNOLD ARBORETUM
HARVARD UNIVERSITY

Ganhaitze S. W. of Likiang
Snow Range. fl. yellow. open
hill.

Collected in cooperation between the Arnold Arboretum of Harvard
University and the Lu Shan Arboretum and Botanical Garden.

槭叶丽江蟹甲草 *Cacalia lidjiangensis* Hand.-Mazz. var. *acerina* Koyama in Acta Phytotax. Geobot. 29: 172. 1978. **Holotype:**
China. Yunnan: Lijiang, 1939-08-06, R. C. Ching 21139 (A).

木里蟹甲草 *Cacalia palmatisecta* (J. F. Jeffrey) Hand.-Mazz. var. *moupinensis* (Franch.) Koyama f. *pilipes* Koyama in Acta Phytotax. Geobot. 29: 176. 1978. **Holotype:** China. Sichuan: Muli, alt. 2 400 m, 1939-08-24, K. M. Feng 2790 (A).

玉龙蟹甲草 *Cacalia rockiana* Hand.-Mazz. in Notizbl. Bot. Gart. Mus. Berlin. 13: 634. 1937. **Isosyntype:** China. Yunnan: Lijiang, alt. 3 050 m, 1922-(05-10)-??, J. F. Rock 5986 (GH).

A REGEL, ITER TURKESTANICUM.

Calimeris fruticosa C. Winkler
n. sp.

Algoi 6–9000' 1879 12/IX

Possible Type

Calimeris fruticosa C. Winkler
Acta Horti Petropolitani 9: 419. 1886.
(fide Index Kewensis)

D. E. BOUFFORD 1983
HARVARD UNIVERSITY HERBARIA

THE HARVARD UNIVERSITY HERBARIA
00009441

灌木紫菀木 *Calimeris fruticosa* C. Winkler in Trudy Imp. St.-Peterb. Bot. Sada 9: 419. 1886. **Isosyntype:** China. Xinjiang: UygurAlgoi, alt. 1 830~2 440 m, 1879-09-12, A. Regel s. n. (GH).

刺冠菊 *Calotis caespitosa* C. C. Chang in Sunyatsenia 3: 280, f. 23. 1937. **Isotype:** China. Hainan: Yaichow (=Sanya), 1933-09-04, H. Y. Liang 62881 (GH).

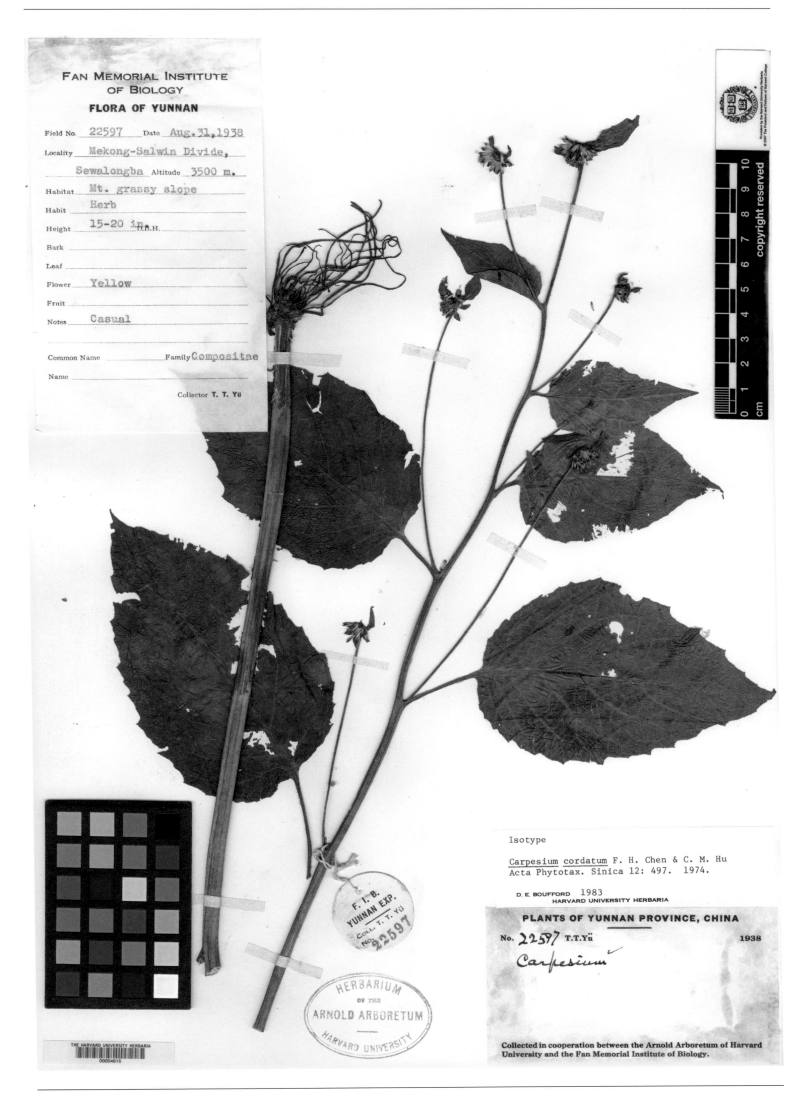

心叶天名精 *Carpesium cordatum* F. H. Chen & C. M. Hu in Acta Phytotax. Sin. 12(4): 497, pl. 96. 1974. **Isotype:** China.
Yunnan: Lancang, alt. 3 500 m, 1938-08-31, T. T. Yu 22597 (A).

FAN MEMORIAL INSTITUTE
OF BIOLOGY
FLORA OF SI-KANG

Field No. 65563　Date　**Aug. 1935**

Locality　西康·察瓦龍·洗馬拉 (Hi-ma-la, Tsa-wa-

rung)　Altitude　3400　m.

Habitat　Meadow

Habit

Height　D.B.H.

Bark

Leaf

Flower　greenish yellow

Fruit

Notes

Common Name　Family　Comp.

Name

Collector　王啟無 C. W. Wang

Isotype　(C. W. Wang 68038)

Carpesium scapiforme F. H. Chen & C. M. Hu
Acta Phytotax. Sinica 12: 497. 1974.

D. E. BOUFFORD　1983
HARVARD UNIVERSITY HERBARIA

C. lipskyi Winkler

Feb. 2. 1968

Det. Shiu-ying Hu
ARNOLD ARBORETUM, HARVARD UNIVERSITY

PLANTS OF SIKANG PROVINCE, CHINA

No. 65563　C.W.Wang　1935-36

Carpesium

PLANTS OF YUNNAN PROVINCE, CHINA

No. 65038　C.W.Wang　1935-36

Carpesium

葶莖天名精 *Carpesium scapiforme* F. H. Chen & C. M. Hu in Acta Phytotax. Sin. 12(4): 497. 1974. **Isotype:** China. Yunnan: Weixi, alt. 3 200 m, 1935-07-??, C. W. Wang 68038 (A).

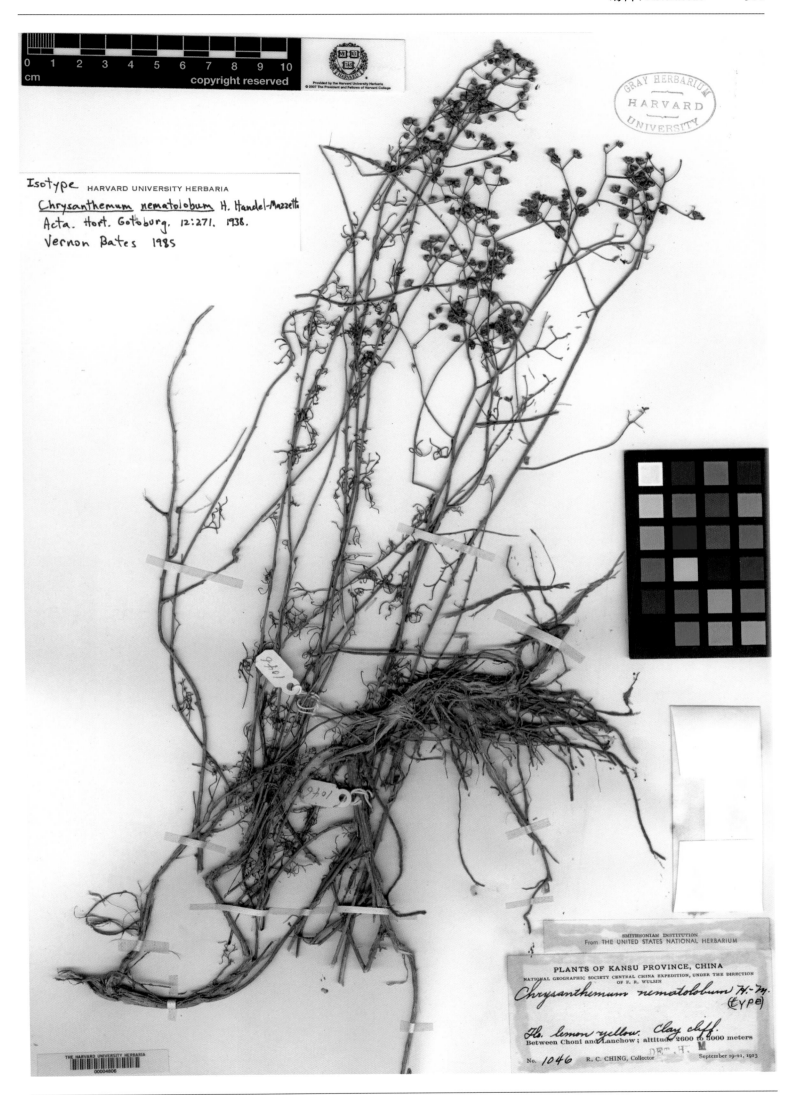

Isotype HARVARD UNIVERSITY HERBARIA

Chrysanthemum nematolobum H. Handel-Mazzetti
Acta. Hort. Gotoburg. 12:271. 1938.
Vernon Bates 1985

SMITHSONIAN INSTITUTION
From THE UNITED STATES NATIONAL HERBARIUM

PLANTS OF KANSU PROVINCE, CHINA
NATIONAL GEOGRAPHIC SOCIETY CENTRAL CHINA EXPEDITION, UNDER THE DIRECTION
OF F. R. WULSIN

Chrysanthemum nematolobum H.-M.
(Type)

Fls. lemon yellow. Clay cliff.
Between Choni and Lanchow ; altitude 2600 to 3000 meters
No. 1046   R. C. CHING, Collector   September 19-21, 1923
DET. T.

丝裂亚菊*Chrysanthemum nematolobum* Hand.-Mazz. in Acta Horti Gothob. 12: 271. 1938. **Isotype:** China. Gansu: Lanzhou, alt. 2 600~3 000 m, 1923-09-20, R. C. Ching 1046 (GH).

四川小山菊 *Chrysanthemum neo-oreastrum* C. C. Chang in Sinensia 5: 159. 1934. **Isotype:** China. Sichuan: Precise locality not known, alt. 4 270 m, 1904-09-??, E. H. Wilson 3858 a (A).

灰叶亚菊 *Chrysanthemum potaninii* (Krasch.) Hand.-Mazz. var. **amphisericeum** Hand.-Mazz. in Acta Horti Gothob. 12: 271. 1938. **Isotype:** China. Sichuan: Kangding, alt. 1 700 m, 1934-11-11, H. Smith 13345 (A).

委陵菊 *Chrysanthemum potentilloides* Hand.-Mazz. in Acta Horti Gothob. 12: 261. 1938. **Isotype:** China. Shanxi: Xia Xian, alt. 2 178 m, 1935-08-29, Licent 12706 (GH).

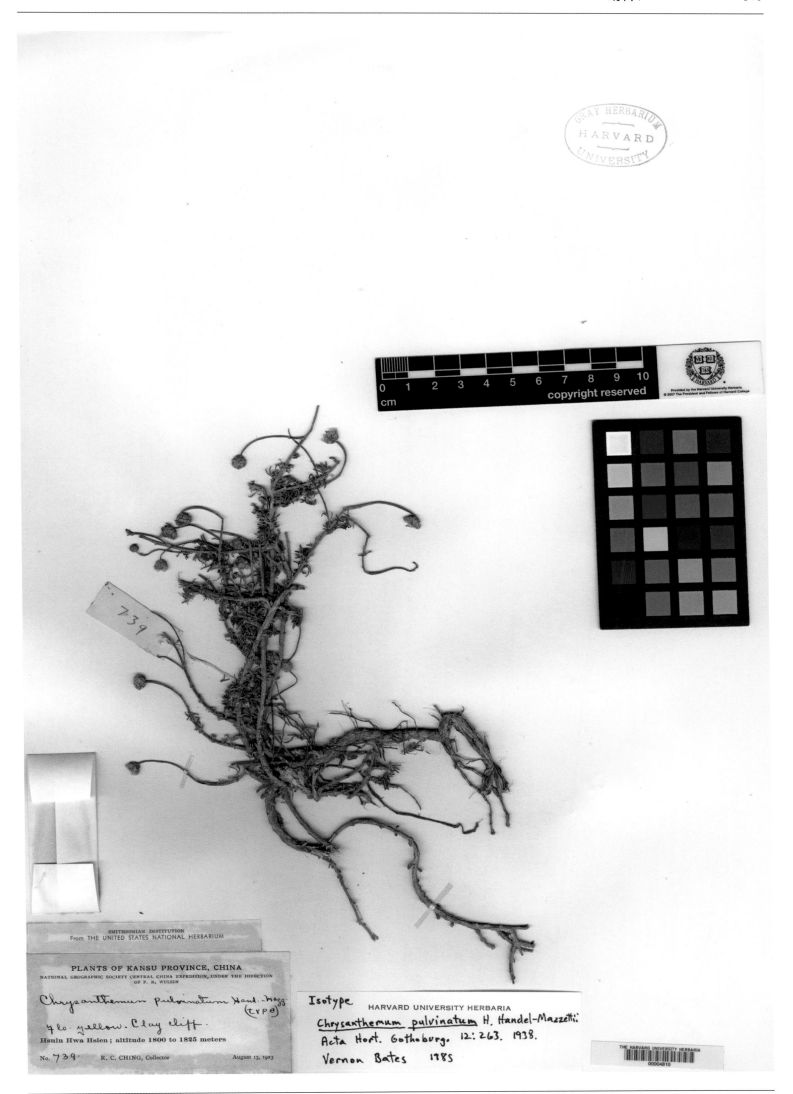

星毛短舌菊 *Chrysanthemum pulvinatum* Hand.-Mazz. in Acta Horti Gothob. 12: 263. 1938. **Isotype:** China. Gansu: Hsuin Hwa, alt. 1 800~1 825 m, 1923-08-13, R. C. Ching 739 (GH).

截叶甘菊 *Chrysanthemum truncatum* Hand.-Mazz. in Acta Horti Gothob. 12: 270, f. 1. 1938. **Isotype:** China. Sichuan: Hsu-Tsing (=Xiaojin), alt. 2 100 m, 1922-10-09, H. Smith 4794 (A).

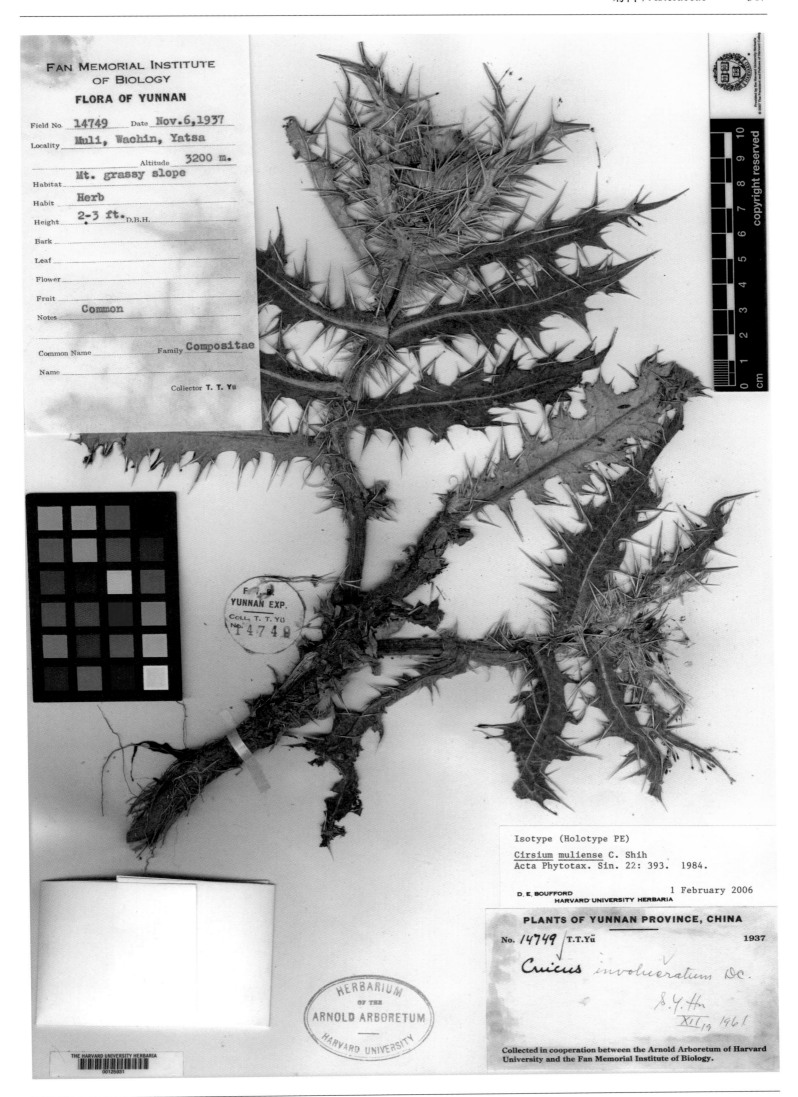

木里蓟 *Cirsium muliense* C. Shih in Acta Phytotax. Sin. 22: 393, pl. 1: 2. 1984. **Isotype:** China. Sichuan: Muli, alt. 3 200 m, 1937-11-06, T. T. Yu 14749 (A).

钻苞蓟 *Cirsium subuliforme* C. Shih in Acta Phytotax. Sin. 22(5): 391, pl. 1: 1. 1984. **Isotype:** China. Yunnan: Gongshan, alt. 2 200~2 500 m, 1937-08-02, T. T. Yu 19573 (A).

腺毛藤菊 *Cissampelopsis glandulosa* C. Jeffrey & Y. L. Chen in Kew Bull. 39: 345, f. 22. 1984. **Isotype:** China. Yunnan: Precise locality not known, G. Forrest 9593 (GH).

刺苞蓟 *Cnicus henryi* Franch. in J. Bot., Morot 11: 21. 1897. **Isotype:** China. Hubei: Yichang, (1885-1888)-??-??, A. Henry 6764 (GH).

Isotype

Conyza muliensis Y. L. Chen in Y. Ling & Y. L.
Chen, Fl. Reipubl. Pop. Sin. 74: 361. 1985.

D. E. BOUFFORD 1986
HARVARD UNIVERSITY HERBARIA

E. chinense Jacq.

PLANTS OF YUNNAN PROVINCE, CHINA

No. 5915 T.T.Yü   193

Erigeron

Collected in cooperation between the Arnold Arboretum of Harvard
University and the Fan Memorial Institute of Biology.

F. I. B.
YUNNAN EXP.
COLL
No. 5915

HERBARIUM
OF THE
ARNOLD ARBORETUM
HARVARD UNIVERSITY

THE HARVARD UNIVERSITY HERBARIA
00006115

木里白酒草 *Conyza muliensis* Y. L. Chen, Fl. Reip. Pop. Sin. 74: 361, pl. 86: 7-11. 1985. **Isotype:** China. Sichuan: Muli, alt. 2 200 m, 1937-06-03, T. T. Yu 5915 (A).

Isotype

Cremanthodium brachychaetum C. C. Chang
Acta Phytotax. Sin. 1: 322. 1951.

D. E. BOUFFORD   14 January 2003
HARVARD UNIVERSITY HERBARIA

Cremanthodium brachychaetum Chang

Det. Liu shang-wu   July 14, 1999
HARVARD UNIVERSITY HERBARIA

PLANTS OF YUNNAN PROVINCE, CHINA

No.64621   C.W.Wang   1935-36

Cremanthodium glaucum H-u.
det S.Y.Hu 1962

Collected in cooperation between the Arnold Arboretum of Harvard
University and the Fan Memorial Institute of Biology.

HERBARIUM
OF THE
ARNOLD ARBORETUM
HARVARD UNIVERSITY

短缨垂头菊 *Cremanthodium brachychaetum* C. C. Chang in Acta Phytotax. Sin. 1(3-4): 322. 1951. **Isotype:** China. Yunnan: Weixi, alt. 3 500 m, 1935-07-??, C. W. Wang 64621 (A).

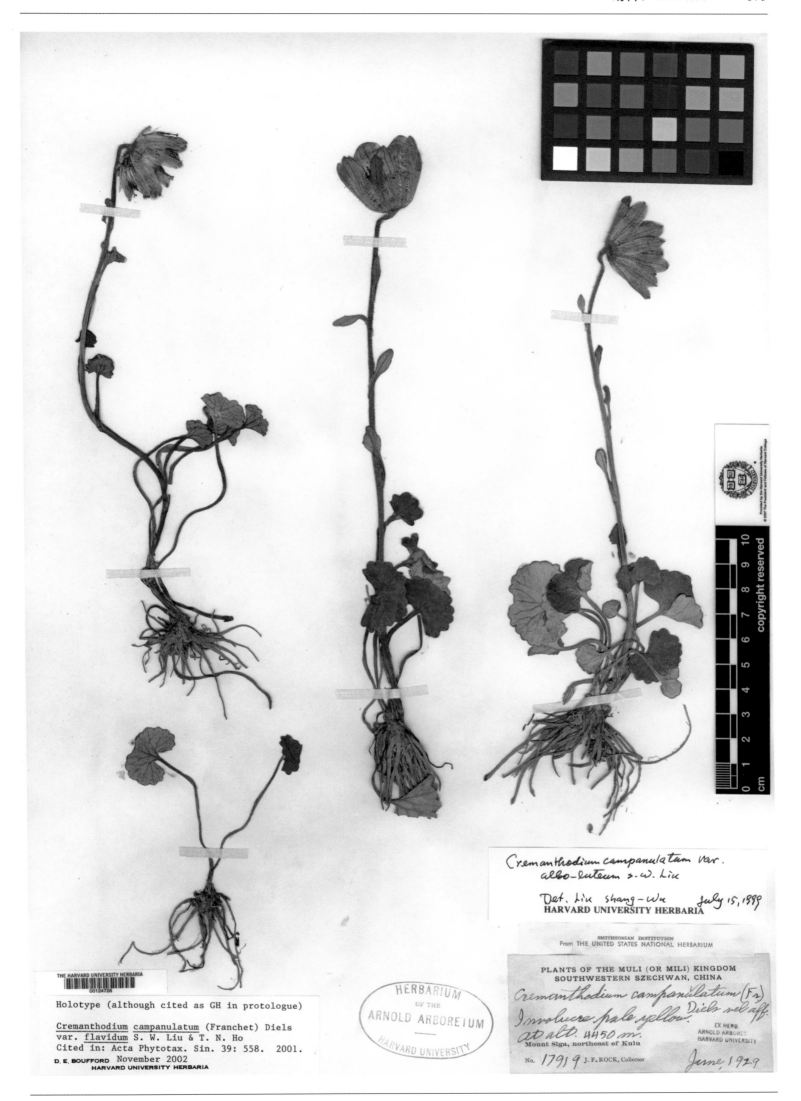

Holotype (although cited as GH in protologue)

Cremanthodium campanulatum (Franchet) Diels
var. flavidum S. W. Liu & T. N. Ho
Cited in: Acta Phytotax. Sin. 39: 558. 2001.
D. E. BOUFFORD November 2002
HARVARD UNIVERSITY HERBARIA

THE HARVARD UNIVERSITY HERBARIA
00124728

HERBARIUM
OF THE
ARNOLD ARBORETUM
HARVARD UNIVERSITY

Cremanthodium campanulatum var.
albo-luteum s.-W. Liu
Det. Liu shang-Wu   July 15, 1999
HARVARD UNIVERSITY HERBARIA

SMITHSONIAN INSTITUTION
From THE UNITED STATES NATIONAL HERBARIUM

PLANTS OF THE MULI (OR MILI) KINGDOM
SOUTHWESTERN SZECHWAN, CHINA

Cremanthodium campanulatum (Fr.)
Diels vel aff.
Involucre pale yellow.
at alt. 4450 m.
Mount Siga, northeast of Kulu
EX HERB.
ARNOLD ARBORETUM
HARVARD UNIVERSITY
No. 17919 J. F. ROCK, Collector   June, 1929

黄苞垂头菊 *Cremanthodium campanulatum* Diels var. *flavidum* S. W. Liu & T. N. Ho in Acta Phytotax. Sin. 39: 558. 2001.
Holotype: China. Sichuan: Muli, alt. 4 450 m, 1929-06-??, J. F. Rock 17919 (A).

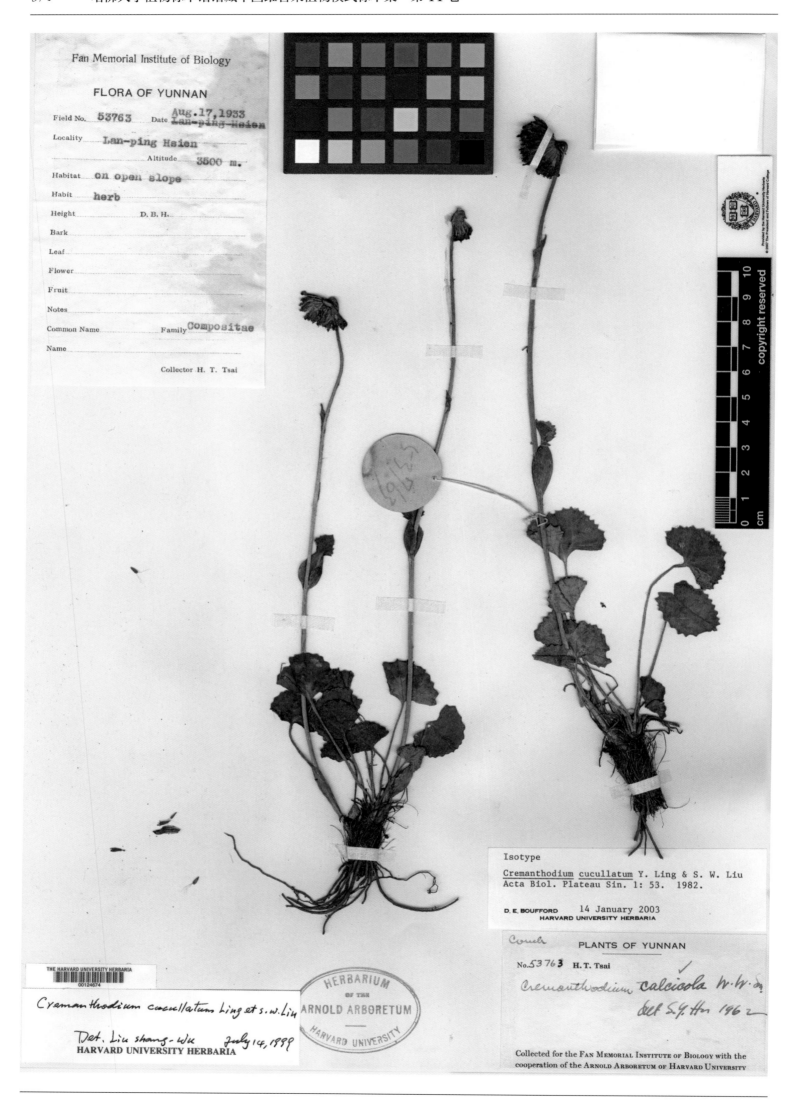

兜鞘垂头菊 *Cremanthodium cucullatum* Y. Ling & S. W. Liu in Acta Biol. Plateau Sin. 1: 53, pl. 1: 4-7. 1982. **Isotype:** China. Yunnan: Lanping, alt. 3 500 m, 1933-08-17, H. T. Tsai 53763 (A).

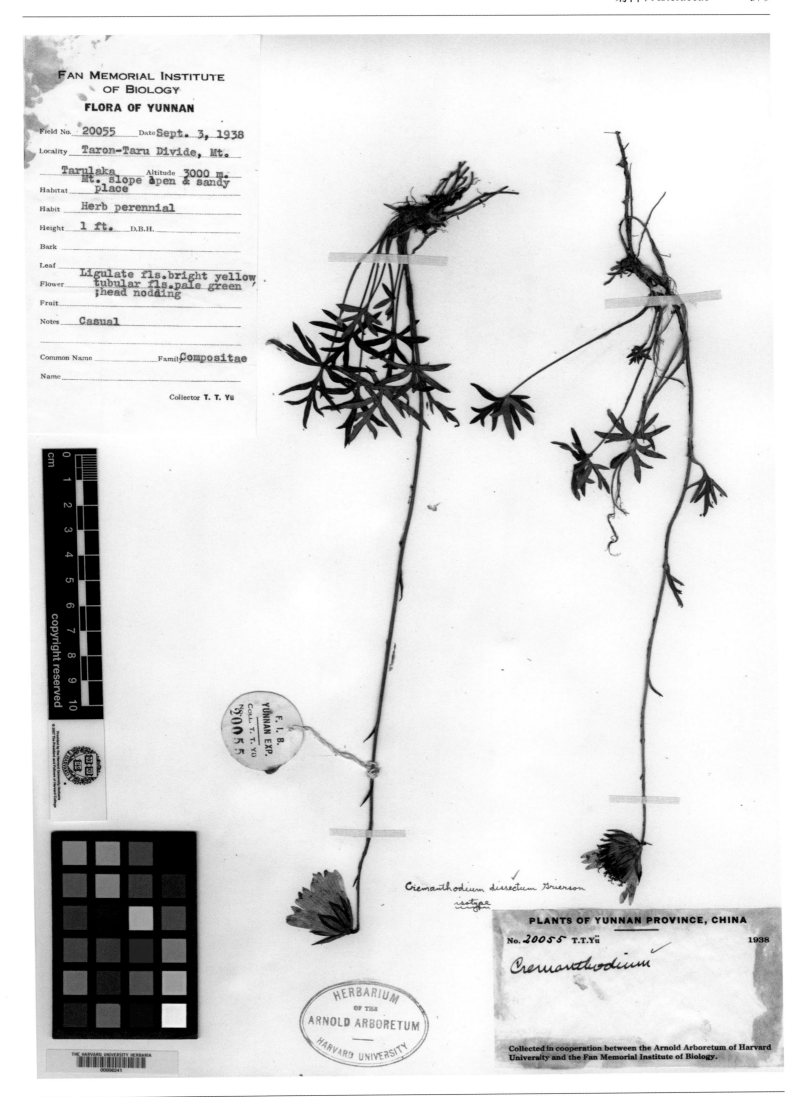

FAN MEMORIAL INSTITUTE OF BIOLOGY

FLORA OF YUNNAN

Field No. 20055   Date Sept. 3, 1938

Locality Taron-Taru Divide, Mt.

Tarulaka.   Altitude 3000 m.

Habitat Mt. slope open & sandy place

Habit Herb perennial

Height 1 ft.   D.B.H.

Bark

Leaf

Flower Ligulate fls.bright yellow tubular fls.pale green ;head nodding

Fruit

Notes Casual

Common Name   Family Compositae

Name

Collector T. T. Yü

Cremanthodium dissectum Grierson
isotype

PLANTS OF YUNNAN PROVINCE, CHINA

No. 20055 T.T.Yü   1938

Cremanthodium

Collected in cooperation between the Arnold Arboretum of Harvard University and the Fan Memorial Institute of Biology.

细裂垂头菊 *Cremanthodium dissectum* Griers. in Not. Roy. Bot. Gard. Edinb. 22: 431, pl. 1, f. d. 1958. **Isotype:** China. Yunnan: Taron-Taru Divide, alt. 3 000 m, 1938-09-03, T. T. Yu 20055 (A).

灰绿垂头菊 *Cremanthodium glaucum* Hand.-Mazz. in Notizbl. Bot. Gart. Mus. Berlin. 13: 641. 1937. **Isotype:** China. Yunnan: Weixi, alt. 4 300 m, 1928-08-??, J. F. Rock 17162 (GH).

不规则齿细茎橐吾 *Cremanthodium hookeri* C. B. Clarke f. *irregulare* R. D. Good in J. Linn. Soc. Bot. 48: 280. 1929.
Isosyntype: China. Sichuan: Kangding, alt. 2 745~4 118 m, A. E. Pratt 465 (GH).

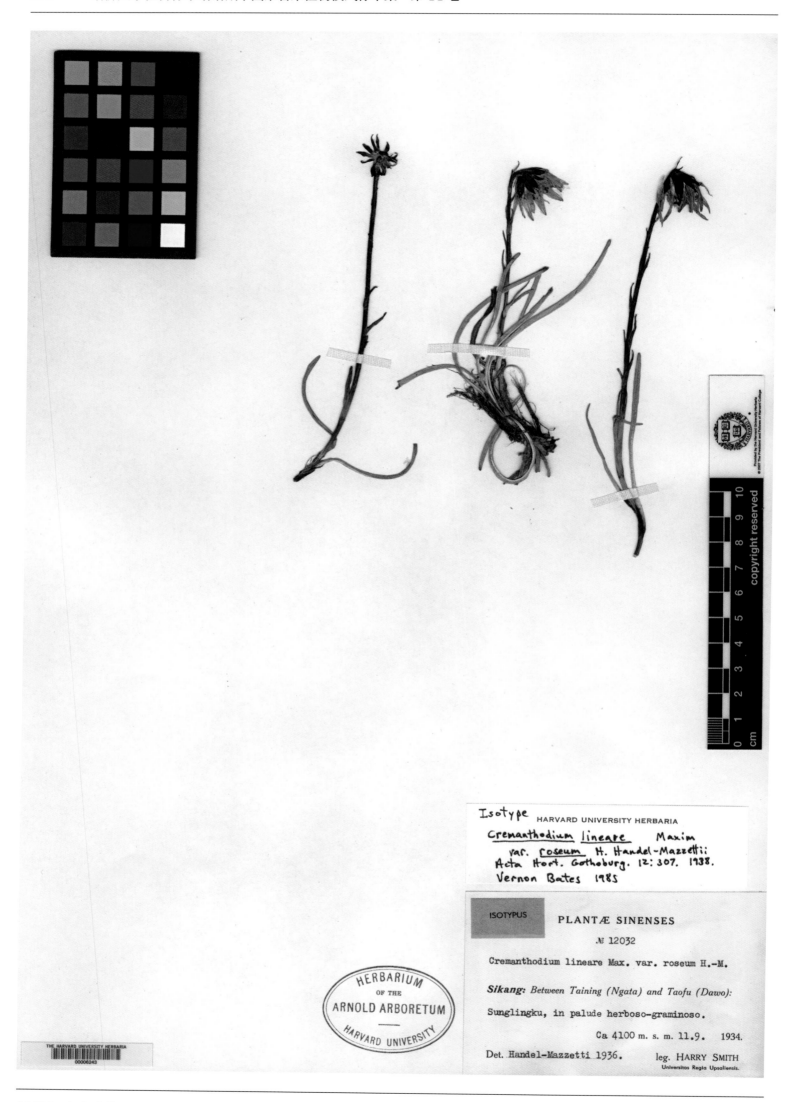

Isotype HARVARD UNIVERSITY HERBARIA

Cremanthodium lineare Maxim
var. roseum H. Handel-Mazzetti
Acta Hort. Gothoburg. 12:307. 1938.
Vernon Bates 1985

ISOTYPUS　　PLANTÆ SINENSES

№ 12032

Cremanthodium lineare Max. var. roseum H.-M.

Sikang: *Between Taining (Ngata) and Taofu (Dawo):*

Sunglingku, in palude herboso-graminoso.

Ca 4100 m. s. m. 11.9.　1934.

Det. Handel-Mazzetti 1936.　　leg. HARRY SMITH
Universitas Regia Upsaliensis.

HERBARIUM OF THE ARNOLD ARBORETUM HARVARD UNIVERSITY

红花条叶垂头菊 *Cremanthodium lineare* Maxim. var. *roseum* Hand.-Mazz. in Acta Horti Gothob. 12: 307. 1938. **Isotype:** China. Sichuan: Taining (=Daowu), alt. 4 100 m, 1934-09-11, H. Smith 12032 (A).

浅裂叶垂头菊 *Cremanthodium lobatum* Griers. in Not. Roy. Bot. Gard. Edinb. 22: 431, pl. 1, f. c. 1958. **Isotype:** China. Yunnan: Gongshan, alt. 3 900 m, 1938-08-07, T. T. Yu 19764 (A).

ISOTYPE
Crepis disciformis Mattf.
Notizbl. Bot. Gart. Berlin-Dahlem 12: 685. 1935.

A. P. Kirchgessner   1992
HARVARD UNIVERSITY HERBARIA

ANNOTATION LABEL

Lactuca disciformis (Mattf.) Steblus
Type collection
GLS '84

ARNOLD ARBORETUM, HARVARD UNIVERSITY
EXPEDITION TO NORTHWESTERN CHINA AND
NORTHEASTERN TIBET. 1924-27
SOUTHWESTERN KANSU
Lactuca aff. Souliei Franch.

T'ao River basin: Gravelly slopes of Mt.
Kwang Kei, W Tebbu land; alt. 13000
ft. Small prostrate ro
No. 13729   rosettes; flowers
Coll. J. F. Rock.   purplish.   Oct. 1925.

盘状合头菊 *Crepis disciformis* Mattf. in Notizbl. Bot. Gart. Mus. Berlin. 12: 685. 1935. **Isosyntype:** China. Gansu: Min Xian, T'ao River basin, Kwang Kei, alt. 3 965 m, 1925-10-??, J. F. Rock 13729 (GH).

长裂黄鹌菜 *Crepis henryi* Diels in Bot. Jahrb. Syst. 29: 633. 1901. **Isotype:** China. Hubei: Badong, (1885-1888)-??-??, A. Henry 6069 (GH).

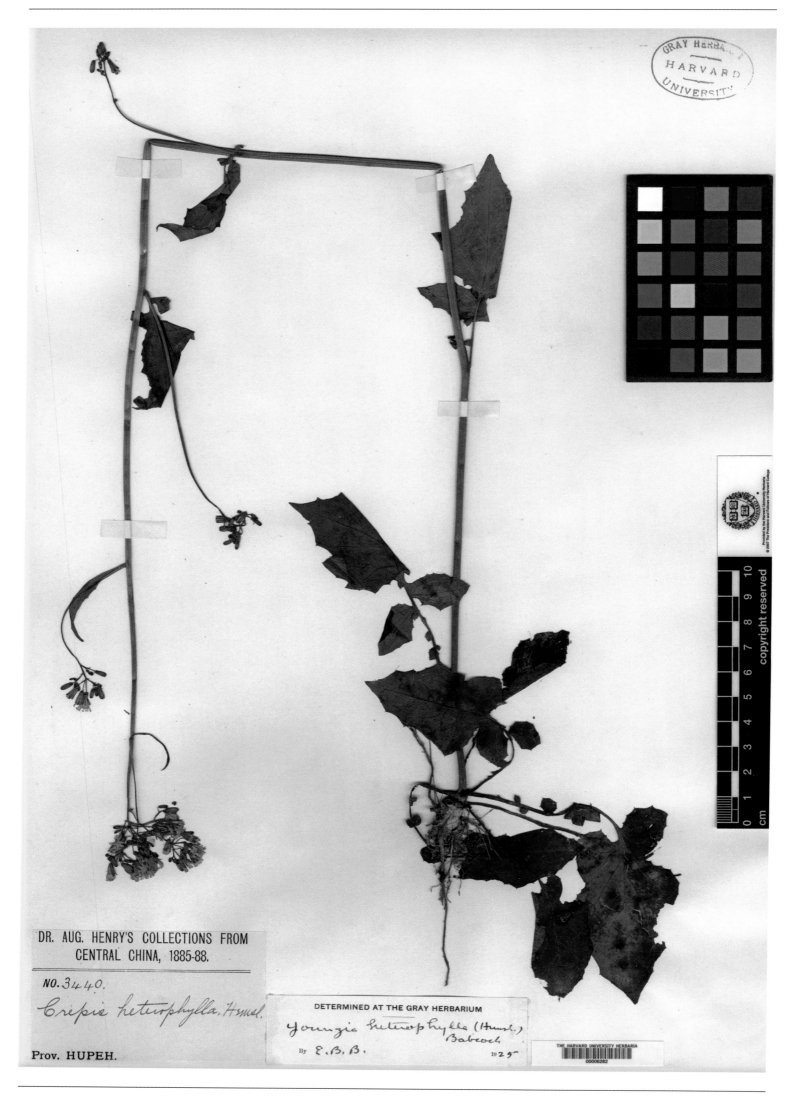

异叶黄鹌菜 *Crepis heterophylla* Hemsl. in J. Linn. Soc. Bot. 23: 475. 1888. **Isotype:** China. Hubei: Yichang, (1885-1888)-??-??, A. Henry 3440 (GH).

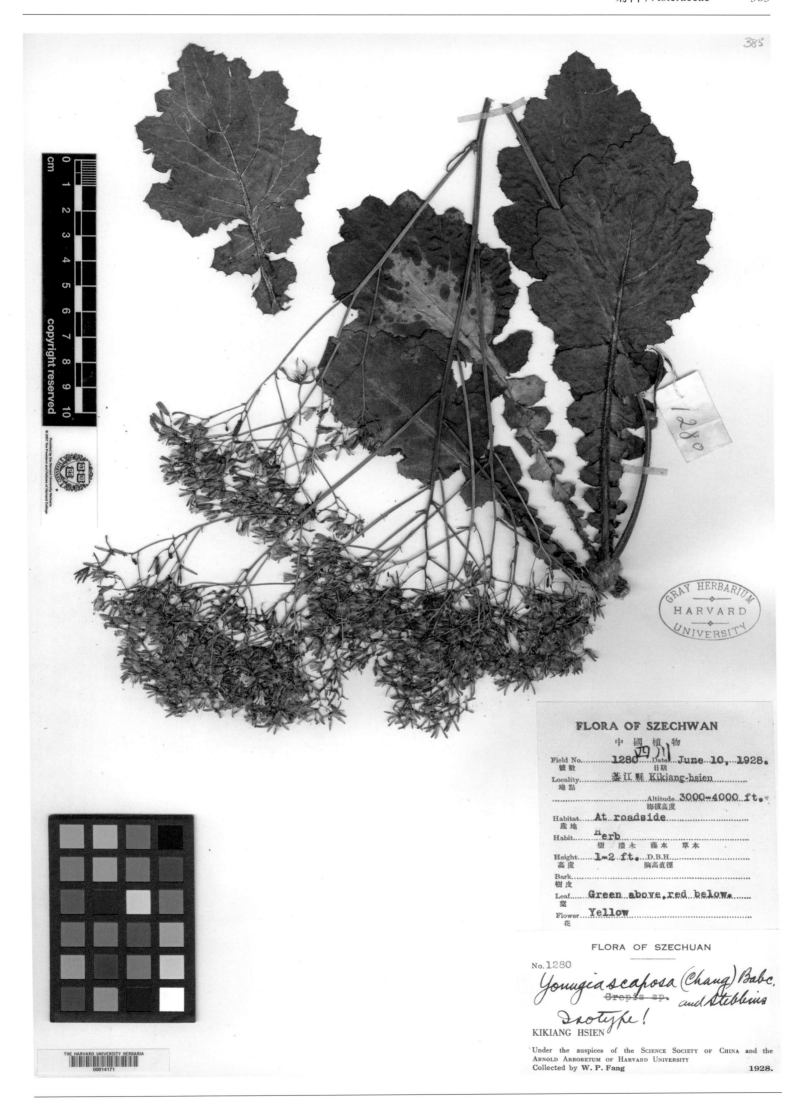

FLORA OF SZECHWAN

中　國　植　物

Field No. 1280　Date June 10, 1928.
號數　　　　　日期

Locality 綦江縣 Kikiang-hsien

Altitude 3000~4000 ft.
海拔高度

Habitat At roadside
產地

Habit herb
習性　樹　灌木　藤本　草本

Height 1~2 ft. D.B.H.
高度　　　　　胸高直徑

Bark
樹皮

Leaf Green above, red below.
葉

Flower Yellow
花

FLORA OF SZECHUAN

No. 1280

Youngia scaposa (Chang) Babc.
~~Crepis sp.~~　and Stebbins

Isotype!

KIKIANG HSIEN

Under the auspices of the SCIENCE SOCIETY OF CHINA and the
ARNOLD ARBORETUM OF HARVARD UNIVERSITY
Collected by W. P. Fang　　　　1928.

粗花亭黄鹤菜 *Crepis scaposa* C. C. Chang in Sinensia 3: 201, f. 1. 1933. **Isotype:** China. Sichuan: Kikiang (= Qijiang), alt. 915~1 220 m, 1928-06-10, W. P. Fang 1280 (GH).

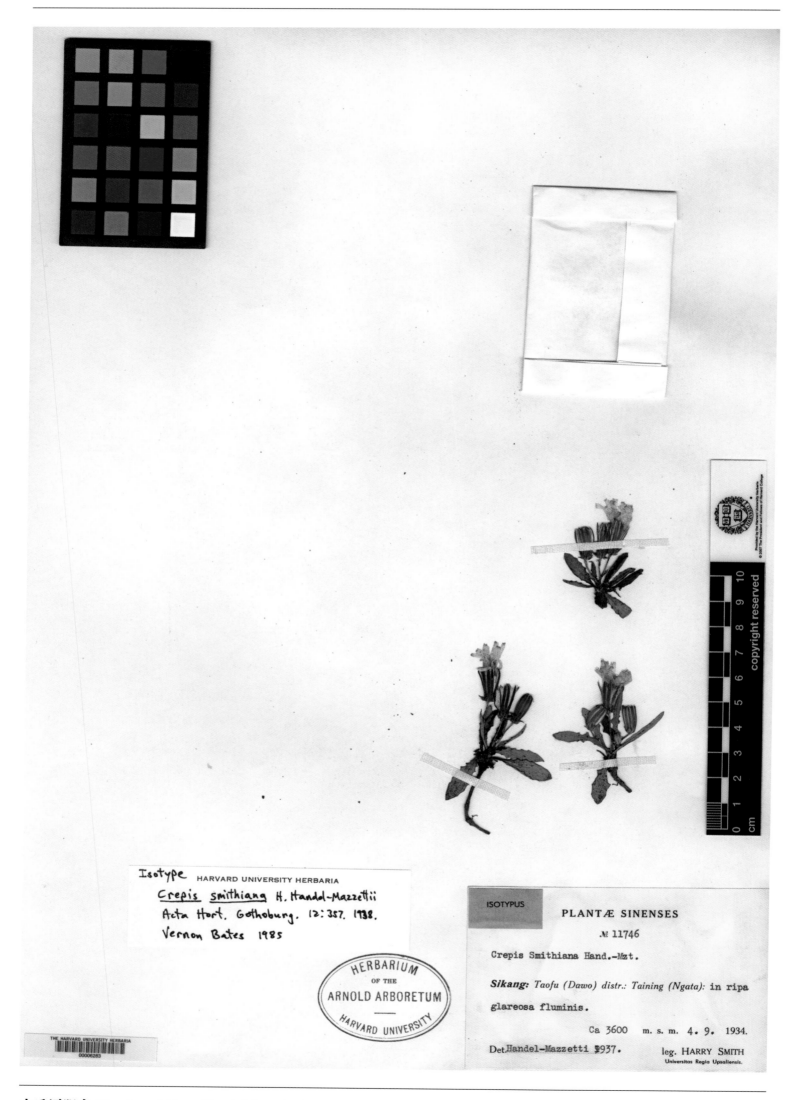

史氏还阳参 *Crepis smithiana* Hand.-Mazz. in Acta Horti Gothob. 12: 357. 1938. **Isotype:** China. Sichuan: Taofu (=Dawu), alt. 3 600 m, 1934-09-04, H. Smith 11746 (A).

Isotype (J. F. Rock 12389; holotype: NY)

Doronicum cavillieri I. A. Fernández & G. Nieto Feliner
Ann. Bot. Fenn. 37: 250. 2000

Y. S. Chen   7 February 2009
HARVARD UNIVERSITY HERBARIA

12389

ARNOLD ARBORETUM, HARVARD UNIVERSITY

EXPEDITION TO NORTHWESTERN CHINA AND
NORTHEASTERN TIBET. 1924-27

SOUTHWESTERN KANSU

Doronicum thibetanum Cavill.

T'ao River basin :Minshan range; meadows of Mt.
          Kuang ke. Alt. 12500 ft.
          3-4 inches high.

No. 12389.

Coll. J. F. Rock.   June, 1925

REAL JARDÍN BOTÁNICO, MADRID

Doronicum gansuense Y. L. Chen

Revisado.. J. Álvarez   June de 2001

ARNOLD ARBORETUM, HARVARD UNIVERSITY

EXPEDITION TO NORTHWESTERN CHINA AND
NORTHEASTERN TIBET. 1924-27

SOUTHWESTERN KANSU

Doronicum thibetanum Covill

Upper Tebbu country:foot of Shimen & rock-lime-
stone wall extending east & west. Alt. 12000
ft.   Flowers yellow.

No.13020.

Coll. J. F. Rock.   July-August,1925.

岷山多郎菊 *Doronicum cavillieri* Álv. Fern. & Nieto Fel. in Ann. Bot. Fenn. 37: 250. 2000. **Isotype:** China. Gansu: Min Xian, Min Shan, alt. 3 812 m, 1925-06-??, J. F. Rock 12389 (GH).

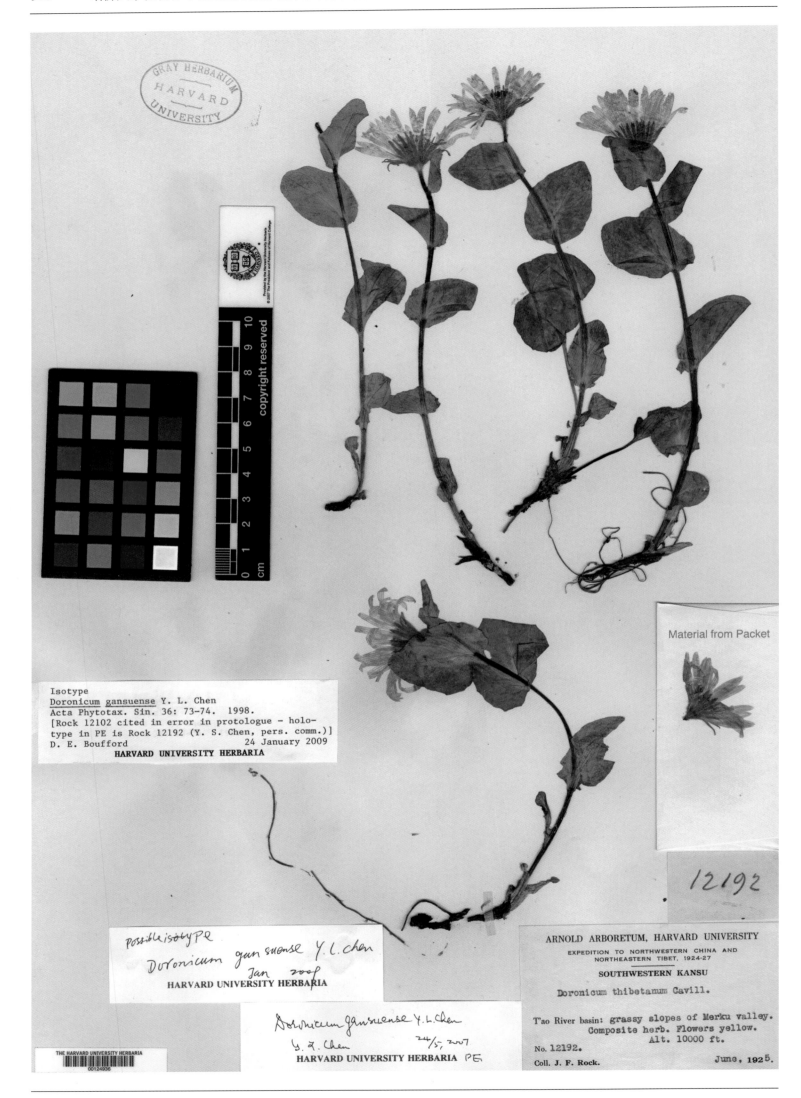

Isotype
Doronicum gansuense Y. L. Chen
Acta Phytotax. Sin. 36: 73-74. 1998.
[Rock 12102 cited in error in protologue - holo-
type in PE is Rock 12192 (Y. S. Chen, pers. comm.)]
D. E. Boufford   24 January 2009
HARVARD UNIVERSITY HERBARIA

Material from Packet

12192

possible isotype
Doronicum gansuense Y. l. chen
                Jan 2009
HARVARD UNIVERSITY HERBARIA

Doronicum gansuense Y. L. Chen
Y. L. Chen   24/5, 2007
HARVARD UNIVERSITY HERBARIA PE

ARNOLD ARBORETUM, HARVARD UNIVERSITY
EXPEDITION TO NORTHWESTERN CHINA AND
NORTHEASTERN TIBET, 1924-27
SOUTHWESTERN KANSU
Doronicum thibetanum Cavill.

T'ao River basin: grassy slopes of Merku valley.
Composite herb. Flowers yellow.
Alt. 10000 ft.
No. 12192.
Coll. J. F. Rock.   June, 1925.

甘肃多榔菊 *Doronicum kansuense* Y. L. Chen in Acta Phytotax. Sin. 36(1): 73, f. 1. 1998. **Isotype:** China. Gansu: Tao River basin, alt. 3 050 m, 1925-06-05, J. F. Rock. 12192 (GH).

"Senecio, 1-1/2 ft., fl. purple, cliff, 3000-4000 ft., Omei Hsien". - Collector's notes (fide A. Rehder)

No. 2493 ARNOLD ARBORETUM.
EXPEDITION TO CHINA, 1907-09.
Western Szechuan.

Dubyaea glaucescens Stebbins
n. sp.
TYPE S. L. Stebbins, 1959

Coll. E. H. Wilson.　Alt.
7/08.

光滑厚喙菊 *Dubyaea glaucescens* Stebbins in Mem. Torrey Bot. Club. 19(3): 16. 1940. **Isotype:** China. Sichuan: Emeishan, Emei Shan, alt. 915~1 220 m, 1908-07-??, E. H. Wilson 2493 (GH).

披针叶厚喙菊 *Dubyaea lanceolata* C. Shih in Acta Phytotax. Sin. 31: 435. 1993. **Isotype:** China. Yunnan: Zhongdian (=Shangri-La), alt. 3 500 m, 1937-09-15, T. T. Yu 13507 (A).

华东蓝刺头 *Echinops grijsii* Hance in Ann. Sci. Nat. Bot. sér. 5. 5: 221. 1866. **Isosyntype:** China. Fujian: Precise locality not known, 1863-??-??, C. De Grijs s. n. (=Herb. H. F. Hance 1445) (GH).

俅江飞蓬 *Erigeron kiukiangensis* Y. Ling & Y. L. Chen in Acta Phytotax. Sin. 11(4): 412, pl. 56: 3. 1973. **Isotype:** China. Yunnan: Gongshan, alt. 1 900 m, 1938-07-28, T. T. Yu 19498 (A).

阔苞密叶飞蓬 *Erigeron multifolius* Han.-Mazz. var. ***amplisquamus*** Y. Ling & Y. L. Chen in Acta Phytotax. Sin. 11: 416. 1973. **Isotype:** China. Yunnan: Zhongdian (=Shangri-La), alt. 3 400~3 800 m, T. T. Yu 12231 (A).

Fan Memorial Institute of Biology

FLORA OF YUNNAN

Field No. 59783 Date Oct.13,1934

Locality Wei-se Hsien

Altitude 2900 m.

Habitat in forest

Habit herb

copyright reserved

Fan. Inst. Biol.
YUNNAN
EXPEDITION
COLLECTOR
H. T. TSAI

Possible type

Erigeron multiradiatus (Wallich) Bentham
var. salicifolius C. C. Chang ex Y. Ling &
Y. L. Chen, Acta Phytotax. Sin. 11: 411. 1973.
(H. T. Tsai 59783 b cited in protologue)
D. E. BOUFFORD   14 January 2003
HARVARD UNIVERSITY HERBARIA

PLANTS OF YUNNAN

No. 59783 H. T. Tsai

Erigeron

Collected for the FAN MEMORIAL INSTITUTE OF BIOLOGY with the
cooperation of the ARNOLD ARBORETUM of HARVARD UNIVERSITY

HERBARIUM
OF THE
ARNOLD ARBORETUM
HARVARD UNIVERSITY

THE HARVARD UNIVERSITY HERBARIA
00122776

柳叶多舌飞蓬 *Erigeron multiradiatus* (Wall.) Benth. var. *salicifolius* C. C. Chang ex Y. Ling & Y. L. Chen in Acta Phytotax. Sin. 11: 411. 1973. **Isotype:** China. Yunnan: Weixi, alt. 2 900 m, 1934-10-13, H. T. Tsai 59783 (A).

细茎飞蓬 *Erigeron tenuicaulis* Y. Ling & Y. L. Chen in Acta Phytotax. Sin. 11(4): 418, pl. 56: 4. 1973. **Isotype:** China. Sichuan: Muli, alt. 2 200 m, 1937-07-05, T. T. Yu 5923 (A).

黑腺泽兰 *Eupatorium melanadenium* Hance in J. Bot. 23: 325. 1885. **Isotype:** China. Guangdong: Boluo, Luofu Shan, 1883-09-??, C. Ford s. n. (GH).

火石花 *Gerbera delavayi* Franch. in J. Bot., Morot 2(5): 68. 1888. **Isotype:** China. Yunnan: Eryuan, Choui-tsin-yn, alt. 1 800 m, (1883-1885)-??-??, J. M. Delavay 1918 (A).

阔舌大丁草 *Gerbera latiligulata* Y. C. Tseng in Acta Bot. Austr. Sin. 3: 11, f. 1:1-12. 1986. **Isotype:** China. Yunnan: Chio-kia (= Qiaojia), Liang-shan, 1932-09-14, H. T. Tsai 52018 (GH).

光叶火石花 *Gerbera raphanifolia* Franch. in J. Bot., Morot 2: 67. 1888. **Isosyntype:** China. Yunnan: Heqing, Mo-che-tchin, Ta-pin-tze, 1888-10-24, J. M. Delavay s. n. (A).

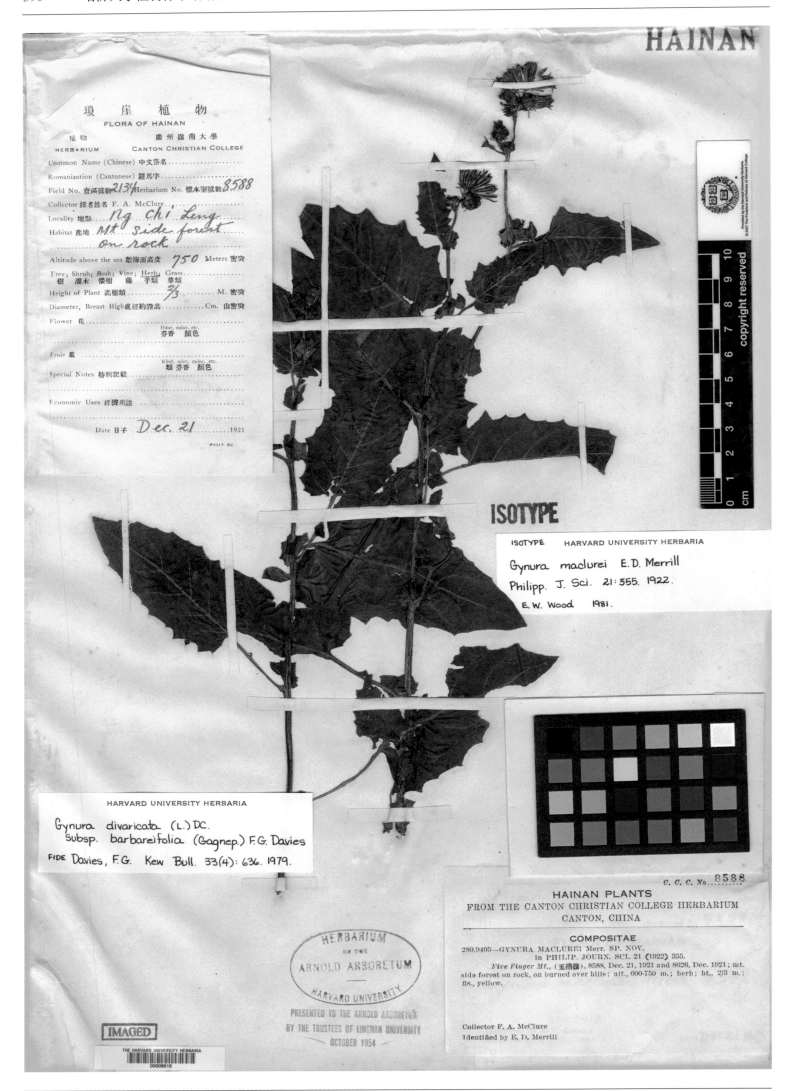

海南菊三七 *Gynura maclurei* Merr. in Philipp. J. Sci. 21: 355. 1922. **Isotype:** China. Hainan: Qiongzhong, Wuzhi Shan, alt. 750 m, 1921-12-21, F. A. McClure 2134 (=Canton Christian College 8588) (A).

Gynura ovalis var. pinnatifida Hemsl.

ISOTYPE

Det. Shiu-ying Hu   Jan. 2, 1967
ARNOLD ARBORETUM, HARVARD UNIVERSITY

FROM HERB. ROYAL GARDENS, KEW.

IMAGED

THE HARVARD UNIVERSITY HERBARIA
00008619

羽状半裂菊三七 *Gynura ovalis* (Ker-Gawl.) DC. var. *pinnatifida* Hemsl. in J. Linn. Soc. Bot. 23: 448. 1888. **Isotype:** China. Guangdong: Pakhoi, Playfair s. n. (GH).

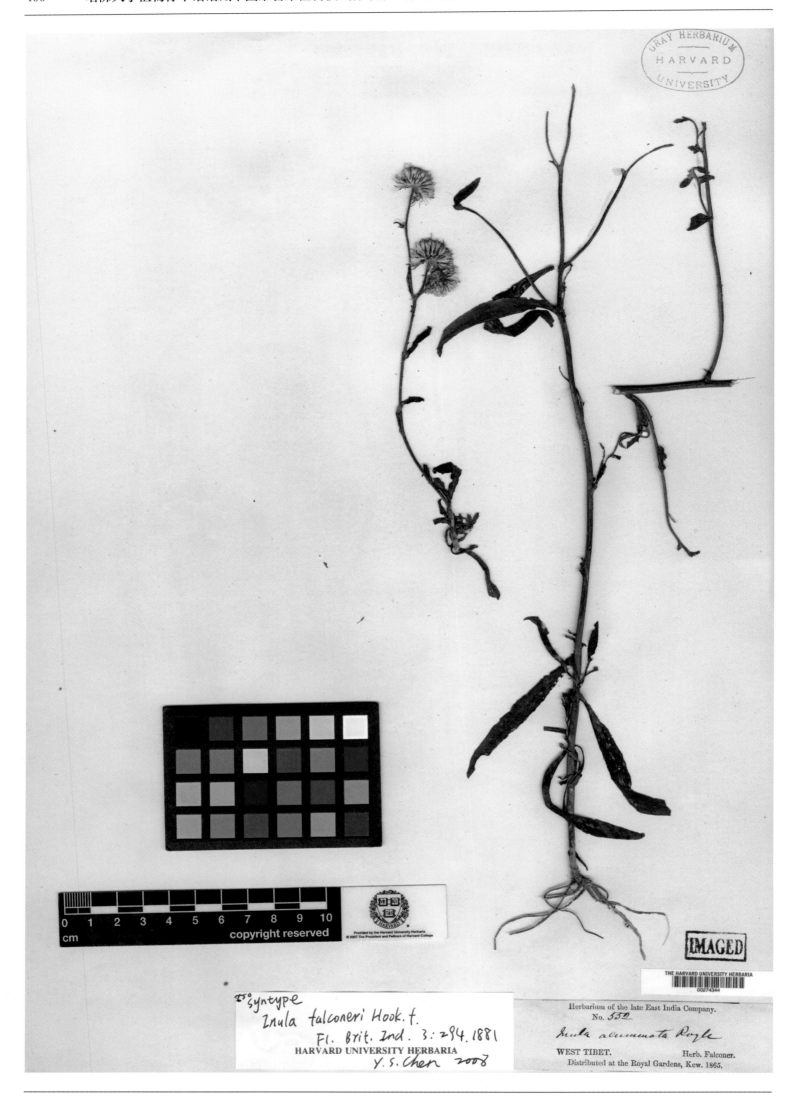

西藏旋覆花 *Inula falconeri* Hook. f. Fl. Brit. India 3: 294. 1881. **Isosyntype:** China. Xizang: Western Xizang, Herb. Falconer 552 (GH).

拟羊耳菊 *Inula forrestii* Anth. in Not. Roy. Bot. Gard. Edinb. 18: 197. 1934. **Isotype:** China. Yunnan: Zhongdian (=Shangri-La), 27°45′ N, alt. 3 050 m, 1913-08-??, G. Forrest 10723 (A).

平菊川木香 *Jurinea platylepis* Hand.-Mazz. in Notizbl. Bot. Gart. Mus. Berlin. 13: 658. 1937. **Isosyntype:** China. Sichuan: Muli, alt. 3 700 m, 1928-07-??, J. F. Rock 16671 (GH).

台湾苦荬菜 *Lactuca oldhamii* Maxim. in Bull. Acad. Imp. Sci. St.-Petersb. sér. 3. 19: 532. 1874. **Isosyntype:** China. Taiwan: Taipei, Tamsuy, 1864-??-??, R. Oldham 290 (GH).

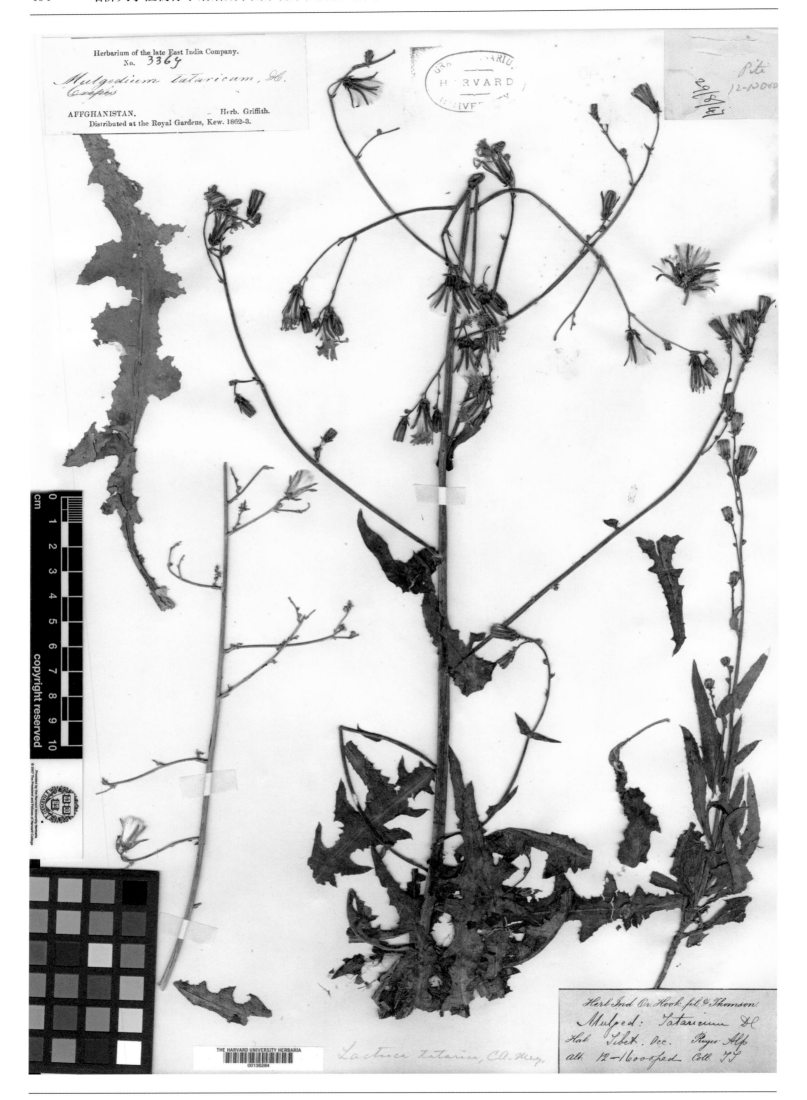

西藏乳苣 *Lactuca tatarica* (L.) C. A. Mey var. *tibetica* Hook. f. Fl. Brit. Ind. 3: 406. 1881. **Isosyntype:** China. Xizang: Western Xizang, Nubra, alt. 3 660~4 880 m, T. Thomson s. n. (GH).

Material from Packet

具钩稻搓菜 *Lapsana uncinata* Stebbins in Madroño 4: 154. 1938. **Isotype:** China. Anhui: Ta Tung (=Tongling), 1924-04-22, A. N. Steward 5248 (GH).

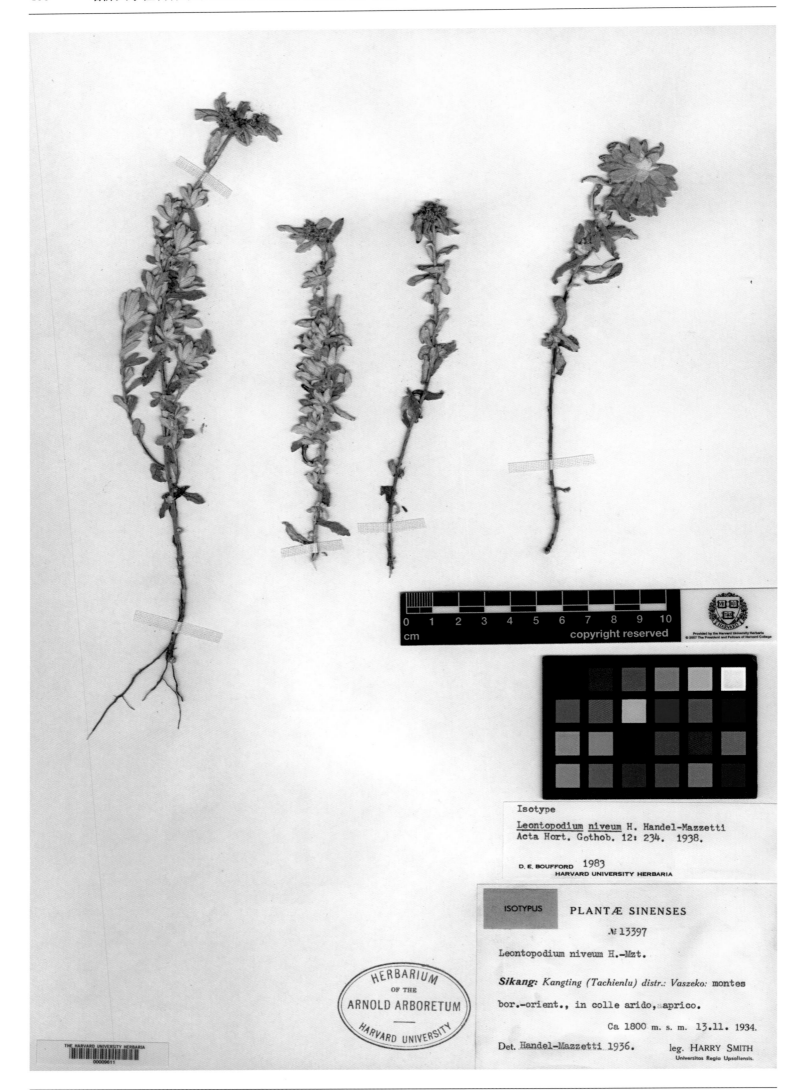

Isotype

Leontopodium niveum H. Handel-Mazzetti
Acta Hort. Gothob. 12: 234. 1938.

D. E. BOUFFORD 1983
HARVARD UNIVERSITY HERBARIA

ISOTYPUS PLANTÆ SINENSES

№ 13397

Leontopodium niveum H.-Mzt.

Sikang: *Kangting (Tachienlu) distr.: Vaszeko: montes*
bor.-orient., in colle arido, aprico.

Ca 1800 m. s. m. 13.11. 1934.

Det. Handel-Mazzetti 1936.   leg. HARRY SMITH
Universitas Regia Upsaliensis.

HERBARIUM OF THE ARNOLD ARBORETUM HARVARD UNIVERSITY

白雪火绒草 *Leontopodium niveum* Hand.-Mazz. in Acta Horti Gothob. 12: 234. 1938. Isotype: China. Sichuan: Kangding, alt. 1 800~1 900 m, 1934-11-13, H. Smith 13397 (A).

Isotype

Leontopodium rosmarinoides H. Handel-Mazzetti
Acta Hort. Gothob. 12: 231. 1938.

D. E. BOUFFORD 1983
HARVARD UNIVERSITY HERBARIA

ISOTYPUS   PLANTÆ SINENSES

№ 13034

Leontopodium rosmarinoides Hand.-Mzt.

Sikang: Kangting (Tachienlu): mont. orient. prope
urbem in declivo aprico, calcareo.

Ca 2600 m. s. m. 4. 11. 1934.

Det. Handel-Mazzetti 1936.   leg. HARRY SMITH
Universitas Regia Upsaliensis.

迷迭香火绒草 *Leontopodium rosmarinoides* Hand.-Mazz.in Acta Horti Gothob. 12: 231. 1938. **Isotype:** China. Sichuan: Kangding, alt. 2 600 m, 1934-11-04, H. Smith 13034 (A).

银叶火绒草 *Leontopodium souliei* Beauverd in Bull. Soc. Bot. Gen. Sér. 2 (1): 191, 195, 375, pl. 5: 4–7. 1909. **Isotype:** China. Xizang: Tongolo, 1893-??-??, J. A. Soulie 520 (A).

木茎火绒草 *Leontopodium stoechas* Hand.-Mazz. in Acta Horti Gothob. 1: 118. 1924. **Syntype:** China. Sichuan: Mao-chou (=Maowen), alt. 2 000 m, 1922-06-29, H. Smith 2292 (A).

葡枝火绒草 *Leontopodium stoloniferum* Hand.-Mazz. in Acta Horti Gothob. 12: 235. 1938. **Isotype:** China. Sichuan: Taofu (= Dawu), alt. 3 000 m, 1934-09-17, H. Smith 12191 (A).

狭舌橐吾 *Ligularia angustiligulata* C. C. Chang in Acta Phytotax. Sin. 1(3–4): 316. 1951. **Isotype:** China. Yunnan: Che-tse-lo (=Bijiang), alt. 4 000 m, 1934-08-18, H. T. Tsai 58004 (A).

乌苏里橐吾 *Ligularia calthaefolia* Maxim. in Bull. Acad. Imp. Sci. St.-Petersb. sér. 15: 374. 1871. **Isotype:** China. Heilongjiang: Southern Manchuria, Precise locality not known, 1860-07-??, C. J. Maximowicz s. n. (GH).

SMITHSONIAN INSTITUTION
From THE UNITED STATES NATIONAL HERBARIUM

PLANTS OF THE MULI (OR MILI) KINGDOM,
SOUTHWESTERN SZECHUAN, CHINA

Ligularia crassa Hand.-Mazz.
Fls yellow.

Mount Mitzuga, west of Muli Gomba; altitude 3050-4875
meters

No. 16592 J. F. ROCK, Collector June, 1928

THE HARVARD UNIVERSITY HERBARIA
00125053

Ligularia cymbulifera (W.W. Smith) H.-M.

Det. Liu shang-wu July 9, 1999
HARVARD UNIVERSITY HERBARIA

Isotype
Ligularia crassa Hand.-Mazz.
Y. S. Chen Jan 2007
HARVARD UNIVERSITY HERBARIA

Bot. Jahrb. Syst. 69:108. 1939

粗大橐吾 *Ligularia crassa* Hand.-Mazz. in Bot. Jahrb. Syst. 69: 108. 1939. **Isosyntype:** China. Sichuan: Muli, alt. 3 050~4 875 m, 1928-06-??, J. F. Rock 16592 (GH).

甘肃橐吾 *Ligularia kansuensis* Hand.-Mazz. in Bot. Jahrb. Syst. 69: 125. 1938. **Isosyntype:** China. Gansu: Choni, Taochou, alt. 3 100~3 300 m, 1923-09-(07-15), R. C. Ching 999 (GH).

Isotype
Ligularia melanothyrsa Hand.-Mazz.
in Bot. Jahrb. 69: 119. 1938
HARVARD UNIVERSITY HERBARIA
Y. S. Chen   Feb. 2001

GRAY HERBARIUM
HARVARD
UNIVERSITY

Ligularia kanitzensis (Fr.) H.-M.

Det. Liu Shang-Wu   July 10, 1999
HARVARD UNIVERSITY HERBARIA

THE HARVARD UNIVERSITY HERBARIA
00125142

not   Ligularia melanothyrsa Hand.-Mazz.

SMITHSONIAN INSTITUTION
From THE UNITED STATES NATIONAL HERBARIUM

PLANTS OF THE MULI (OR MILI) KINGDOM,
SOUTHWESTERN SZECHUAN, CHINA

Mountains between the Litang and Yalung rivers, between
Muli Gomba and Baurong and Wa-Erh-Dje   alt. 4300 m.

No. 16724 II   J. F. ROCK, Collector   July, 1928

copyright reserved

黑穗橐吾 *Ligularia melanothyrsa* Hand.-Mazz. in Bot. Jahrb. Syst. 69: 119. 1938. **Isosyntype:** China. Sichuan: Muli, alt. 4 300 m, 1928-07-??, J. F. Rock 167242 (GH).

裸茎橐吾 *Ligularia nudicaulis* C. C. Chang in Acta Phytotax. Sin. 1: 317. 1951. **Isotype:** China. Yunnan: Dêqên, alt. 2 700 m, 1935-09-??, C. W. Wang 70148 (A).

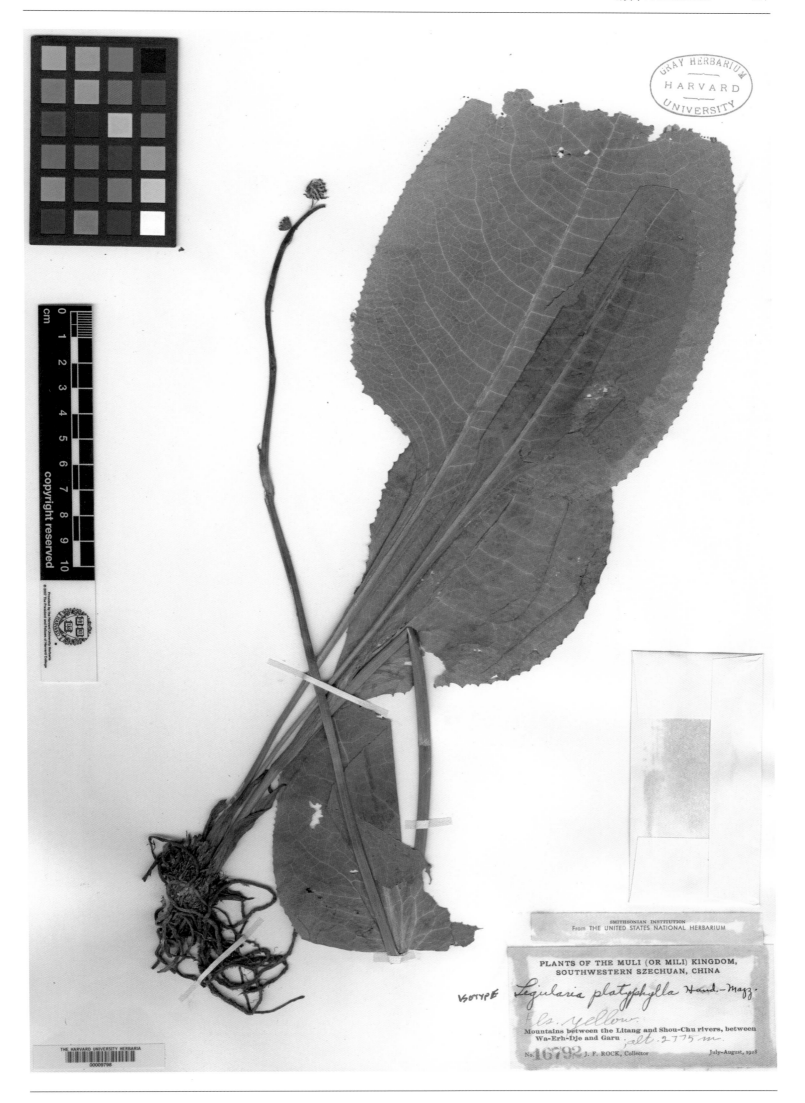

阔叶橐吾 *Ligularia platyphylla* Hand.-Mazz. in Bot. Jahrb. Syst. 69: 119. 1938. **Isotype:** China. Sichuan: Muli, alt. 2 775 m, 1928-(07-08)-??, J. F. Rock 16792 (GH).

独舌橐吾 *Ligularia rockiana* Hand.-Mazz. in Bot. Jahrb. Syst. 69: 110. 1938. **Isosyntype:** China. Yunnan: Weixi, alt. 4 000~4 150 m, 1928-08-??, J. F. Rock 17167 (GH).

蚂蚱腿子 *Myripnois dioica* Bunge, Enum. Pl. China Bor. 38. 1833. **Isotype:** China. Northern China, Montium Zui-wey-schan, 1831-04-??, A. A. v. Bunge s. n. (GH).

Ex herb. horti bot. Petropolitani.

Maximowicz. Iter secundum.

Nabalus ochroleucus Maxim. n. sp.

Mandshuria austro-orientalis. *Septembri* 1860.
Port May & Deans Dundas.

耳菊 *Nabalus ochroleucus* Maxim. in Bull. Acad. Imp. Sci. St.-Petersb. sér. 3. 15: 376. 1871. **Isotype:** China. Jilin: Precise locality not known, 1860-09-??, May & Deans Dundas s. n. (GH).

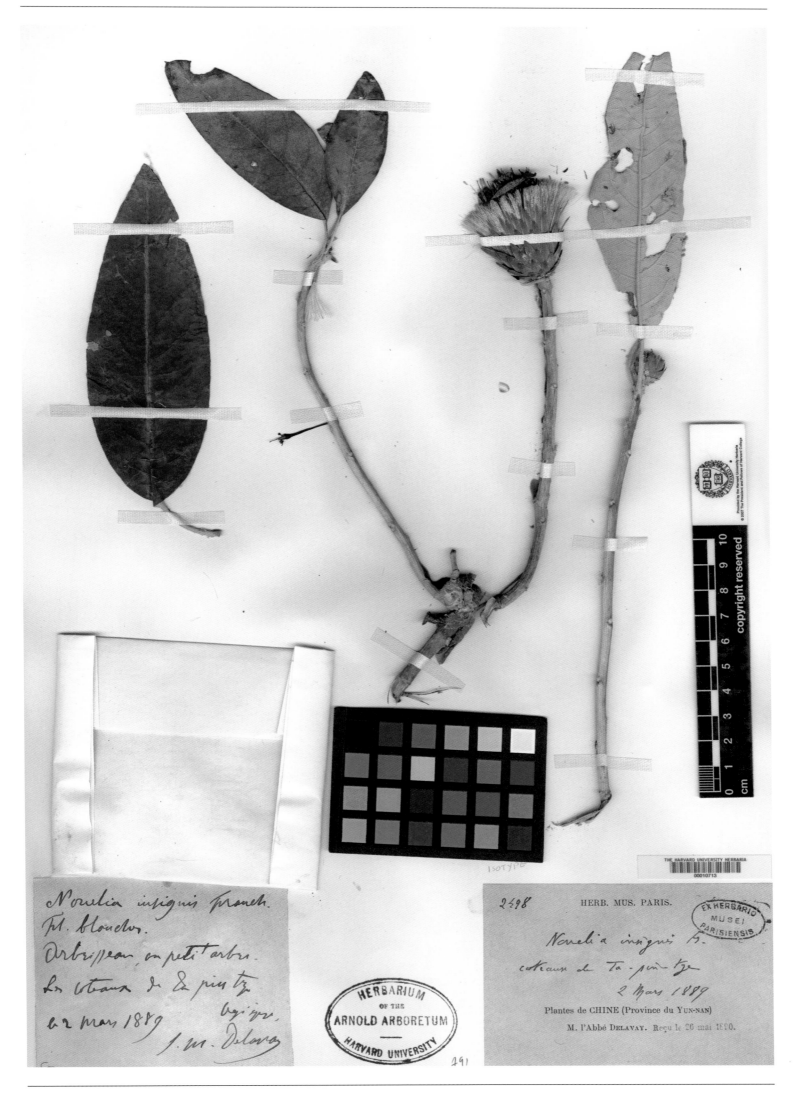

枇菊木 *Nouelia insignis* Franch. in J. Bot., Morot 2: 67, t. 2. 1888. **Isosyntype:** China. Yunnan: Heqing, Ta-pin-tze, 1889-03-02, J. M. Delavay 2498 (A).

湖北蟹甲草 *Parasenecio dissectus* Y. S. Chen in Ann. Bot. Fenn. 48: 166, f. 1. 2011. **Holotype:** China. Hubei: Western Hubei, Precise locality not known, (1885-1888)-??-??, A. Henry 6487 (GH).

戟状蟹甲草 *Parasenecio hastiformis* Y. L. Chen in Acta Phytotax. Sin. 34(6): 641, f. 1. 1996. **Isotype:** China. Yunnan: Lijiang, alt. 3 000~3 500 m, 1939-09-18, R. C. Ching 30626 (A).

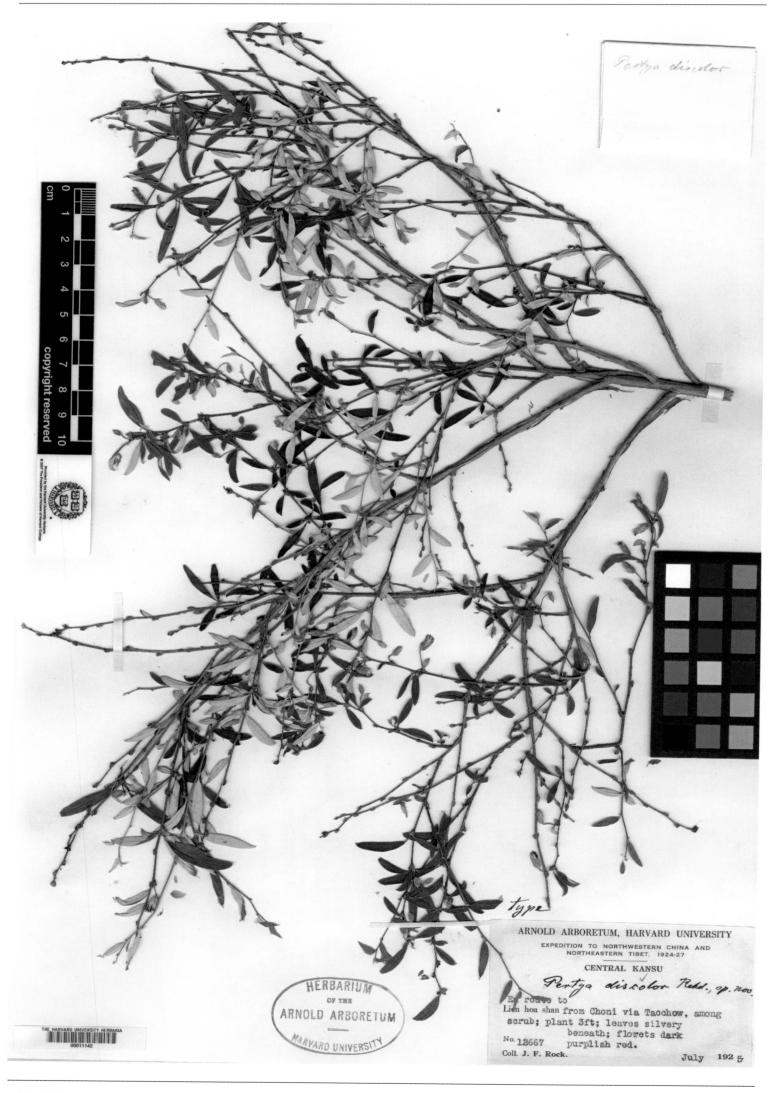

两色帚菊 Pertya discolor Rehd. in J. Arnold Arbor. 10: 135. 1929. **Holotype:** China. Gansu: Choni (=Jonê), Lien Hoa Shan, 1925-07-??, J. F. Rock 12667 (A).

腾冲蜂斗菜 *Petasites mairei* Lévl. in Bull.Géogr. Bot. 25: 15. 1915. **Isotype:** China. Yunnan: Tengchong, Ho-Ki-Keou, alt. 3 000 m, 1912-03-??, E. E. Maire s. n. (A).

南川斑鸠菊 *Pluchea rubicunda* C. K. Schneider in Sargent, Pl. Wilson. 3: 418. 1916. **Holotype:** China. Sichuan: Kiating (= Leshan), 1908-09-??, E. H. Wilson 3403 (GH).

亨利紫菊 *Prenanthes henryi* Dunn in J. Linn. Soc. Bot. 35: 514. 1903. **Isosyntype:** China. Chongqing: Wushan, (1885-1888)-??-??, A. Henry 7022 A (GH).

川甘风毛菊 *Saussurea acroura* Cummins in Bull. Mis. Inf. Kew 1908(1): 19. 1908. **Isotype:** China. Sichuan: Western Sichuan, Precise locality not known, alt. 2 135 m, 1903-08-24, E. H. Wilson 3894 (A).

翼柄风毛菊 *Saussurea alatipes* Hemsl. in J. Linn. Soc. Bot. 29: 308. 1892. **Isosyntype:** China. Chongqing: Wushan, (1885-1888)-??-??, A. Henry 7141 (GH).

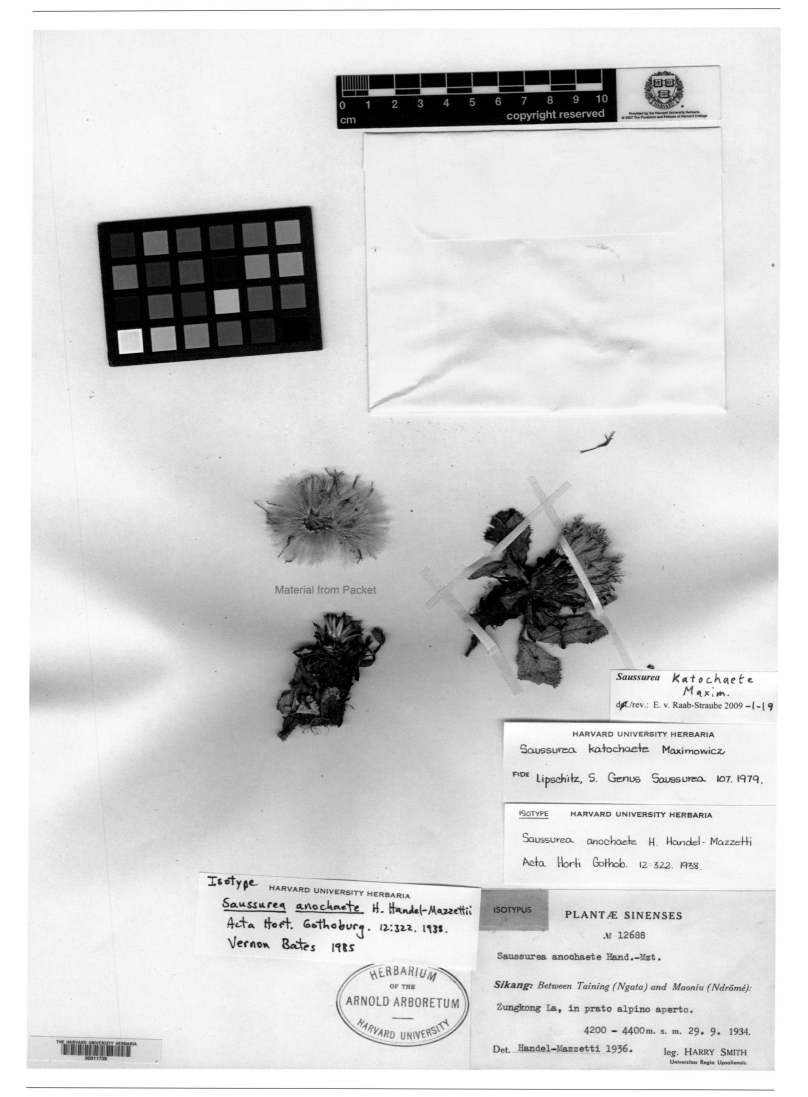

道孚风毛菊 *Saussurea anochaete* Hand.-Mazz. in Acta Horti Gothob. 12: 322. 1938. **Isotype:** China. Sichuan: Taining (=Dawu), alt. 4 200~4 400 m, 1934-09-29, H. Smith 12688 (A).

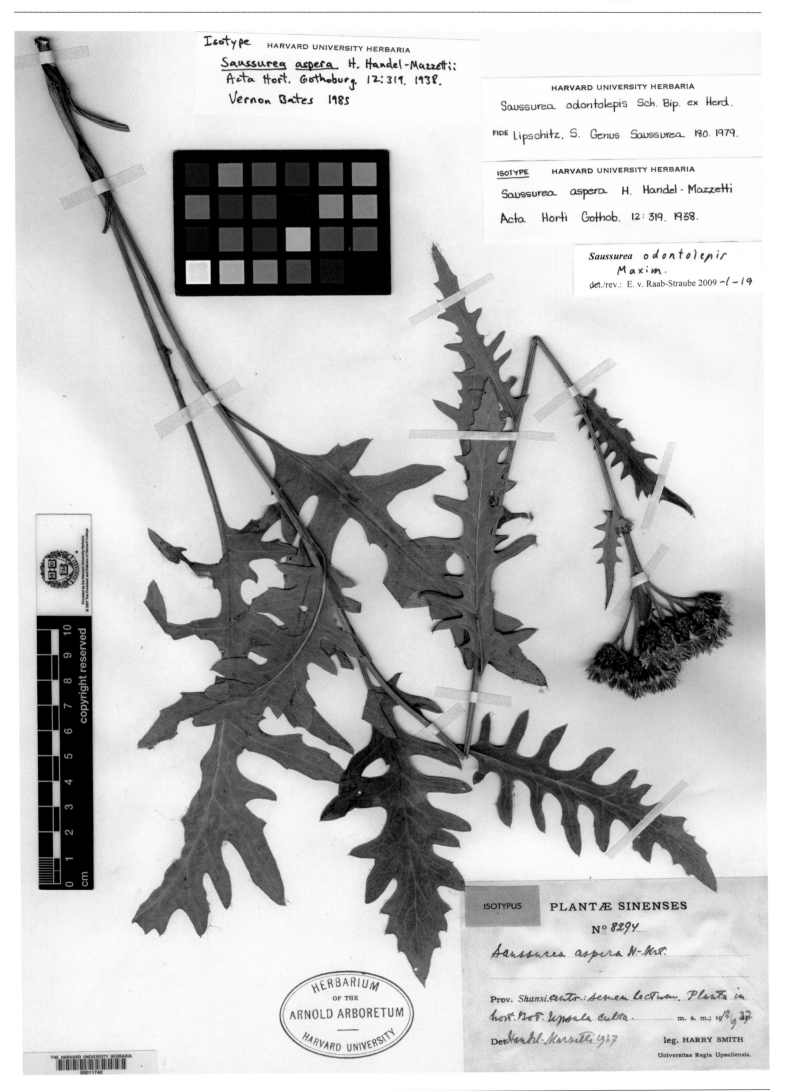

粗糙风毛菊 *Saussurea aspera* Hand.-Mazz. in Acta Horti Gothob. 12: 319. 1938. **Isotype:** China. Shanxi: Chieh-hsiu, Mienshan, 1937-09-12, H. Smith 8294 (A).

耳叶风毛菊 *Saussurea auriculata* Hemsl. in J. Linn. Soc. Bot. 29: 308. 1892. **Isotype:** China. Hubei: Fang Xian, alt. 2 135~2 898 m, (1885-1888)-??-??, A. Henry 6789 (GH).

短苞风毛菊 *Saussurea brachylepis* Hand.-Mazz. in Acta Horti Gothob. 12: 326. 1938. **Isotype:** China. Sichuan: Taofu (=Dawu), alt. 3 600 m, 1934-09-04, H. Smith 11774 (A).

异色风毛菊 *Saussurea brunneopilosa* Hand.-Mazz. in Notizbl. Bot. Gart. Berlin. 13: 651. 1937. **Isotype:** China. Gansu: Choni (=Jonê), Lien Hoa Shan, alt. 3 508 m, 1925-07-20, J. F. Rock 12721 (GH).

贵定风毛菊 *Saussurea cavaleriei* Lévl. & Vaniot in Fedde, Repert. Sp. Nov. 8: 401. 1910. **Isotype:** China. Guizhou: Guiding, Pin-Fa, 1908-10-??, J. Cavalerie 2976 (A).

Material from Packet

from left hand
specimen

ISOSYNTYPE
Saussurea chetchozensis Franch.
in J. Bot.(Morot)2:359.1888
HARVARD UNIVERSITY HERBARIA
E. Raab-Straube 2009-1-26

HERB. MUS. PARIS.

Saussurea chetchozis Fr.
Che-tcho-tze

Plantes de CHINE (Province du Yun-nan)
M. l'Abbé Delavay.

THE HARVARD UNIVERSITY HERBARIA
00126061

大坪风毛菊 *Saussurea chetchozensis* Franch. in. J. Bot., Morot 2: 359. 1888. **Isosyntype:** China. Yunnan: Heqing, Che-tcho-tze, alt. 2 000 m, J. M. Delavay 2510 (A).

Material from Packet

ISOTYPE   HARVARD UNIVERSITY HERBARIA

Saussurea ciliaris A. Franchet

J. Bot. (Morot) 2: 337. 1888.

ISOTYPE

2105.

HERB. MUS. PARIS.

Saussurea ciliaris Fr.

Sur le col de Genitn-hay

27 8 86.

Plantes de CHINE (Province du Yun-nan)

M. l'Abbé Delavay.

2105.

Ex HERB. MUS. PARIS.

Saussurea ciliaris Franch

Fl. bleues. sommet des collines au dessus du
col de Yen-tze-hay (Lankong) 3500 m d'alt.

Plantes de CHINE (Province du Yun-nan).

M. l'abbé Delavay. 27 aout 1886

硬叶风毛菊 *Saussurea ciliaris* Franch. in J. Bot., Morot 2: 337. 1888. **Isotype:** China. Yunnan: Eryuan, Yen-tze-hay, alt. 3 500 m, 1886-08-27, J. M. Delavay 2105 (A).

蓟状风毛菊 *Saussurea cirsium* Lévl. in Fedde, Repert. Sp. Nov. 12: 284. 1913. **Isotype:** China. Yunnan: Dongchuan, alt. 2 600 m, 1912-09-??, E. E. Maire s. n. (A).

假蓬风毛菊 *Saussurea conyzoides* Hemsl. in J. Linn. Soc. Bot. 29: 309. 1892. **Isotype:** China. Hubei: Fang Xian, (1885-1888)-??-??, A. Henry 7575 (GH).

HARVARD UNIVERSITY HERBARIA
ISOLECTOTYPE
Saussurea cordifolia W. B. Hemsley
fide S. Lipschitz, Gen. Saussurea 186. 1979.

D. E. Boufford 1981

HARVARD UNIVERSITY HERBARIA　SYNTYPE
Saussurea cordifolia W. B. Hemsley
J. Linn. Soc. Bot. 29: 310. 1892.

D. E. Boufford 1981

S. cordifolia Hemsl.
cited as such in the original description.

DR. AUG. HENRY'S COLLECTIONS FROM
CENTRAL CHINA, 1885-88.

NO. 6640.

Saussurea triangulata
Trautv. Mey. var.

Prov. HUPEH.

THE HARVARD UNIVERSITY HERBARIA
00011745

心叶风毛菊 *Saussurea cordifolia* Hemsl. in J. Linn. Soc. Bot. 29: 310. 1892. **Isosyntype:** China. Hubei: Fang Xian, (1885-1888)-??-??, A. Henry 6640 (GH).

下延风毛菊 *Saussurea decurrens* Hemsl. in J. Linn. Soc. Bot. 29: 310. 1892. **Isotype:** China. Hubei: Fang Xian, (1885-1888)-??-??, A. Henry 6775 (GH).

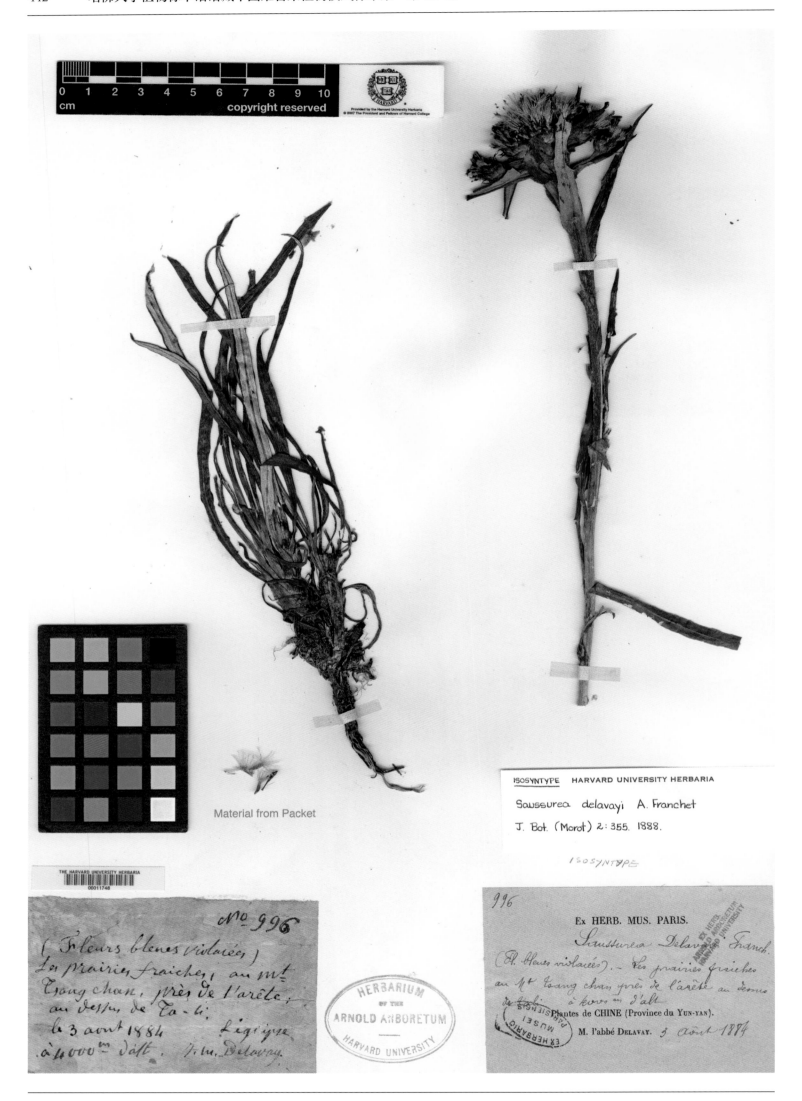

大理雪兔子 *Saussurea delavayi* Franch. in J. Bot., Morot 2: 355. 1888. **Isosyntype:** China. Yunnan: Dali, Cang Shan, alt. 4 000 m, 1884-08-03, J. M. Delavay 996 (A).

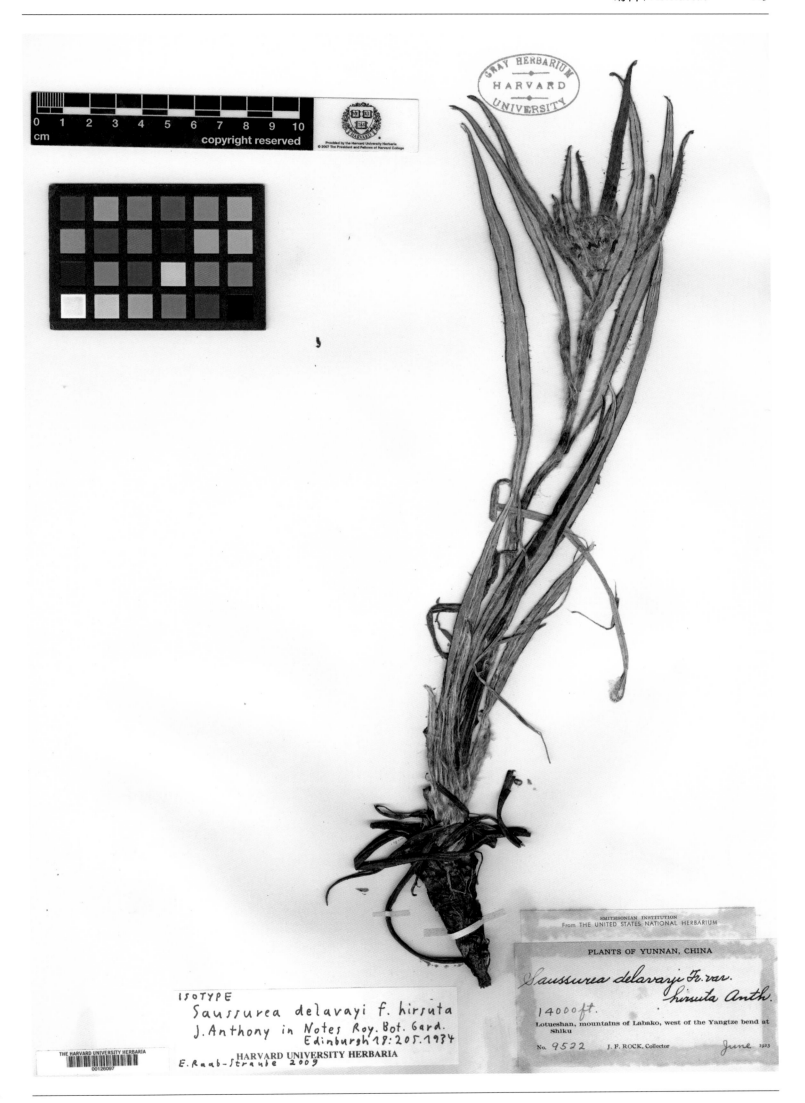

ISOTYPE
Saussurea delavayi f. hirsuta
J. Anthony in Notes Roy. Bot. Gard.
Edinburgh 18:205.1934
E. Raab-Straube 2009
HARVARD UNIVERSITY HERBARIA

SMITHSONIAN INSTITUTION
From THE UNITED STATES NATIONAL HERBARIUM

PLANTS OF YUNNAN, CHINA

Saussurea delavayi Fr. var.
hirsuta Anth.
14000 ft.
Lotueshan, mountains of Labako, west of the Yangtze bend at Shiku
No. 9522   J. F. ROCK, Collector   June 1923

硬毛雪兔子 Saussurea delavayi Franch. f. **hirsuta** Anth. in Notes Roy. Bot. Gard. Edinb. 18: 205. 1934. **Isotype:** China. Yunnan: Lijiang, alt. 4 270 m, 1923-06-??, J. F. Rock 9522 (GH).

长梗风毛菊 *Saussurea dolichopoda* Diels in Bot. Jahrb. Syst. 29: 623. 1901. **Isotype:** China. Hubei: Western Hubei, (1885-1888)-??-??, A. Henry 6481 (GH).

Saussurea epilobioides Maxim.
det./rev.: E. v. Raab-Straube 2009-1-22

Isotype HARVARD UNIVERSITY HERBARIA
Saussurea epilobioides Maxim
var. *cana* H. Handel-Mazzetti
Acta Hort. Gothoburg. 12:318. 1938.
Vernon Bates 1985

HARVARD UNIVERSITY HERBARIA
= *Saussurea epilobioides* Maximowicz.
FIDE Lipschitz, S. Genus Saussurea 232. 1979.

ISOTYPE HARVARD UNIVERSITY HERBARIA
Saussurea epilobioides C.J. Maximowicz
var. *cana* H. Handel- Mazzetti
Acta Horti Gothob. 12: 318. 1938.

HERBARIUM
OF THE
ARNOLD ARBORETUM
—
HARVARD UNIVERSITY

ISOTYPUS **PLANTÆ SINENSES**
№ 11383
Saussurea epilobioides Max.
v. cana H.-Mzt.
Sikang: *Kangting (Tachienlu) distr.: Chungo valley:*
Hsintientzü, in prato herboso-fruticoso.
Ca 3800 m. s. m. 24. 8. 1934.
Det. Handel-Mazzetti 1936.   leg. HARRY SMITH
Universitas Regia Upsaliensis.

灰柳叶菜风毛菊 *Saussurea epilobioides* Maxim. var. *cana* Hand.-Mazz. in Acta Horti Gothob. 12: 318. 1938. **Isotype:** China. Sichuan: Kangding, alt. 3 800 m, 1934-08-24, H. Smith 11383 (A).

腺毛风毛菊 *Saussurea glanduligera* Sch.-Bip. ex Hook. f. Fl. Brit. Ind. 3: 371. 1881. **Isosyntype:** China. Xizang: Western Xizang, Ladak, alt. 4 270~5 185 m, T. Thomson s. n. (GH).

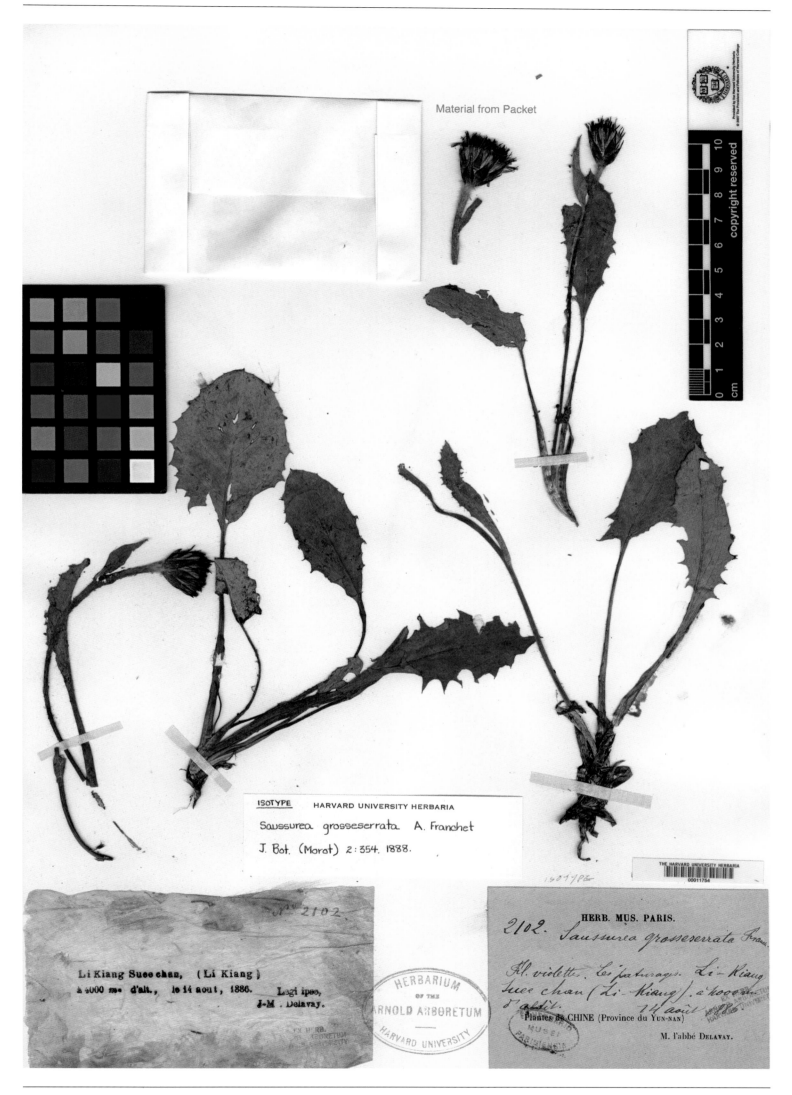

Material from Packet

ISOTYPE   HARVARD UNIVERSITY HERBARIA

Saussurea grosseserrata A. Franchet

J. Bot. (Morot) 2: 354. 1888.

HERB. MUS. PARIS.

2102. Saussurea grosseserrata Franch.

Fl. violette. Les pâturages. Li-Kiang
Suee chan (Li-Kiang). à 4000 mètres
d'alt't.   14 août 1886.

Plantes de CHINE (Province du YUN-NAN)

M. l'abbé DELAVAY.

Li Kiang Suee chan, (Li Kiang)
à 4000 m. d'alt., le 14 août, 1886.   Legi ipse,
J-M. Delavay.

HERBARIUM OF THE ARNOLD ARBORETUM HARVARD UNIVERSITY

粗裂风毛菊 *Saussurea grosseserrata* Franch. in J. Bot., Morot 2: 354. 1888. **Isotype:** China. Yunnan: Lijiang, alt. 4 000 m, 1886-08-14, J. M. Delavay 2102 (A).

巴东风毛菊 *Saussurea henryi* Hemsl. in J. Linn. Soc. Bot. 29: 311. 1892. **Isosyntype:** China. Chongqing: Wushan, (1885-1888)-??-??, A. Henry 7068 (GH).

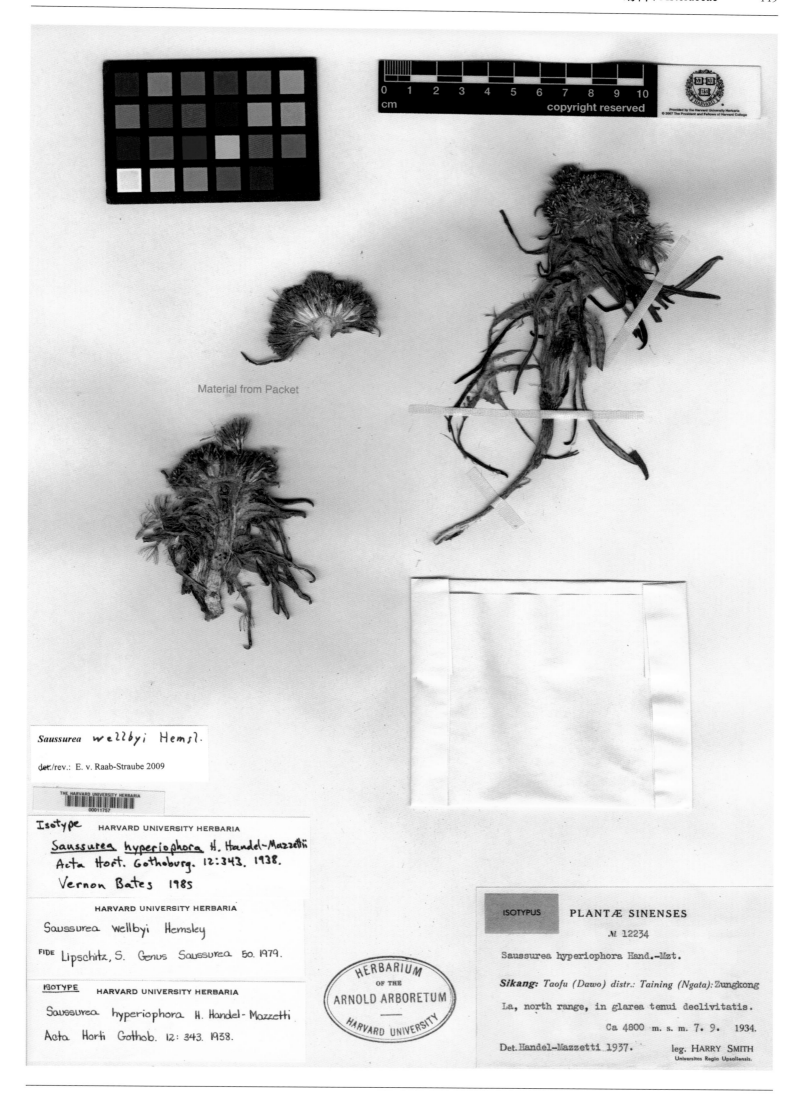

道孚风毛菊 *Saussurea hyperiophora* Hand.-Mazz. in Acta Horti Gothob. 12: 343. 1938. **Isotype:** China. Sichuan: Taofu (=Dawu), alt. 4 800 m, 1934-09-07, H. Smith 12234 (A).

甘肃风毛菊 *Saussurea kansuensis* Hand.-Mazz. in Notizbl. Bot. Gart. Mus. Berlin. 13: 648. 1937. **Isotype:** China. Gansu: Tebbu, T'ao River basin, alt. 3 813 m, 1925-10-??, J. F. Rock 13737 (GH).

亮果风毛菊 *Saussurea lamprocarpa* Hemsl. in J. Linn. Soc. Bot. 23: 465. 1888. **Syntype:** China. Hubei: Yichang, (1885-1888)-??-??, A. Henry 2675 (GH).

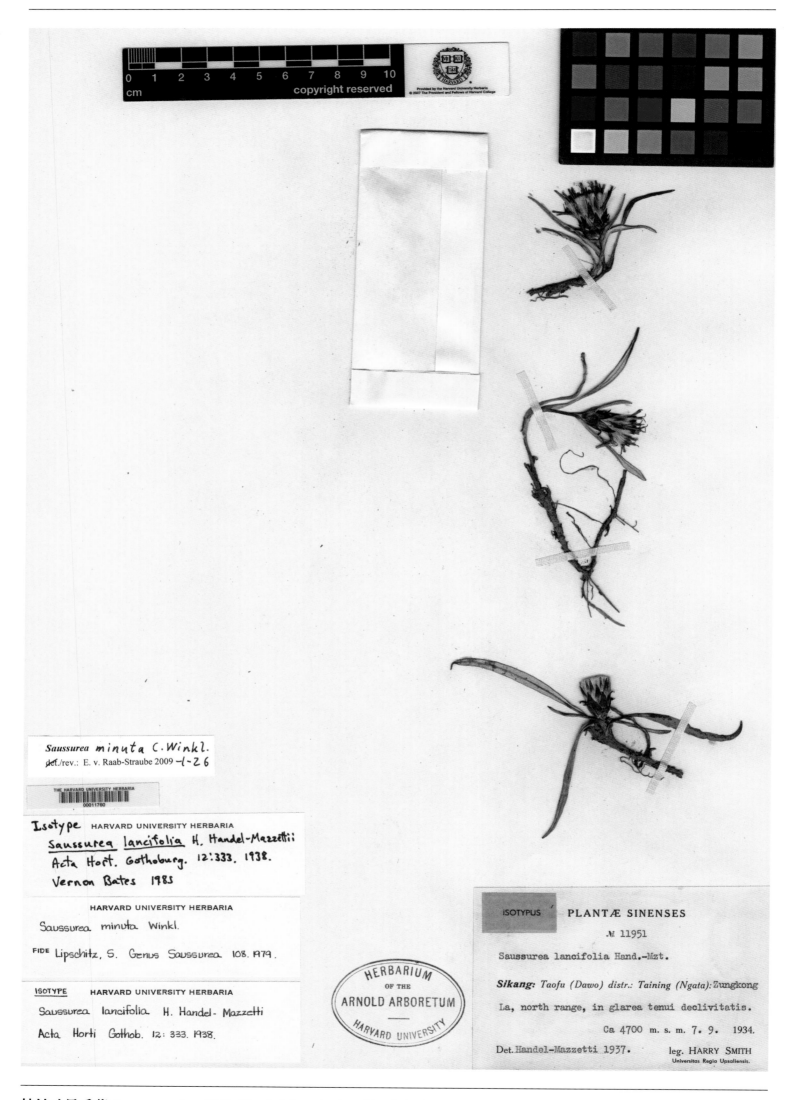

披针叶风毛菊 *Saussurea lancifolia* Hand.-Mazz. in Acta Horti Gothob. 12(9): 333. 1938. **Isotype:** China. Sichuan: Taofu (=Dawu), alt. 4 700 m, 1934-09-07, H. Smith 11951 (A).

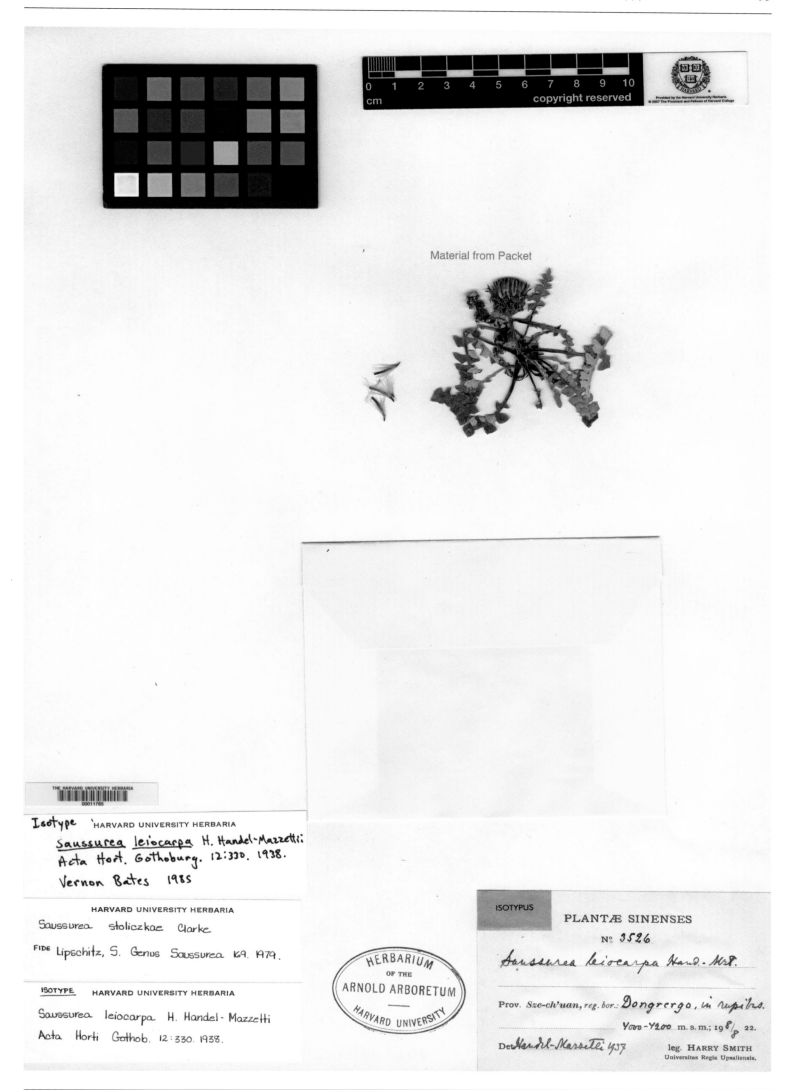

Material from Packet

Isotype   'HARVARD UNIVERSITY HERBARIA
Saussurea leiocarpa H. Handel-Mazzetti
Acta Hort. Gothoburg. 12:330. 1938.
Vernon Bates 1985

HARVARD UNIVERSITY HERBARIA
Saussurea stoliczkae Clarke
FIDE Lipschitz, S. Genus Saussurea 169. 1979.

ISOTYPE   HARVARD UNIVERSITY HERBARIA
Saussurea leiocarpa H. Handel-Mazzetti
Acta Horti Gothob. 12:330. 1938.

HERBARIUM
OF THE
ARNOLD ARBORETUM
—
HARVARD UNIVERSITY

ISOTYPUS
PLANTÆ SINENSES
N° 3526
Saussurea leiocarpa Hand.-Mzt.
Prov. Sze-ch'uan, reg. bor.: Dongrergo, in rupibus.
Y000-Y200 m. s. m.; 19 8/8 22.
Det. Handel-Mazzetti 1937   leg. HARRY SMITH
Universitas Regia Upsaliensis.

平滑果风毛菊 *Saussurea leiocarpa* Hand.-Mazz. in Acta Horti Gothob. 12: 330, f. 6a. 1938. **Isotype:** China. Sichuan: Songpan, alt. 4 000~4 200 m, 1922-08-08, H. Smith 3526 (A).

西宁风毛菊 *Saussurea likiangensis* Franch. var. **siningensis** Hand.-Mazz. in Acta Horti Gothob. 12: 336. 1938. **Isotype:** China. Qinghai: Xining, alt. 3 000~3 300 m, 1923-07-(24-25), R. C. Ching 634 (GH).

宝璐雪莲 *Saussurea luae* Raab-Straube in Willdenowia 39: 103. 2009. **Isotype:** China. Sichuan: Taofu (=Dawu), alt. 4 350 m, 2000-09-23, Raab-Straube, M. Smalla & H. Sun 1134 (A).

东北风毛菊 *Saussurea manshurica* Kom. in Trudy Imp. St.-Peterb. Bot. Sada 18(3): 424. 1901. **Isosyntype:** China. Heilongjiang: Amur, 1895-08-20, V. L. Komarov 1614 (GH).

copyright reserved

Saussurea paxiana Diels
Isoneotype (Neotype at GB)
(Holotype WRSL!; non B amissus)
HARVARD UNIVERSITY HERBARIA
E. RAAB-STRAUBE 2009

Material from Packet

THE HARVARD UNIVERSITY HERBARIA
00011768

NEOTYPE   HARVARD UNIVERSITY HERBARIA

Saussurea paxiana L. Diels
Feddes Repert. Spec. Nov. Regni Veg. Beih. 12:512.
1922.
NEOTYPE designated by S. Lipschitz, Genus Saussurea
51. 1979.

HERBARIUM
OF THE
ARNOLD ARBORETUM
HARVARD UNIVERSITY

PLANTÆ SINENSES

№ 11631

Saussurea Paxiana Diels

Sikang: Kangting (Tachienlu) distr.: Tapaoshan, in
jugo occid. in glarea tenui clivorum.
4400 - 4600 m. s. m. 20. 8. 1934.
Det. Handel-Mazzetti 1936.   leg. HARRY SMITH
Universitas Regia Upsaliensis.

红叶雪兔子 *Saussurea paxiana* Diels in Fedde, Repert. Sp. Nov. 12: 512. 1922. **Neotype** (designated by S. Lipschitz, Genus Saussurea 51. 1979.): China. Sichuan: Kangding, alt. 4 400~4 600 m, 1934-08-20, H. Smith 11631 (A).

多鞘雪莲 *Saussurea polycolea* Hand.-Mazz. in Notizbl. Bot. Gart. Berlin. 13: 654. 1937. **Isosyntype:** China. Sichuan: Muli, alt. 4 460 m, 1929-09-??, J. F. Rock 18127 (GH).

杨叶风毛菊 *Saussurea populifolia* Hemsl. in J. Linn. Soc. Bot. 29: 311. 1892. **Isotype:** China. Hubei: Xingshan, alt. 2 898 m, (1885-1888)-??-??, A. Henry 6942 (GH).

显鞘风毛菊 *Saussurea rockii* Anth. in Notes Roy. Bot. Gard. Edinb. 18: 211. 1934. **Isotype:** China. Yunnan: Lijaing, alt. 4 880 m, 1922-(05-10)-??, J. F. Rock 5732 (GH).

史氏风毛菊 *Saussurea smithiana* Hand.-Mazz. in Acta Horti Gothob. 12: 310. 1938. **Isotype:** China. Sichuan: Kangding, alt. 3 000 m, 1934-08-04, H. Smith 10996 (A).

心叶风毛菊 *Saussurea subcordata* F. H. Chen in Bull. Fan Mem. Inst. Biol. Bot. 6: 98. 1935. **Isotype:** China. Sichuan: Mo-Tien-Ling, alt. 2 200 m, 1930-09-01, F. T. Wang 22470 (GH).

条叶风毛菊 *Saussurea vittifolia* Anth. in Notes Roy. Bot. Gard. Edinb. 18: 215. 1934. **Isotype:** China. Yunnan: Zhongdian (=Shangri-La), alt. 3 050 m, 1913-07-??, G. Forrest 10603 (GH).

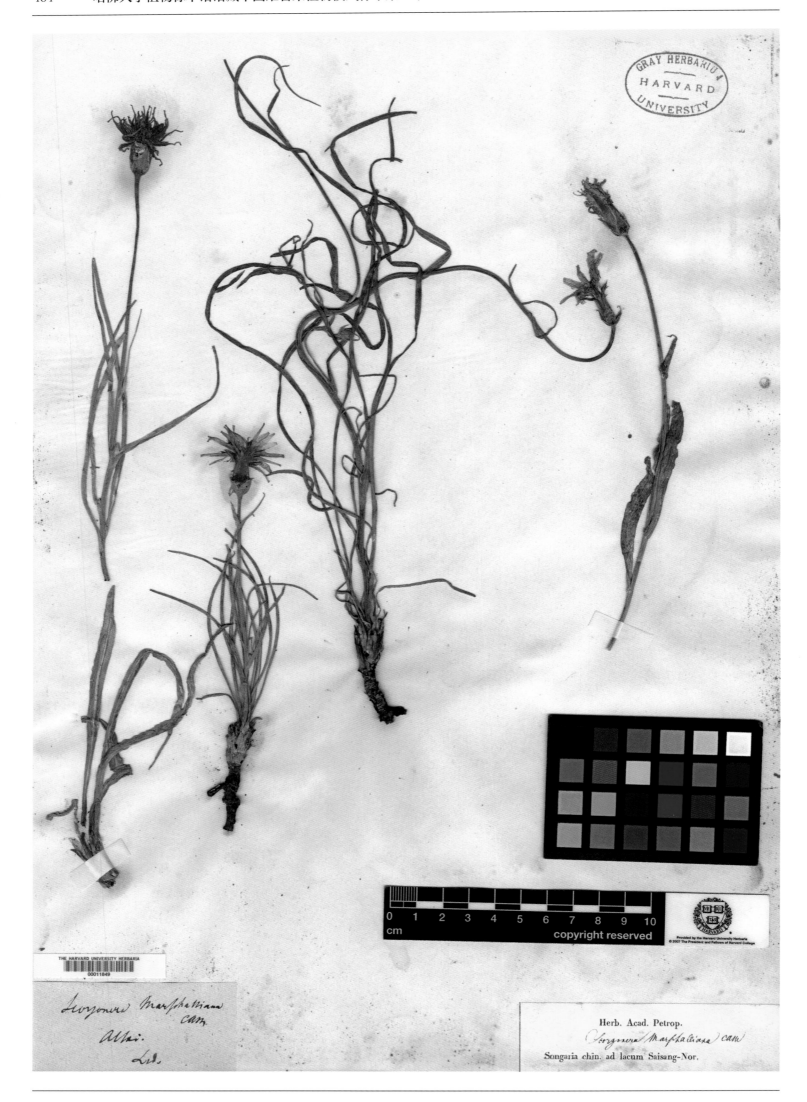

阿尔泰鸦葱 *Scorzonera marschalliana* C. A. Meyer ex Bongard & C. A. Meyer in Mem. Acad. Imp. Sci. St.-Petersb. sér. 6. Sci. Math. 4: 200. 1841. **Isosyntype:** China. Xinjiang: Altai, Songaria, Saisang-Nor, C. F. Ledebour s. n. (GH).

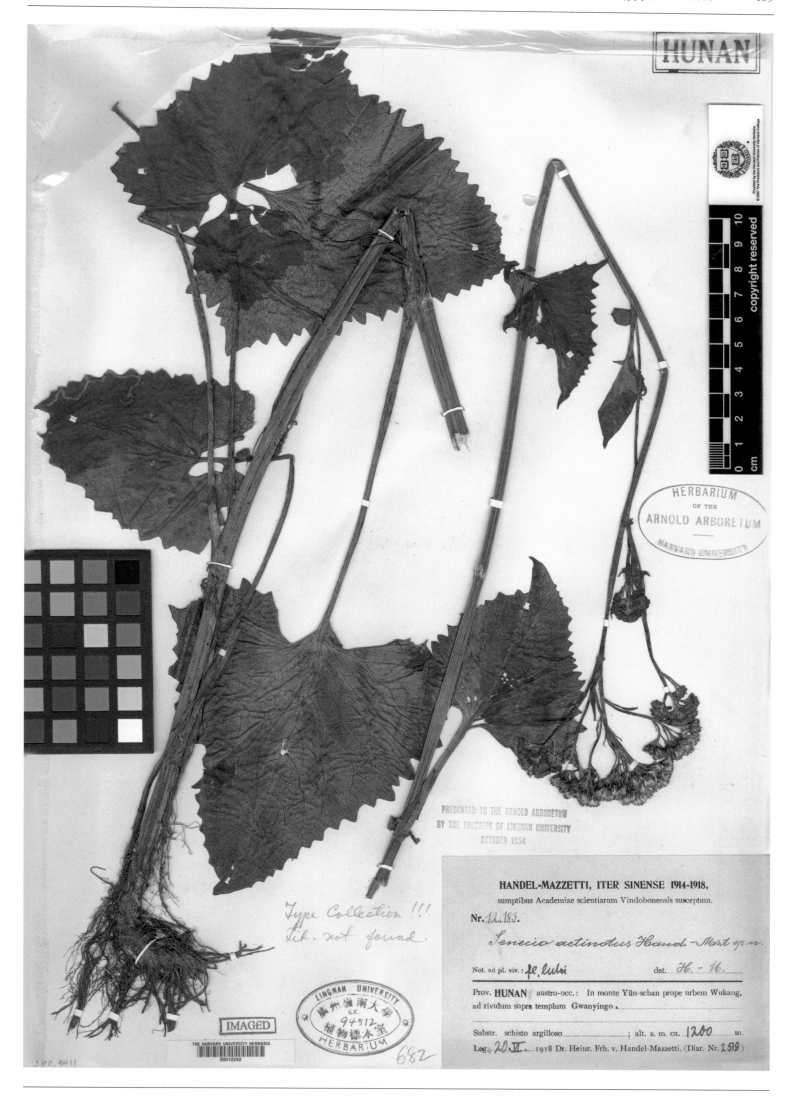

Type Collection !!!
Lit. not found.

682

HANDEL-MAZZETTI, ITER SINENSE 1914-1918,
sumptibus Academiae scientiarum Vindobonensis susceptum.

Nr. 12.183.

Senecio actinotus Hand.-Mzt. sp. n.

Not. ad pl. viv.: fl. lutei   det. H.-M.

Prov. HUNAN austro-occ.: In monte Yün-schan prope urbem Wukang,
ad rivulum supra templum Gwanyingo

Substr. schisto argilloso _____ ; alt. s. m. ca. 1200 m.

Log. 20.VI. 1918 Dr. Heinr. Frh. v. Handel-Mazzetti. (Diar. Nr. 2513)

湖南千里光 *Senecio actinotus* Hand.-Mazz. in Symb. Sin. 7: 1121, pl. 31: 3. 1936. **Isotype:** China. Hunan: Wugang, Yun Shan, alt. 1 200 m, 1918-06-20, H. R. E. Handel-Mazzetti 12183 (A).

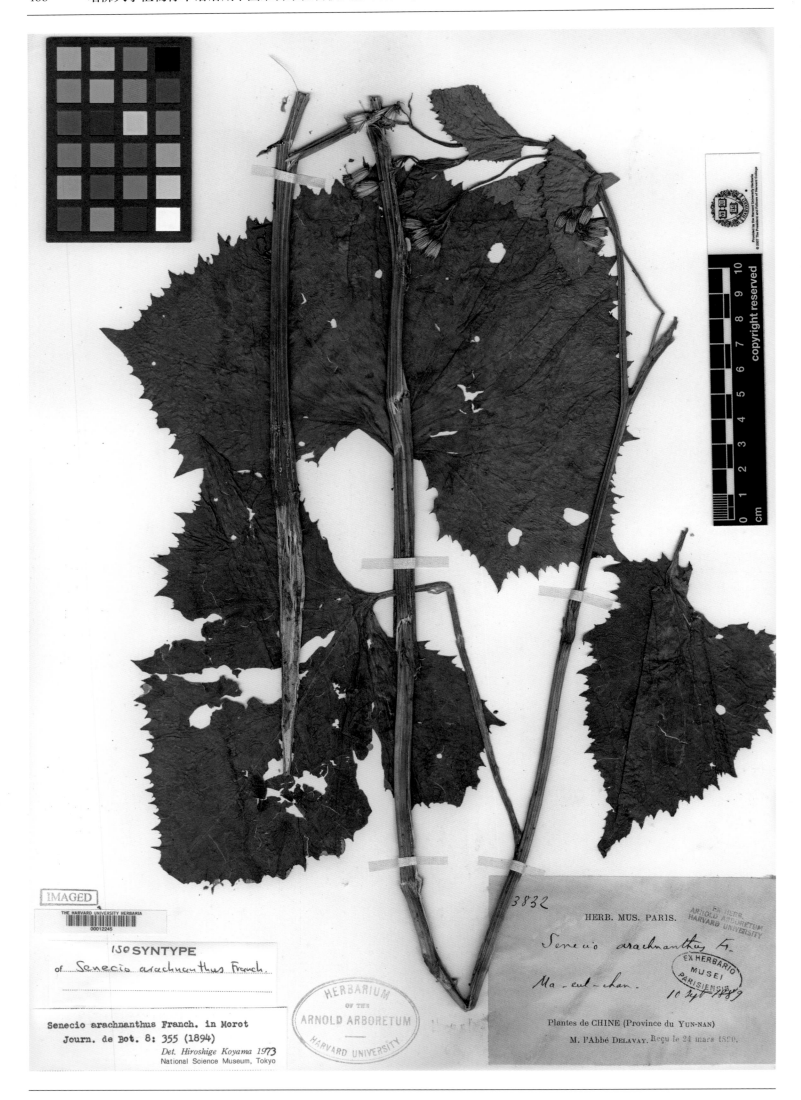

长舌千里光 *Senecio arachnanthus* Franch. in J. Bot., Morot 8: 355. 1894. **Isosyntype:** China. Yunnan: Heqing, Ma-eul-chan, alt. 3 000 m, 1889-09-10, J. M. Delavay 3832 (A).

黑褐千里光 *Senecio atrofuscus* Griers. in Notes Roy. Bot. Gard. Edinb. 22: 433. 1958. **Isotype:** China. Xizang: Kongbo (=Gongbo'gyamda), alt. 3 966 m, 1947-08-11, F. Ludlow, G. Sherriff & H. H. Elliot 14324 (A).

秋海棠叶蟹甲草 *Senecio begoniaefolius* Franch. in J. Bot., Morot 8: 358. 1894. **Isosyntype:** China. Sichuan: Precise locality not known, A. Henry 7116 (GH).

FLORA OF SZECHWAN
中國植物

Field No. 833 ......Date... May. 20, 1928.
南川縣 Nanchuan-hsien
Altitude. 8000~9000 ft.
Habitat. Grassy slope
Habit. Herb.
Height. 1 ft. D.B.H.
Bark.
Leaf. Pubescent, the petiole with many hairs.
Flower. Yellow

FLORA OF SZECHUAN

No. 833

Senecio sp.

NANCHUAN HSIEN

Under the auspices of the SCIENCE SOCIETY OF CHINA and the
ARNOLD ARBORETUM OF HARVARD UNIVERSITY
Collected by W. P. Fang　　1928.

IMAGED

Sinosenecio bodinieri
(Van.) B. Nord.
DET. C. Jeffrey & 13.4.1982
Y. L. Chen

ISOTYPE
of Sinosenecio elatissimus
(Hand.-Mazz.) B. Nord.

极高千里光 *Senecio bodinieri* Vant. var. *elatissimus* Hand.-Mazz. in Notizbl. Bot. Gart. Mus. Berlin. 13: 640. 1937. **Isotype:** China. Chongqing: Nanchuan, alt. 2 440~2 745 m, 1928-05-20, W. P. Fang 833 (GH).

Senecio cavaleriei Lév. in Reprt. Sp. Nov.
Fedde 12: 537 (1913)

Det. Hiroshige Koyama 19 **73**
National Science Museum, Tokyo

ISOTYPE
of Synotis cavaleriei (H. Lév.)
C. Jeffrey & Y. L. Chen

4003　HERB. MUS. PARIS
Senecio cavaleriei
Senecio cavalerie V et Lév.
Kouy. Tchéou
Cascade de Houassy-Fou-chan
Nov. 1911
Reçu le　　　　Cavalerie

昆明合耳菊 *Senecio cavaleriei* Lévl. in Fedde, Repert. Sp. Nov. 12: 537. 1913. **Isotype:** China. Guizhou: Guanling, Huangguoshu, 1911-11-??, J. Cavalerie 4003 (A).

Isotype HARVARD UNIVERSITY HERBARIA
Senecio cortusifolius H. Handel-Mazzetti:
Acta Hort. Gothoburg. 12:289. 1938.
Vernon Bates 1985

ISOTYPUS   PLANTÆ SINENSES
№ 11167
Senecio cortusifolius Hand.-Mzt.

Sikang: Kangting (Tachienlu) distr.: Chungo valley:
Mt Yara, in prato herboso-fruticoso.
Ca 4000 m. s. m. 18. 8. 1934.
Det. Handel-Mazzetti 1937.   leg. HARRY SMITH
Universitas Regia Upsaliensis.

HERBARIUM OF THE ARNOLD ARBORETUM HARVARD UNIVERSITY

IMAGED

齿耳蒲儿根 *Senecio cortusifolius* Hand.-Mazz. in Acta Hort. Gothob. 12: 289. 1938. **Isotype:** China. Sichuan: Kangding, alt. 4 000 m, 1934-08-18, H. Smith 11167 (A).

ISOTYPE

Sinosenecio cyclaminifolius
(Franch.) B. Nord.

DET. C. Jeffrey &
Y. L. Chen

13.4.19 82.

HERB. MUS. PARIS.

Senecio cyclaminifolius F.

Plantes de CHINE. (Su-tchuen oriental.)
District de TCHEN-KÉOU-TIN.

R. P. FARGES.

see type covers

仙客来蒲儿根 *Senecio cyclaminifoilus* Franch. in J. Bot., Morot 8: 362. 1894. **Isotype:** China. Chongqing: Chengkou, R. P. Farges s. n. (A).

网脉橐吾 *Senecio dictyonurus* Franch. in Bull. Soc. Bot. France 39: 294. 1892. Isosyntype: China. Yunnan: Dali, 1883-07-24, J. M. Delavay 91 (A).

毛柄蒲儿根 *Senecio eriopodus* Cumm. in Bull. Misc. Inform. Kew 1908(1): 18. 1908. **Isosyntype:** China. Hubei: Yichang, Nanto, 1900-04-??, E. H. Wilson 235 (A).

矢叶橐吾*Senecio fargesii* Franch. in Bull. Soc. Bot. France 39: 300. 1892. **Isotype:** China. Chongqing: Chengkou, alt. 2 500 m, R. P. Farges 681 (A).

向日垂头菊 *Senecio helianthus* Franch. in Bull. Soc. Bot. France 39: 286. 1892. **Isotype:** China. Yunnan: Heqing, Ma-eul-chan, alt. 3 500 m, 1889-08-06, J. M. Delavay 3858 (A).

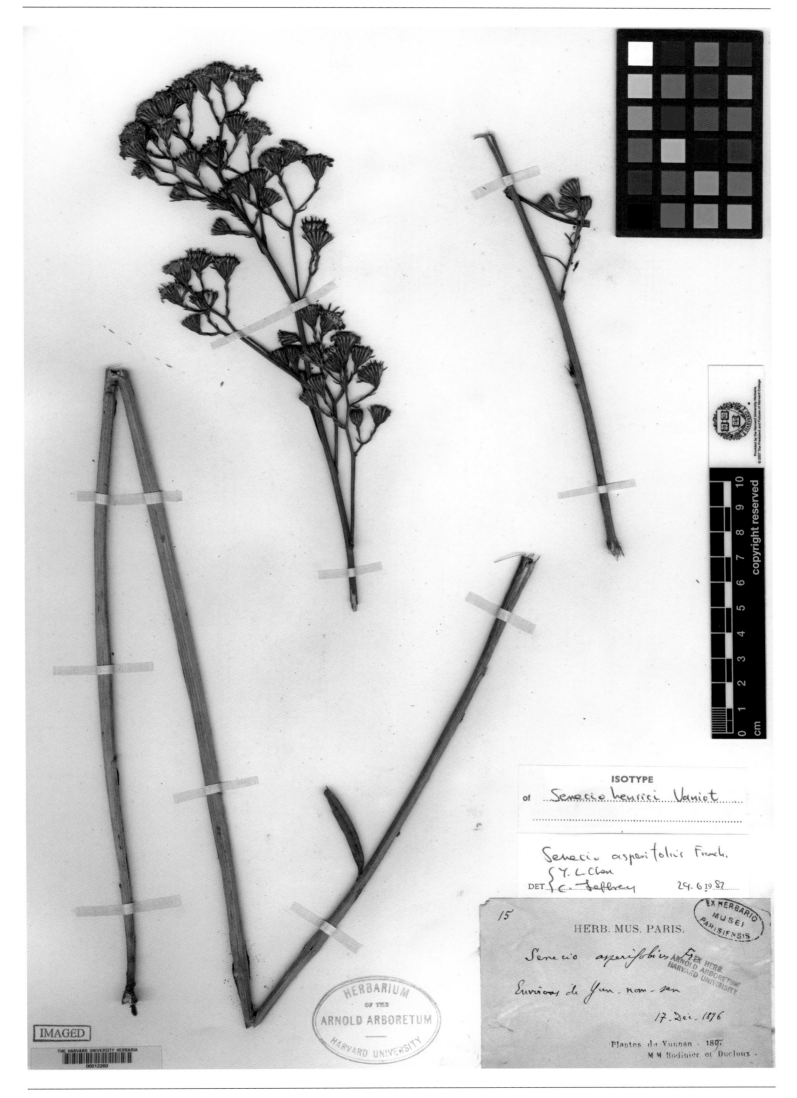

昆明千里光 *Senecio henrici* Vant. in Bull. Acad. Int. Géogr. Bot. 11: 351. 1902. **Isotype:** China. Yunnan: Kunming, 1896-12-17, E. M. Bodinier & P. F. Ducloux 15 (A).

亨利华蟹甲 *Senecio henryi* Hemsl. in J. Linn. Soc. Bot. 23: 452. 1888. **Isosyntype:** China. Hubei: Badong, (1885-1888)-??-??, A. Henry 180 (GH).

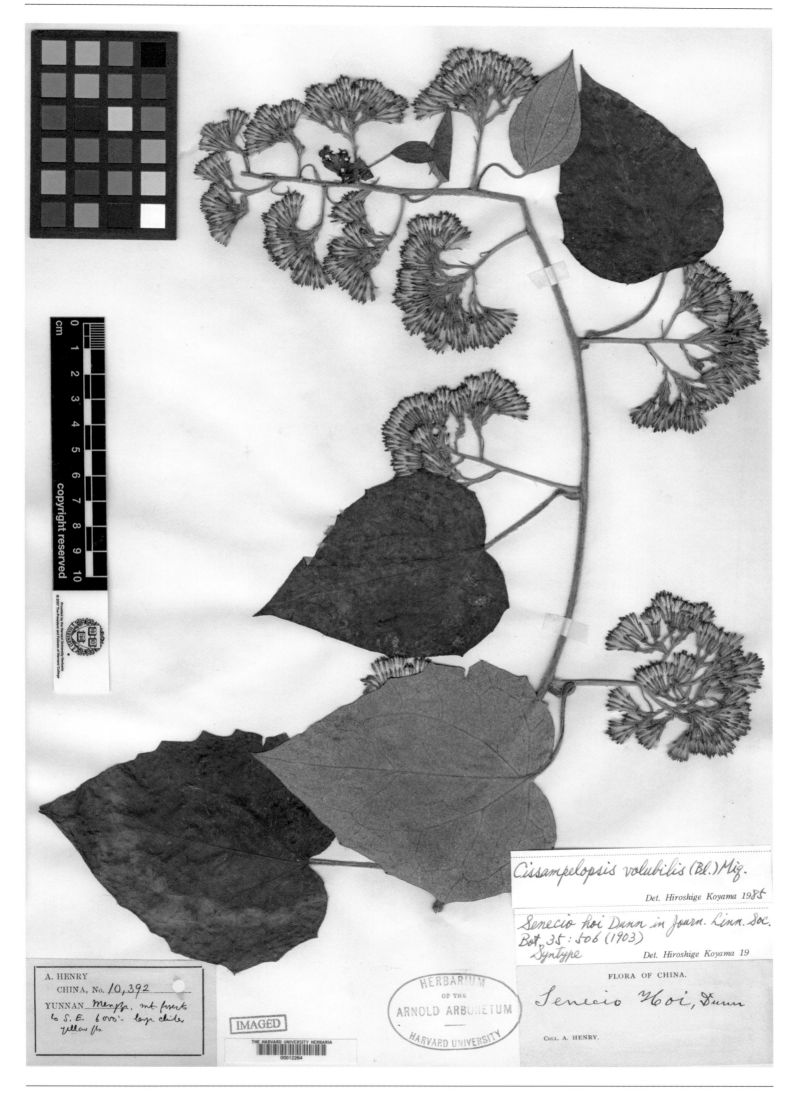

侯氏千里光 *Senecio hoi* Dunn. in J. Linn. Soc. Bot. 35: 506. 1903. **Isosyntype:** China. Yunnan: Mengtze, alt, 1 830 m, A. Henry 10392 (A).

肾叶蒲儿根 *Senecio homogyniphyllus* Cumm. in Bull. Misc. Inf. Roy. Gard. Kew 1908(1): 17. 1908. **Isotype:** China. Sichuan: Precise locality not known, 1904-05-??, E. H. Wilson 3783 (A).

狗舌草 *Senecio kirilowii* Turcz. ex DC. in Prodr. Syst. Nat. Reg. Veg. 6: 361. 1838. **Isotype:** China. Hebei: Precise locality not known, P. J. Kirilov s. n. (GH).

工布千里光 *Senecio kongboensis* Ludlow in Bull. Brit. Mus. (Nat. Hist.) Botany 5: 281. 1976. **Isotype:** China. Xizang: Kongbo (=Gongbo'gyamda), alt. 3 965 m, 1947-08-22, F. Ludlow, G. Sherriff & H. H. Elliot 14432 (A).

瓜拉坡蟹甲草 *Senecio koualapensis* Franch. in J. Bot., Morot 8: 356. 1894. **Isolectotype** (designated by H. Y. Bi & al. in Bull. Bot. Res., Harbin 38: 166. 2018.): China. Yunnan: Heqing, 1888-06-22, J. M. Delavay 3179 (A).

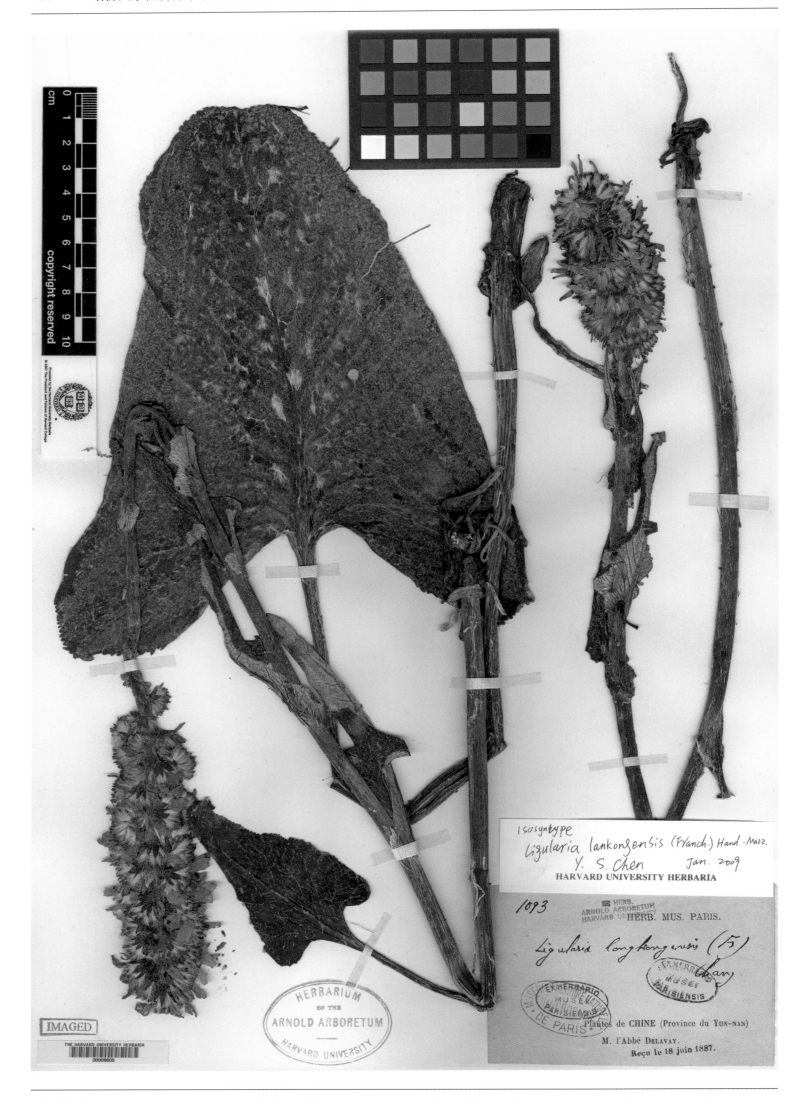

洱源橐吾 *Senecio lankongensis* Franch. in Bull. Soc. Bot. France 39: 301. 1892. **Isosyntype:** China. Yunnan: Lan-kong (=Eryuan), Hee-chan-men, J. M. Delavay 1093 (A).

白花蟹甲草 *Senecio leucanthemus* Dunn in J. Linn. Soc. Bot. 35: 506. 1903. **Isosyntype:** China. Hubei: Fang Xian, (1885-1888)-??-??, A. Henry 7571 (GH).

棗吾状蒲儿根 *Senecio ligularioides* Hand.-Mazz. in Notizbl. Bot. Gart. Mus. Berlin. 13: 640. 1937. **Isosyntype:** China. Sichuan: Ebian, Wa Shan, alt. 2 770 m, 1908-07-??, E. H. Wilson s. n. (= Arnold Arbor. Exped. 2526) (GH).

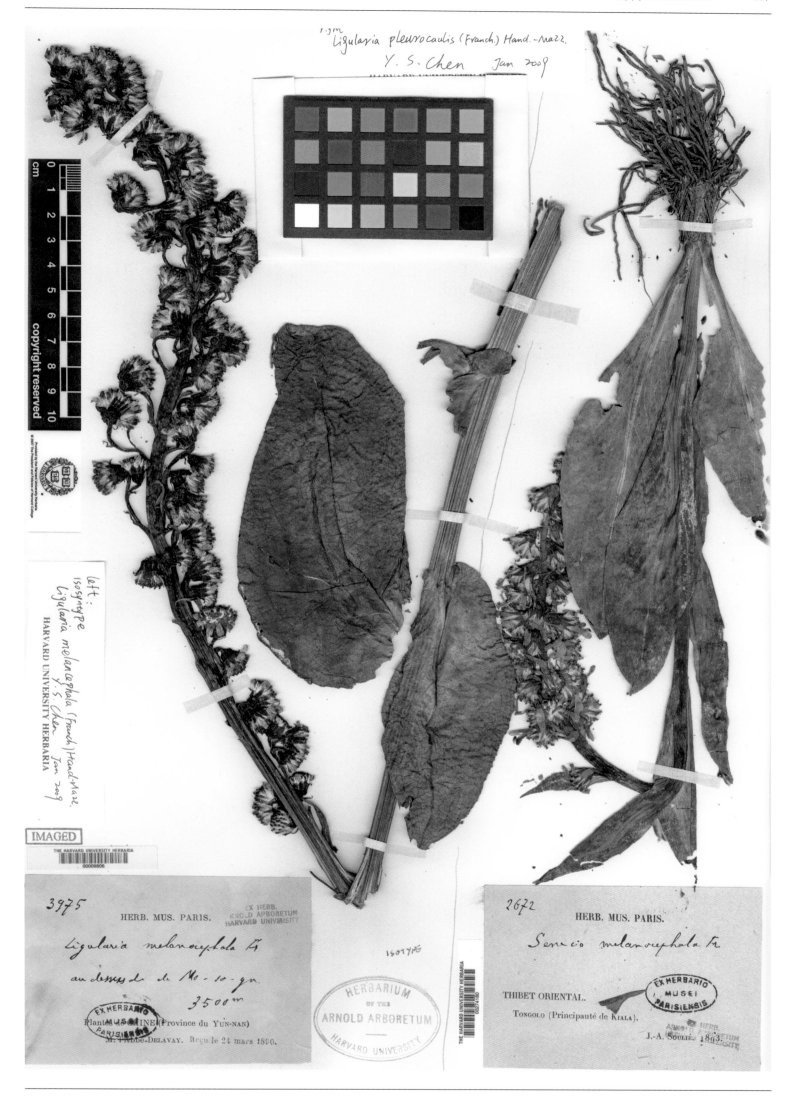

黑苞橐吾 *Senecio melanocephalus* Franch. in Bull. Soc. Bot. France 39: 294. 1892. **Isosyntype:** China. Yunnan: Eryuan, Mo-so-yn, alt. 3 500 m, J. M. Delavay 3975 (A).

木里千里光 Senecio muliensis C. Jeffrey & Y. L. Chen in Kew Bull. 39: 389, f. 26. 1984. **Holotype:** China. Sichuan: Muli, alt. 4 000 m, 1937-10-20, T. T. Yu 14591 (A).

多苞千里光 *Senecio multibracteolatus* C. Jeffrey & Y. L. Chen in Kew Bull. 39(2): 402. 1984. **Holotype:** China. Sichuan: Muli, alt. 2 800 m, 1937-11-16, T. T. Yu 14786 (A).

莲叶橐吾 *Senecio nelumbifolius* Bur. & Franch. in J. Bot., Morot 5: 74. 1891. **Isotype:** China. Sichuan: Kangding, Tongolo, 1893-??-??, J. A. Soulie 916 (A).

黑苞千里光 *Senecio nigrocinctus* Franch. in J. Bot., Morot 10: 417. 1896. **Isosyntype:** China. Yunnan: Dali, alt. 4 000 m, J. M. Delavay 3168 (A).

壮观垂头菊 *Senecio nobilis* Franch. in Bull. Soc. Bot. Franch 39: 287. 1892. **Isosyntype:** China. Yunnan: Eryuan, Yen-tze-hay, alt. 3 900 m, 1885-07-18, J. M. Delavay s. n. (A).

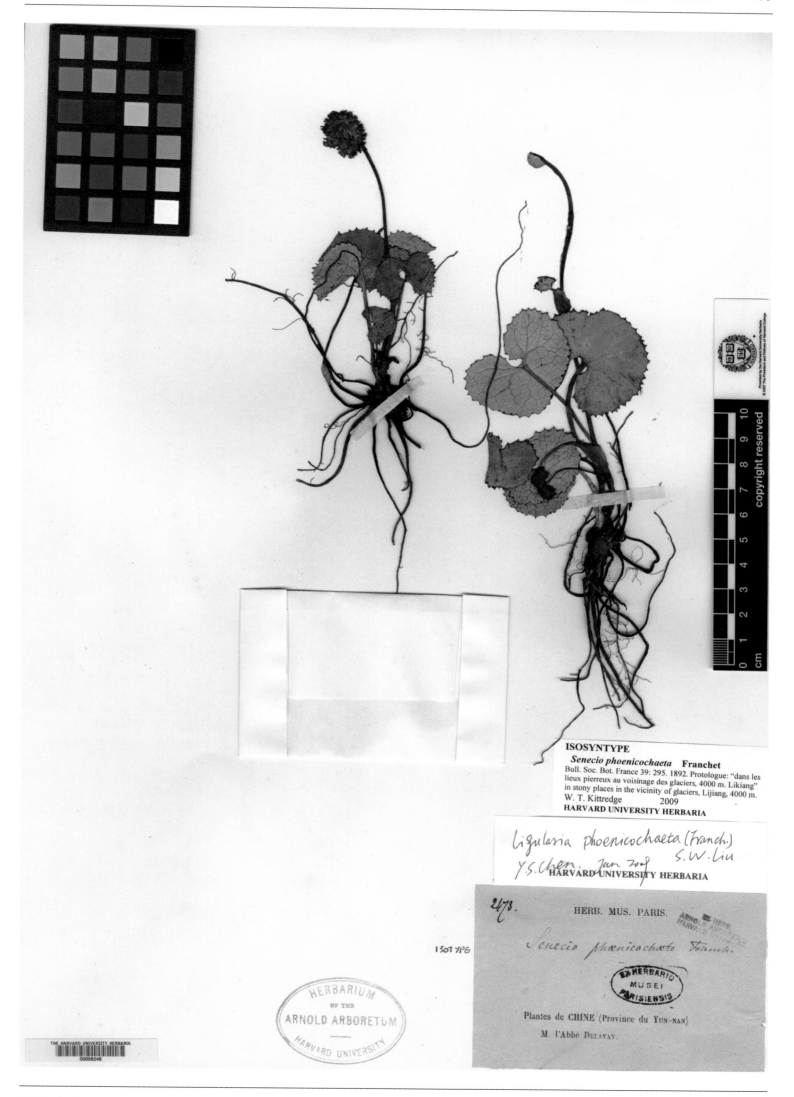

ISOSYNTYPE

Senecio phoenicochaeta Franchet
Bull. Soc. Bot. France 39: 295. 1892. Protologue: "dans les
lieux pierreux au voisinage des glaciers, 4000 m. Likiang"
in stony places in the vicinity of glaciers, Lijiang, 4000 m.
W. T. Kittredge   2009
HARVARD UNIVERSITY HERBARIA

Ligularia phoenicochaeta (Franch.)
                              S. W. Liu
Y. S. Chen   Jan 2008
HARVARD UNIVERSITY HERBARIA

2473.   HERB. MUS. PARIS.

ISOTYPE   *Senecio phœnicochæta* Franch.

EX HERBARIO
MUSEI
PARISIENSIS

Plantes de CHINE (Province du YUN-NAN)
M. l'Abbé DELAVAY.

紫缨橐吾 *Senecio phaenicochaeta* Franch. in Bull. Soc. Bot. France 39: 295. 1892. **Isosyntype:** China. Yunnan: Lijiang, alt.
4 000 m, J. M. Delavay 2473 (A).

宽舌橐吾 *Senecio platyglossus* Franch. in Bull. Soc. Bot. France 39: 293. 1892. **Isotype:** China. Yunnan: Lankong (=Eryuan), Lo-pin-chan, alt. 3 200 m, 1888-08-31, J. M. Delavay 3208 (A).

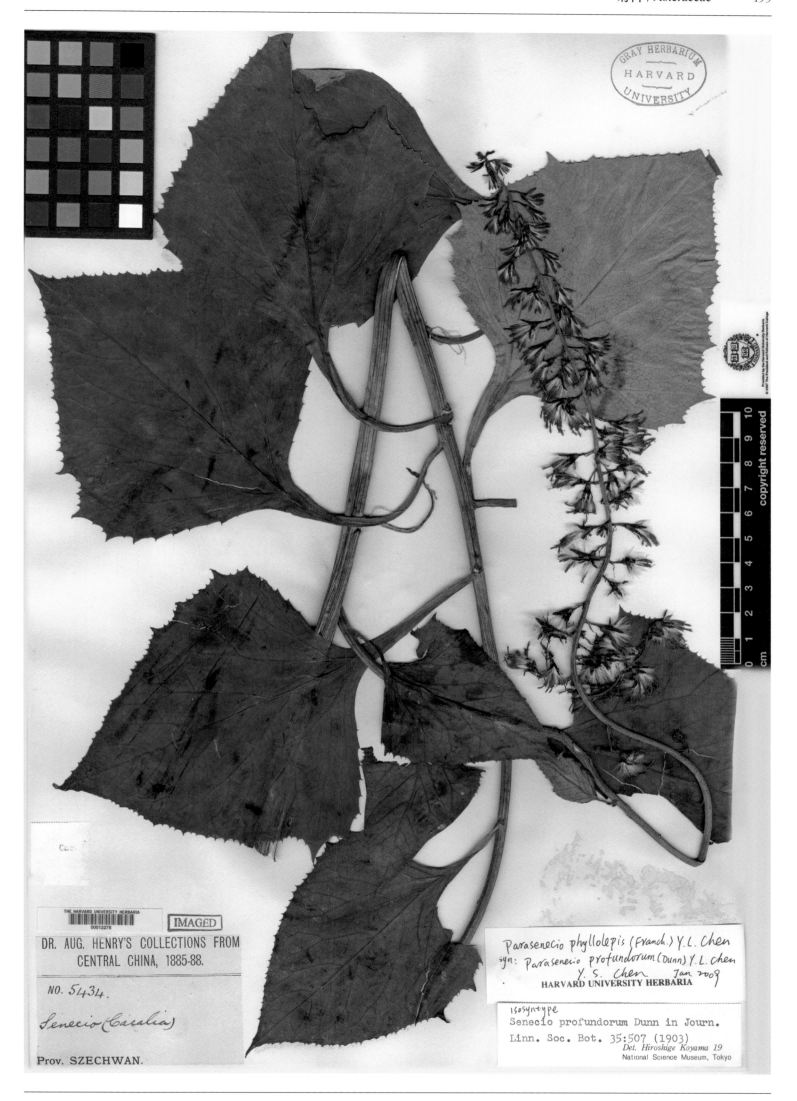

深山蟹甲草 Senecio profundorum Dunn in J. Linn. Soc. Bot. 35: 507. 1903. **Isosyntype:** China. Chongqing: Wushan, (1885-1888)-??-??, A. Henry 5434 (GH).

莲座狗舌草 *Senecio rosuliferus* C. C. Chang in Bull. Fan Mem. Inst. Biol., Bot. 6(2): 58. 1935. **Isolectotype:** (designated by Q. Lin & Z. R. Yang in Bull. Bot. Res., Harbin 30: 131. 2010.): China. Chongqing: Nanchuan, alt. 2 440~2 745 m, 1928-05-31, W. P. Fang 1180 (GH).

Isotype HARVARD UNIVERSITY HERBARIA
Senecio saussureoides H. Handel-Mazzettii
Acta Hort. Gothoburg. 12:294. 1938.
Vernon Bates 1985

ISOTYPUS **PLANTÆ SINENSES**

№ 12119

Senecio saussureoides Hand.-Mzt.

Sikang: Between Taining (Ngata) and Taofu (Dawo):
Sunglingku, in prato herboso-fruticoso.

Ca 3900 m. s. m. 13. 9. 1934.

Det. Handel-Mazzetti 1936.　　leg. HARRY SMITH
Universitas Regia Upsaliensis.

IMAGED

THE HARVARD UNIVERSITY HERBARIA
00012288

HERBARIUM
OF THE
ARNOLD ARBORETUM
—
HARVARD UNIVERSITY

风毛菊状千里光 *Senecio saussureoides* Hand.-Mazz. in Acta Horti Gothob. 12: 294, f. 3. 1938. **Isotype:** China. Sichuan: Taofu (=Dawu), alt. 3 900 m, 1934-09-13, H. Smith 12119 (A).

七裂蒲儿根 *Senecio septilobus* C. C. Chang in Bull. Fan Mem. Inst. Biol., Bot. 6: 59. 1935. **Isolectotype:** [designated by Q. Lin & al., Type specimens in China National Herbarium (PE), suppl. 1: 593. 2017.]: China. Chongqing: Nanchuan, 1928-05-27, W. P. Fang 1060 (GH).

Isotype HARVARD UNIVERSITY HERBARIA
Senecio solidagineus H. Handel-Mazzettii
Acta Hort. Gothobrg. 12: 285. 1938.
Vernon Bates 1985

Isotype
Synotis solidaginea (Hand.-Mazz.) C. Jeffrey
et Y. C. Chen
Y. S. Chen Jan 2006
HARVARD UNIVERSITY HERBARIA

HERBARIUM
OF THE
ARNOLD ARBORETUM
HARVARD UNIVERSITY

IMAGED

ISOTYPUS **PLANTÆ SINENSES**

№ 12239

Senecio solidagineus Hand.-Mzt.

Sikang: *Taofu (Dawo) distr.:* Taofu, in colle

aprico.

Ca 3000 m. s. m. 15.9. 1934.

Det. Handel-Mazzetti 1936.   leg. HARRY SMITH
Universitas Regia Upsaliensis.

川西合耳菊 *Senecio solidagineus* Hand.-Mazz. in Acta Horti Gothob. 12: 285. 1938. **Isotype:** China. Sichuan: Taofu (=Dawu), alt. 3 000 m, 1934-09-15, H. Smith 12239 (A).

蔓枝狗舌草 *Senecio stolonifer* Cuf. in Fedde, Repert. Sp. Nov. 70: 100. 1933. **Isosyntype:** China. Yunnan: Yongning, alt. 2 725 m, 1914-06-22, H. R. E. Handel-Mazzetti 3145 (GH).

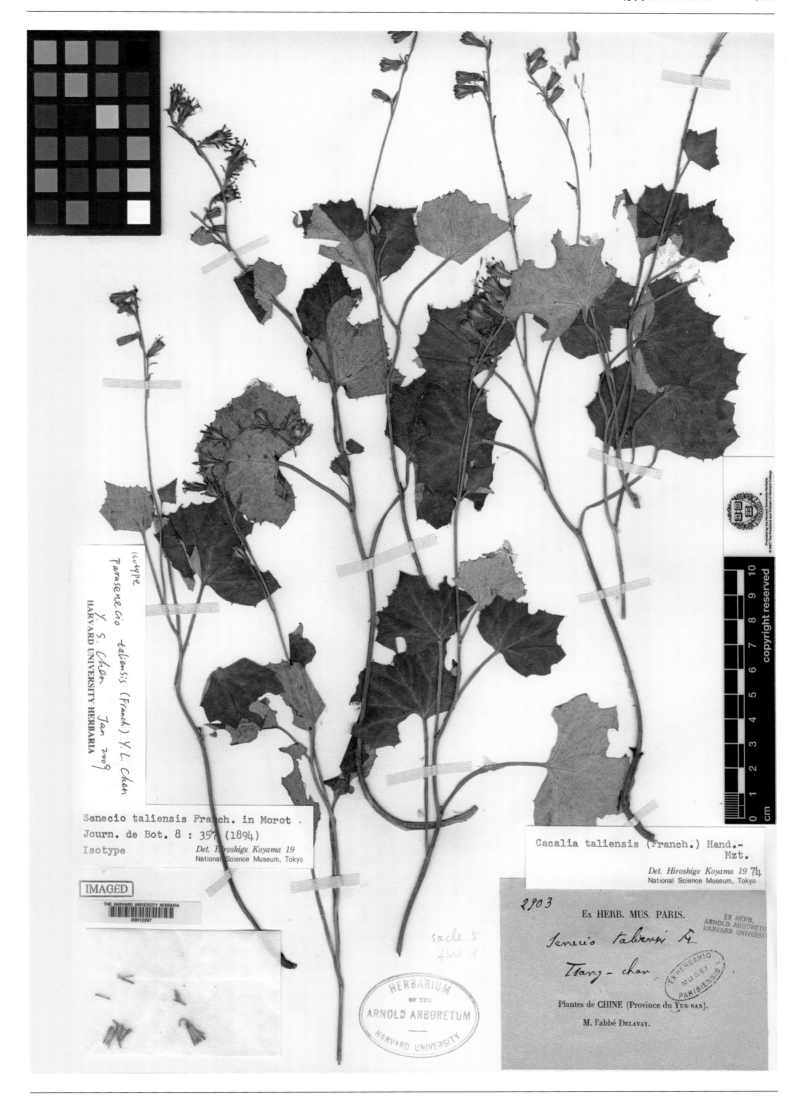

大理蟹甲草 *Senecio taliensis* Franch. in J. Bot., Morot 8: 357. 1894. **Isotype:** China. Yunnan: Dali, Tsang-chan (= Cang Shan), alt. 3 000 m, J. M. Delavay 2903 (A).

紫毛蒲儿根 *Senecio villiferus* Franch. in J. Bot., Morot 8: 362. 1894. **Isotype:** China. Chongqing: Chengkou, alt. 2 000 m, (1895-1897)-??-??, R. P. Farges 595 (A).

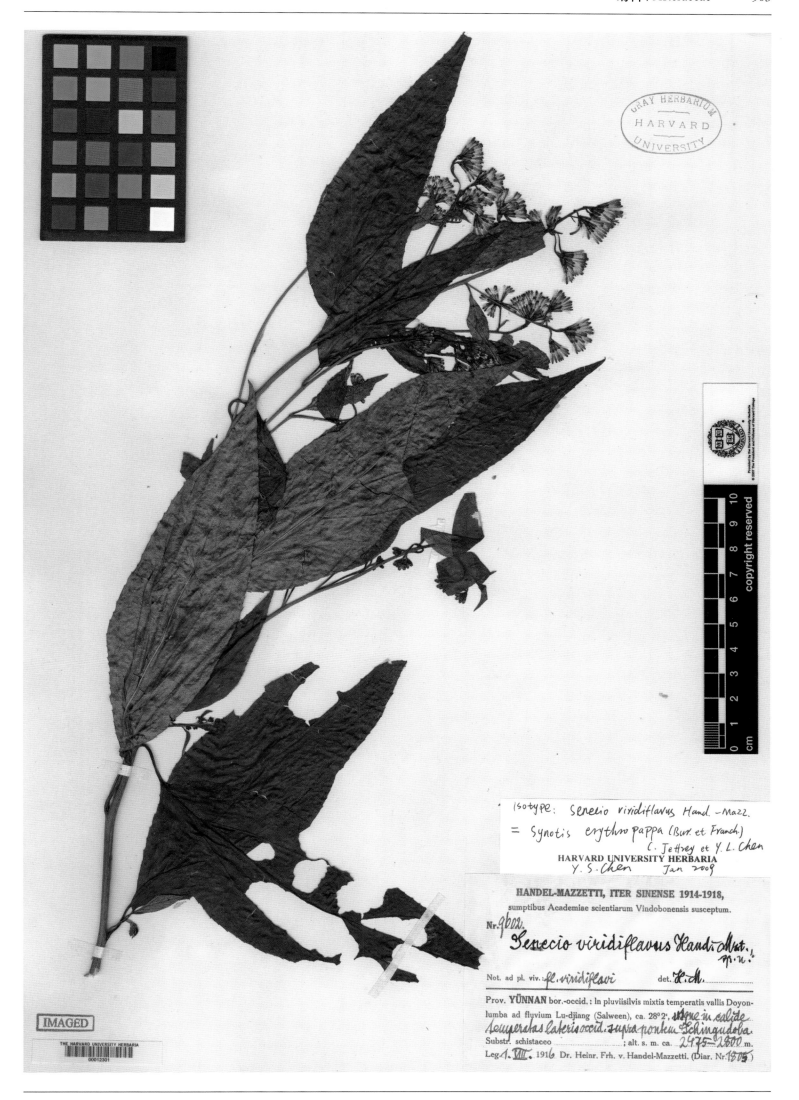

绿黄合耳菊 *Senecio viridiflavus* Hand.-Mazz. in Symb. Sin. 7: 1126. 1936. **Isotype:** China. Yunnan: Gongshan, 28°2′ N, alt. 2 475~2 800 m, 1916-08-01, H. R. E. Handel-Mazzetti 9602 (GH).

城口橐吾 *Senecio yesoensis* Franch. var. *crenifera* Franch. in Bull. Soc. Bot. France 39: 307. 1892. **Isotype:** China. Chongqing: Chengkou, R. P. Farges s. n.(A).

云南橐吾 *Senecio yunnanensis* Franch. in Bull. Soc. Bot. France 39: 303. 1893. **Isosyntype:** China. Yunnan: Dali, Tsang-chan (= Cang Shan), alt. 4 000 m, J. M. Delavay 4052 (A).

广西蒲儿根 *Sinosenecio guangxiensis* C. Jeffrey & Y. L. Chen in Kew Bull. 39 (2): 254, f. 7. 1984. **Holotype:** China. Guangxi: Chuen Yuen (=Quanzhou), alt. 1 037 m, 1937-06-24, T. S. Tsoong (=Z. S. Chung) 83302 (A).

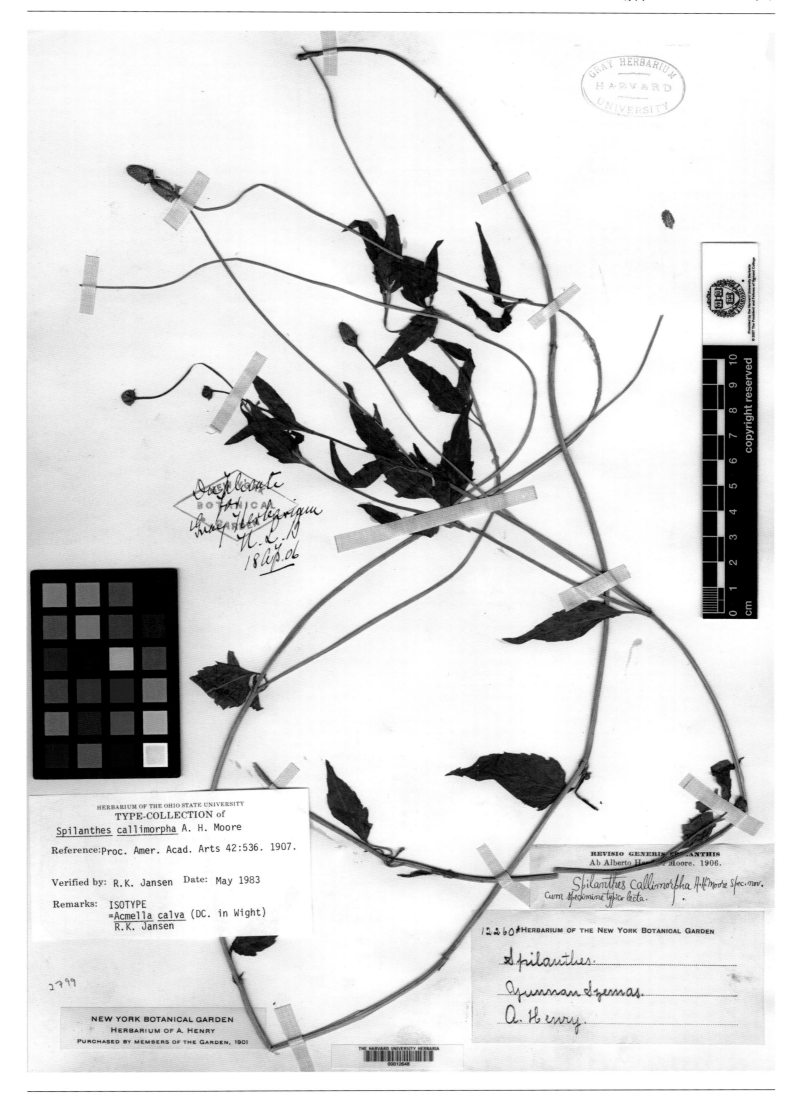

美形金纽扣 *Spilanthes callimorpha* A. H. Moore in Proc. Amer. Acad. Arts & Sci. 42: 536. 1907. **Isotype:** China. Yunnan: Simao, A. Henry 12260 A (GH).

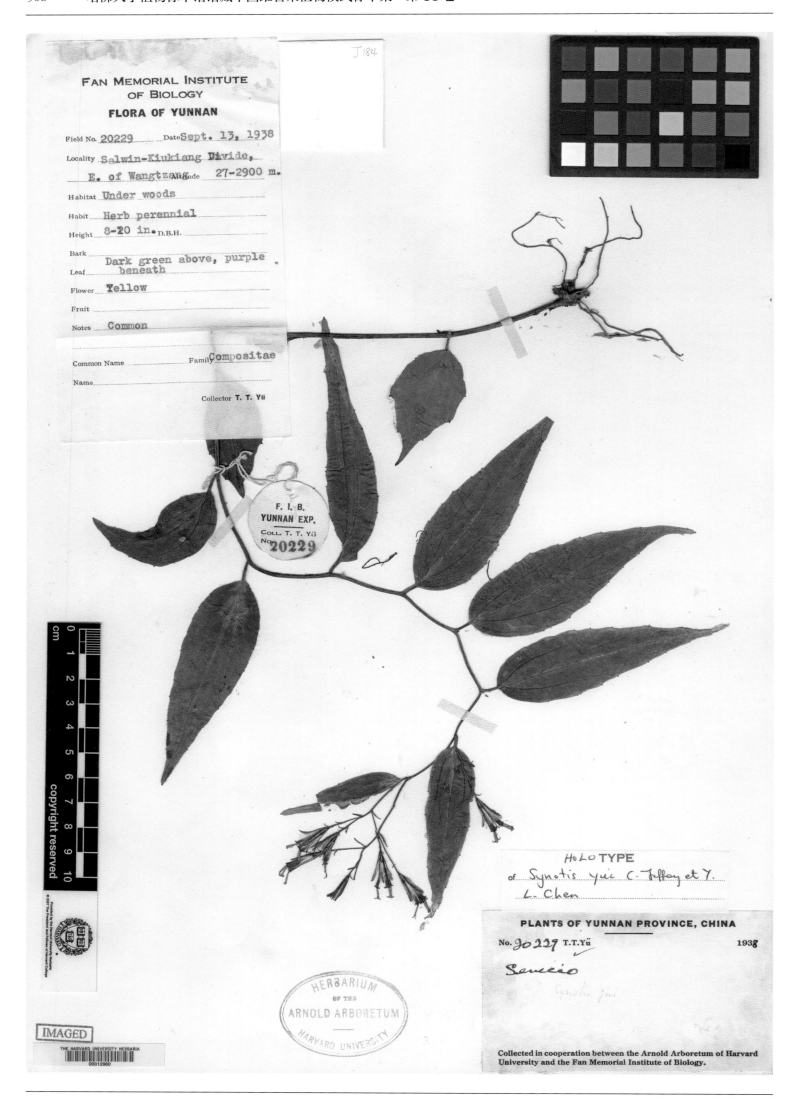

蔓生合耳菊 *Synotis yui* C. Jeffrey & Y. L. Chen in Kew Bull. 39: 308, f. 16. 1984. **Holotype:** China. Yunnan: Gongshan, alt. 2 700~2 900 m, 1938-09-13, T. T. Yu 20229 (A).

川甘亚菊 *Tanacetum rockii* Mattf. ex Rehd. & Kobuski in J. Arnold Arbor. 13: 406. 1932. **Isotype:** China. Gansu: Lower Tebbu, Wantsang, alt. 1 983 m, 1926-09-??, J. F. Rock 15097 (A).

柳叶亚菊 *Tanacetum salicifolium* Mattf. in J. Arnold Arbor. 13: 407. 1932. **Isotype:** China. Gansu: Lien Hoa Shan, alt. 3 508 m, 1925-07-??, J. F. Rock 12693 (A).

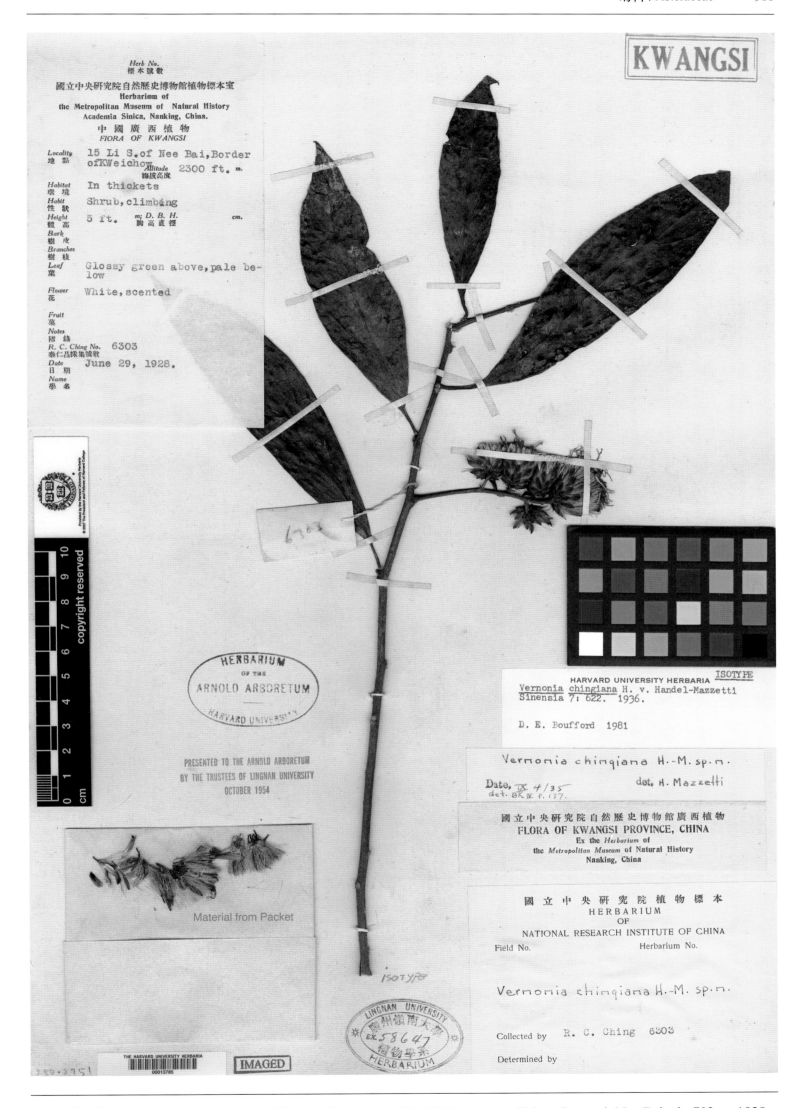

広西斑鸠菊 *Vernonia chingiana* Hand.-Mazz. in Sinensia 7: 622. 1936. **Isotype:** China. Guangxi: Nee Bai, alt. 702 m, 1928-06-29, R. C. Ching 6303 (A).

岗斑鸡菊 *Vernonia clivorum* Hance in J. Bot. 7: 164. 1869. **Isotype:** China. Guangdong: East River, Shiu-hing, 1867-10-??, T. Sampson s. n. (=Herb. H. F. Hance 14734) (GH).

滇西斑鸠菊 *Vernonia forrestii* Anthony in Notes Roy. Bot. Gard. Edinb. 18: 35. 1933. **Isosyntype:** China. Yunnan: Lijiang, alt. 2 745 m, 1913-08-??, G. Forrest 10714 (A).

黄花斑鸠菊 *Vernonia henryi* Dunn in J. Linn. Soc. Bot. 35: 500. 1903. **Isotype:** China. Yunnan: between Simao & Mengzi, Linan, alt. 1 525 m, A. Henry 13343 (A).

尖裂黄鹌菜 *Youngia cristata* C. Shih & C. Q. Cai in Acta Phytotax. Sin. 33(2): 186. 1995. **Isotype:** China. Xizang: Tsa-wa-rong (=Zayü), alt. 3 900 m, 1935-09-??, C. W. Wang 66121 (A).

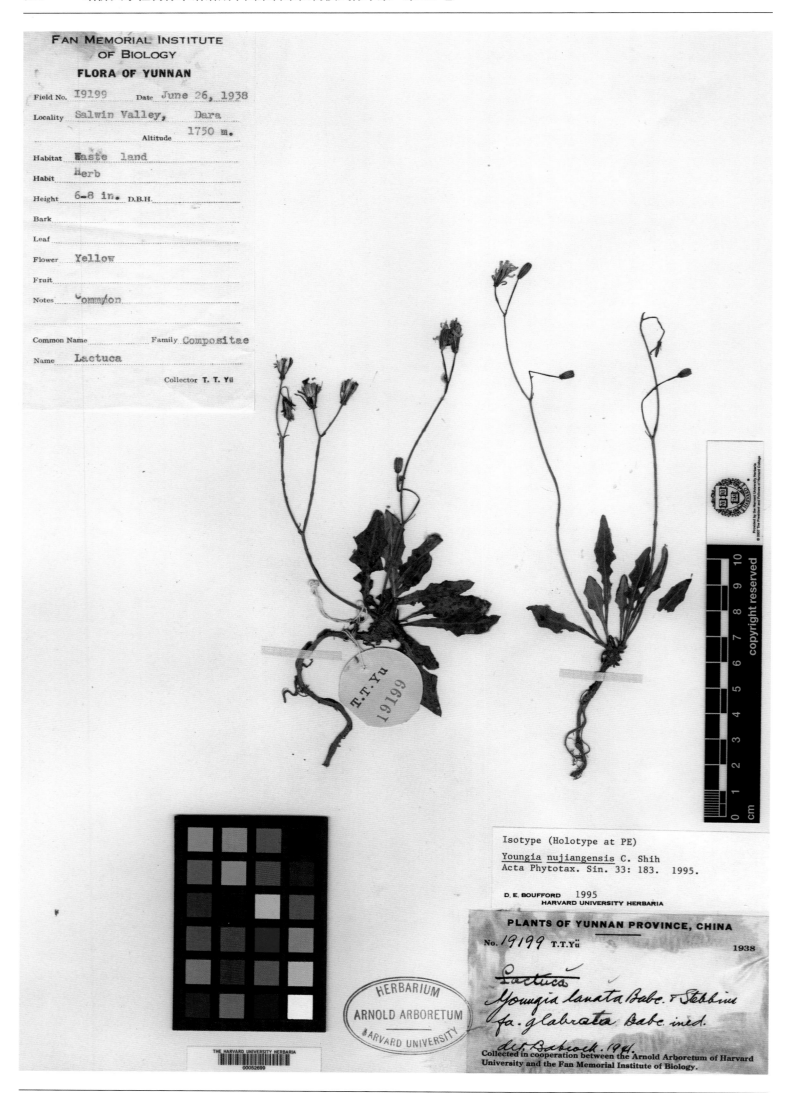

怒江黄鹌菜 *Youngia nujiangensis* C. Shih in Acta Phytotax. Sin. 33(2): 183, pl. 2, f. 2. 1995. **Isotype:** China. Yunnan: Nujiang, Dara, alt. 1 750 m, 1938-06-26, T. Y. Yu 19199 (A).

FAN MEMORIAL INSTITUTE OF BIOLOGY

FLORA OF SI-KANG

Field No. 66254   Date **Sept. 1935**

Locality 察瓦龍,卡來卡寶,大雪山 (Sacred mt. Kar-war-kar-boo, Tsa-wa-rung)   Altitude 3400   m.

Habitat On rocky slope

Habit

Height _____ D.B.H. _____

Bark

Leaf

Flower yellow

Fruit

Notes

Common Name _____ Family Comp.

Name

Collector 王啓無 **C. W. Wang**

ANNOTATION LABEL

Valuable specimen! Important extension of range. Mature achenes present!

copyright reserved

YUNNAN C.W.WANG 1935-36 王啓無 66254

Isotype (Holotype at PE)

Youngia sericea C. Shih
Acta Phytotax. Sin. 33: 185. 1995.

D. E. BOUFFORD   1995
HARVARD UNIVERSITY HERBARIA

PLANTS OF SIKANG PROVINCE, CHINA

No. 66254   C.W.Wang   1935-36

Youngia gracilipes (Hook. f.) Babc. & Stebbins

Carnegie Inst. Wash. Pub. 484: 40-42. 1937.

det. Babcock. 1941.

Collected in cooperation between the Arnold Arboretum of Harvard University and the Fan Memorial Institute of Biology.

绢毛黄鹌菜 *Youngia sericea* C. Shih in Acta Phytotax. Sin. 33(2): 185. 1995; in Komarovia 5(1): 98. 2007. **Isotype:** China. Xizang: Zayü, alt. 3 400 m, 1935-09-??, C. W. Wang 66254 (A).

中名索引
Index to Chinese Names

拉丁学名索引
Index to Scientific Names

ISBN 978-7-5725-0955-1

9 787572 509551 >